冶金工业出版社

普通高等教育"十四五"规划教材

基 础 工 程

主 编 冯 强 刘炜炜

副主编 高 盟 王 滢 张雨坤

输入刮刮卡密码
查看本书数字资源

北 京
冶金工业出版社
2022

内 容 提 要

本书根据普通高等学校土木工程专业和城市地下空间工程专业的特点与教学大纲的要求，依据基础工程内容相关的最新技术规范，并结合工程伦理相关的思政内容编写而成，吸收了国内外较为成熟的基础工程新理论和新技术。

全书共分 8 章，主要内容包括绪论、浅基础设计的基本原理、扩展基础设计、柱下条形基础设计、筏形与箱形基础设计、沉井基础设计、挡土墙设计、桩基础设计等。各章后附有相应的思考题和练习题。

本书可作为普通高等学校土木工程和城市地下空间工程专业的教材，也可供相关技术人员和科研人员参考。

图书在版编目（CIP）数据

基础工程/冯强，刘炜炜主编 . —北京：冶金工业出版社，2022. 1
普通高等教育"十四五"规划教材
ISBN 978-7-5024-9006-5

Ⅰ . ①基… Ⅱ . ①冯… ②刘… Ⅲ . ①基础 （工程）—高等学校—教材 Ⅳ . ①TU47

中国版本图书馆 CIP 数据核字（2021）第 268836 号

基础工程

出版发行	冶金工业出版社	电 话	（010）64027926
地 址	北京市东城区嵩祝院北巷 39 号	邮 编	100009
网 址	www.mip1953.com	电子信箱	service@ mip1953. com

责任编辑 刘林烨 美术编辑 彭子赫 版式设计 郑小利
责任校对 郑 娟 责任印制 李玉山
三河市双峰印刷装订有限公司印刷
2022 年 1 月第 1 版，2022 年 1 月第 1 次印刷
787mm×1092mm 1/16；17 印张；408 千字；260 页
定价 39. 00 元

投稿电话 （010）64027932 投稿信箱 tougao@cnmip. com. cn
营销中心电话 （010）64044283
冶金工业出版社天猫旗舰店 yjgycbs. tmall. com
（本书如有印装质量问题，本社营销中心负责退换）

前　言

　　基础工程是土木工程专业的专业基础课，也是"土力学"的后续课程，该课程在房建工程、地下空间开发、桥梁工程、高铁工程和隧道工程的建设过程中发挥着重要的作用。本书结合现代基础工程的新技术、新设计理念和新的发展趋势编写而成。

　　本书根据普通高等学校本科土木工程专业教学的特点，主要强调课程的基本概念，力求深入浅出，着重介绍基本原理和方法，不求多而全，但求细而精；与我国现行最新《建筑地基基础设计规范》（GB 50007 — 2011）、《建筑桩基技术规范》（JGJ 94 — 2008）、《建筑结构荷载规范》（GB 50009 — 2012）、《建筑抗震设计规范》（GB 50011 — 2010）等相关规范规程的要求保持一致，主要介绍了各类浅基础、沉井基础、挡土墙和桩基础等。

　　本书除了系统介绍基础工程的基本知识和理论外，更加注重培养学生的工程伦理与爱国敬业的思想，每一章中都附有思政课堂，此为本书的一大特色，希望能为培养出专业知识和思想政治均过硬的卓越工程师做出贡献。

　　本书由山东科技大学冯强和刘炜炜担任主编，山东科技大学高盟、王滢和张雨坤担任副主编。参加编写的人员还有徐壮壮、卢成坤、代兴发、张爽、徐建升、汪磊、张林、张新鹏、邱德才、任德政、侯少杰。

　　本书在编写的过程中，参考了有关文献资料，在此向文献资料作者表示衷心的感谢，同时感谢山东省高等学校青创人才引育计划（涉海地下工程灾害防控创新团队）的支持。

　　由于作者水平所限，书中不妥之处，希望广大读者批评指正。

作　者

2021 年 8 月

目　　录

1 绪 论

学习导读

　　基础工程包括岩土工程的勘察、设计和施工。本章主要介绍基础工程的基本概念、发展概况、学科特点及学习要求。通过本章的学习，可以熟悉基础工程的主要研究内容，掌握地基与基础的概念，了解基础工程的发展概况，了解本学科的特点及学习要求。

　　在学习中思考：基础工程有什么特点？

1.1 概　述

基础工程概述

　　人类在地表修筑的所有建筑物都与岩土体有着密不可分的关系。任何结构物都建造在一定的地层（土层或岩层）上，结构物的全部荷载都由它下面的地层来承担。其中，地基（Ground）是指支撑建（构）筑物荷载并受其影响的那一部分地层；基础（foundation）是指将建（构）筑物荷载传递到地基上的结构组成部分，如图 1-1 所示。对某一建筑物而言，地表以上的部分称为上部结构，地基和基础属于下部结构。

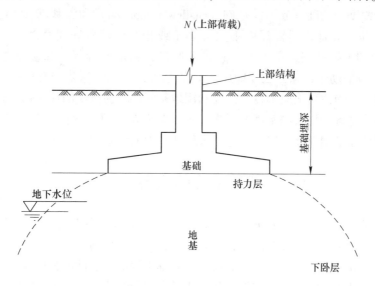

图 1-1　地基与基础示意图

　　基础工程的研究对象包括地基和基础两部分，其主要是研究下部结构设计以及下部结构与岩土相互作用共同承担上部荷载而产生的各类变形与稳定问题。基础工程的主要内容包括地基基础的设计、施工和监测等。其中，基础设计包括选择基础类型、确定基础埋深及基底面积、基础内力计算和结构设计等；地基设计包括确定地基承载力、进行地基变形

2

和稳定计算等。当地基承载力不足或压缩性很大而不能满足设计要求时，需要对地基进行人工处理即地基处理。

为了保证上部结构的安全和正常使用，地基基础必须具有足够的强度和耐久性，变形也应控制在允许范围之内。地基基础的形式很多，设计时应根据工程地质条件、上部结构要求、荷载作用及施工技术等因素综合选择合理的设计方案。

根据施工中对地基的扰动和利用情况，地基可分为天然地基和人工地基。无须人工处理就可满足设计要求的地基称为天然地基，天然地基可根据其构成成分细分为土质地基、岩石地基和土、岩组合地基。如果场地基岩埋藏较深，地表覆盖土层较厚，建筑物经常建造在由土层所构成的地基上，这种地基称为土质地基，简称土基；如果场地基岩埋藏较浅，甚至出露于地表，建筑物经常建造在由岩层所构成的地基上，这种地基称为岩石地基，简称岩基；也有局部地区遇到的地基土土质特殊，如湿陷性黄土、多年冻土、压缩性强的软土等，这些地基均需做特殊的设计和施工，称为特殊土地基。

如果天然土层不能满足工程要求，必须经过人工加固处理后（例如采用换土垫层、深层密实、排水固结、化学加固、加筋土技术等方法进行处理）才能满足设计要求，那么处理后的地基称为人工地基。建（构）筑物应尽量修建在良好的天然地基上，以减少地基处理的费用。另外，主要由淤泥、淤泥质土、冲填土、杂填土或其他高压缩性土层构成的地基属于软弱地基，软弱地基必须经过地基处理后方可作为建（构）筑物的地基。

地基一般由多层土构成。如图 1-1 所示，直接承担基础荷载的地层称为持力层，位于持力层以下，并处于压缩层或可能被剪损深度内的各层地基土称为下卧层，当下卧层的承载力显著低于持力层时称为软弱下卧层。

根据埋置深度，基础可分为浅基础（shallow foundation）和深基础（deep foundation）两大类。浅基础一般是指埋置深度不大（小于或相当于基础底面宽度，一般认为小于5m）的基础，如单独基础、条形基础、筏形基础、箱形基础等。深基础是指埋深较大（一般大于 5m 或借助于特殊方法才能施工）的基础，常见的深基础有桩基、沉井、沉箱和地下连续墙等。当浅层土质不良，需要利用地基深部较为坚实的地层作为持力层时可采用深基础。与浅基础相比，深基础耗料多、施工时需要专门的设备、施工技术相对复杂、造价较高，因此在基础设计时应优先考虑天然地基上的浅基础。

1.2 基础工程的重要性

地基基础概念

地基基础是建（构）筑物的根基，它的设计和施工质量会直接影响上部结构的安危。基础工程还属于隐蔽工程，如有缺陷，较难发现，一旦出现问题，很难补救。古今中外因基础工程问题而导致的工程事故，不胜枚举，基础工程的重要性不言而喻。

下面是几个基础工程事故的实例。加拿大的特朗斯康谷仓于 1913 年完工，当谷仓装了三万吨谷物时，发现一小时内沉降达 30cm，结构向西倾斜，并在 24h 内倾倒。1952 年经勘察试验与计算，地基实际承载力远小于谷仓破坏时发生的基底压力。因此，谷仓地基因超载发生强度破坏而滑动。

著名的比萨斜塔（见图 1-2）始建于 1173 年，由于修建中发现塔身倾斜严重，人们担心斜塔倒掉，不得不多次停工，直到两百年后的 1372 年才建成。为了防止斜塔倒塌，人们在其后的六百年里一直尝试控制斜塔的倾斜，然而这些尝试都失败了。直到 20 世纪末，才通过掏土迫降法使斜塔向回倾斜 44cm，经过修复的斜塔预计可以再继续屹立不倒 300 年。

2015 年 12 月 20 日，深圳市某工业园发生了山体滑坡。此次灾害滑坡覆盖面积约 38 万平方米，造成 33 栋建筑物被掩埋或不同程度受损。事故造成 73 人死亡、4 人失踪，直接经济损失约 8.8 亿余元。事后发现堆填的渣土严重超量超高，下滑推力逐渐增大、稳定性降低，导致渣土失稳滑出。

从以上工程实例可见，基础工程实属百年大计，必须认真对待。此外，随着高层建筑的大量涌现，基础工程的造价在整个建筑物造价中所占的比例明显上升，基础工程建造造价占建筑总造价的 10% ~ 40%。因此，工程实践中必须严格遵守基本建设原则，结合当地情况，对基础工程做到精心设计、精心施工，确保其安全可靠、经济合理、绿色环保。

图 1-2 比萨斜塔

1.3 本书特点及学习要求

基础工程是一门工程学科，专门研究建造在岩土地层的建筑物基础及有关结构物的设计及建造技术的工程学科，是岩土工程学的组成部分。基础工程内容广泛，综合性、理论性和实践性都很强。它不仅涉及材料力学、结构力学、弹性力学、土力学、水力学、工程地质、钢筋混凝土结构、砌体结构、建筑材料、施工技术等多个学科，还涉及建筑、水利、道路、港口等多个领域的规范，加之我国幅员辽阔、地质环境复杂、区域性强，地基土具有多样性和易变性的特点，使得基础工程问题十分复杂。

基础工程的工作是根据建筑物对基础功能的特殊要求，首先通过勘探、试验、原位测试等，了解岩土地层的工程性质，然后结合工程实际，运用土力学及工程结构的基本原理，分析岩土地层与基础结构物的相互作用及其变形与稳定的规律，做出合理的基础工程方案和建造技术措施，确保建筑物的安全和稳定。原则上是以工程要求和勘探试验为依据，以岩土与基础共同作用和变形与稳定分析为核心，以优化基础方案与建筑技术为灵魂，以解决工程问题确保建筑物安全与稳定为目的。

⭐ 思政课堂

基础工程的发展史——用发展的眼光看问题

基础工程是一门实践性很强的应用学科，是人类在长期的工程实践中不断发展起来的。它既是一门古老的工程技术，又是一门年轻的科学。追本溯源，早在几千年前，人类就已经创造了基础工程工艺，遍及世界各地的古代宫殿、寺院、桥梁和高塔都充分体现了当时能工巧匠的高超技艺。但是由于受到当时生产力水平的限制，基础工程建设还主要依靠经验，缺乏相应的科学理论。

随着18世纪欧洲工业革命的开始，公路、铁路、水利和建筑工程的大量兴建推动了土力学的发展。1925年，美籍奥地利学者Terzaghi发表了专著《土力学》，标志着土力学从此成为一门独立的学科。土力学的诞生不仅为基础工程建设提供了理论基础，还促使人们对基础工程进行深入的研究和探索。

1936年，在美国哈佛召开了第一届国际土力学与基础工程会议；1962年，在我国天津召开了第一届土力学与基础工程会议。另外，欧洲等地区的国家也相继召开了相关的学术会议。国内外各类学术会议的召开，极大地促进了土力学与基础工程的发展。

特别是近几十年，随着计算机和计算技术的引入，基础工程无论是在理论上还是在施工技术上都得到了迅猛发展，不仅常规基础的设计理论更加完善，还出现了诸如桩-箱基础、桩-筏基础、补偿基础、墩基础、沉井、沉箱和地下连续墙等基础形式。在地基处理方面也出现了振冲法、强夯法、预压法、复合地基法、注浆法、冷热处理和各类托换技术等地基加固方法。与此同时，人们还研究了各种各样的与勘察、试验和地基处理有关的仪器设备如薄壁取土器、高压固结仪、大型三轴仪、动三轴仪、深层搅拌器、塑料排水带插板机等，这些仪器设备为基础工程的研究、实施和质量保证提供了条件。另外，随着土工合成材料技术的发展，各类土工聚合物也在建筑、水利、道路、港口、桥梁等工程的地基处理中得到广泛应用。

我国在青藏铁路、三峡大坝、南水北调、高速铁路等重大工程建设的勘察、设计、施工等各个阶段，全面、系统地应用土力学及基础工程等方面的专业知识和相关施工技术与设备，取得了大量突破性的具有世界先进水平的研究和实践成果。例如，在2008年5月四川汶川8级大地震中，震中的水利工程经受住了大地震的考验，坝体基本安全，未出现溃坝事件，有力地证明我国岩土工程的科学研究与实践达到了国际先进水平。在大量理论研究和实践经验积累的基础上，各类与基础工程相关的规范、规程相继问世，如《建筑地基基础设计规范》（GB 50007—2011）、《建筑地基处理技术规范》（JGJ 79—2012）、《钢制储罐地基基础设计规范》（GB 50473—2008）、《石油化工钢储罐地基处理技术规范》（SH/T 3083—1997）、《港口工程地基规范》（JTS 147—1—2010）、《铁路桥涵地基和基础设计规范》（TB 10093—2017）、《建筑地基基础工程施工质量验收规范》（GB 50202—2018）等，这些规范为基础工程的设计和施工提供了理论和实践经验依据。

由于基础工程深入地下，再加上工程地质条件复杂，特别是随着我国"一带一路"的实施，大型和重型土木工程的兴建，以及对生态环境的重视，目前基础工程的设计理论和施工技术有了较大发展，但仍有许多问题值得深入研究和探索。

由此可见，基础工程从几千年前远古时代人们在古代宫殿、寺院、桥梁和高塔基础中的朴素实践，发展到现在各种新型基础、地基处理方法、土工聚合物材料等在工程中广泛应用，基础工程也是一个螺旋向上的发展过程。发展的观点是唯物辩证法的总特征。唯物辩证法认为，事物是不断运动变化和发展的，事物的发展具有普遍性和客观性。发展的实质就是事物的前进、上升，是新事物代替旧事物。因此，我们必须坚持用发展的眼光看问题。

习　题

1-1　什么是地基，什么是基础？

1-2　什么是持力层，什么是软弱下卧层？

1-3　从基础工程的事故案例中，你有什么感想？

2 浅基础设计的基本原理

学习导读

本章主要介绍浅基础设计的内容和步骤及常规设计方法、地基-基础设计的基本规定、浅基础的类型和基础方案的选择以及地基计算等。通过本章学习，可以了解现行《建筑地基基础设计规范》（GB 50007—2011）对地基基础设计的基本规定、荷载效应的取值及两种极限状态；熟悉浅基础的分类、特点及使用条件；熟知影响基础埋深的因素；掌握地基承载力特征值及基础底面积的确定方法；了解对建筑物地基变形允许值的控制标准及地基的稳定性验算要求。

在学习中思考：如何选择合适的基础类型呢？

2.1 概　　述

浅基础设计的内容
及常规设计方法

在建筑物的设计和施工中，地基和基础占有很重要的地位，它们对建筑物的安全使用和工程造价有着很大的影响，因此，正确选择地基基础的类型十分重要。在选择地基基础类型时，主要考虑两个方面的因素：一是建筑物的性质（包括它的用途、重要性、结构形式、荷载性质和荷载大小等）；二是地基的工程地质和水文地质情况（包括岩土层的分布，岩土的性质和地下水等）。

天然地基上的浅基础（shallow foundation）常常是施工方便、技术简单、造价经济的方案，在一般情况下，应尽可能采用。如果天然地基上的浅基础不能满足工程的要求，或者经过周密论证比较后认为不经济，才考虑采用其他类型的地基基础。选用人工地基、桩基础或其他深基础，要根据建筑物地基的地质和水文地质条件，结合工程的具体要求，通过方案比较选定。本章主要讨论天然地基上浅基础的设计问题。

2.1.1　地基基础设计资料

地基与基础的设计方案的确定、计算中有关参数的选用，都需要根据当地的地质条件、水文条件、上部结构形式、荷载特性、材料情况及施工要求等因素全面考虑。施工方案和方法也应该结合设计要求、现场地形、地质条件、施工技术设备、施工季节、气候和水文等情况来研究确定，因此应在事前通过详细的调查研究，充分掌握必要的、符合实际情况的资料。一般的工业与民用建筑基础设计前必须收集的有关资料如下：

（1）建筑场地的地形图；

（2）建筑场地的工程地质勘查报告；

（3）建筑物平、立、剖面图，荷载、设备基础、设备管道布置与标高；

（4）建筑材料供应情况、施工单位的设备和技术力量。

对这些资料的要求，按不同的需要应有所区别：对大型建筑物可能需要比较多的资料；对一般中、小型建筑物只需要较少的资料；地震区还需掌握相关地震资料。

2.1.2　浅基础设计内容

天然地基上浅基础的设计包括地基计算和基础设计两部分。设计时，不仅要满足地基强度、变形和稳定性的要求，还应保证基础本身的强度及稳定性。

浅基础设计的主要步骤如下：

（1）仔细研究分析相关岩土工程勘察资料及上部结构相关设计资料；

（2）选择合适的基础类型及材料，进行基础平面布置；

（3）选择持力层并初步确定基础埋置深度；

（4）确定持力层的地基承载力；

（5）初步确定基础底面尺寸，若存在软弱下卧层，尚应验算软弱下卧层的承载力；

（6）根据需要进行地基变形（规定的重要建筑物地基）及稳定性验算（对水平荷载为主要荷载的建筑物地基）；

（7）对需要抗震验算的建筑物，应进行地基基础的抗震验算；

（8）根据需要（地下水位埋藏较浅，地下室或地下构筑物存在上浮问题时）进行抗浮验算；

（9）进行基础结构设计并满足相关构造要求；

（10）绘制基础施工图，并附必要的施工说明。

上述浅基础设计的各项内容是互相关联的。设计时可按上述顺序逐项进行设计与计算。如果在以上计算过程中有不满足要求的情况，应调整基础底面尺寸或基础埋深甚至上部结构设计，直至满足要求为止。对规模较大的基础工程，还应对若干可能的方案做出技术经济比较，然后择优采用。

2.1.3　浅基础的常规设计方法

在建筑工程设计中，通常把上部结构、基础和地基三者分开，即把三者各自作为独立的结构单元分别进行计算分析。如图 2-1 所示的一榀框架设计，先把一榀框架分离出来，框架柱底端视为固定端［见图 2-1(a)］，进行内力计算；把求得的柱脚支座反力作为外荷载作用于基础上，对基础进行结构设计［见图 2-1(b)］；在进行地基计算时，将基底压力视为施加于地基上的外荷载（不考虑基础刚度即作为柔性荷载）对地基进行承载力验算和沉降计算［见图 2-1(c)］。这种设计方法称为常规设计方法。

常规设计方法满足了静力平衡，但是由于没有考虑上部结构、基础和地基三者之间共同工作、协调变形的实质，而使得该方法不能满足变形协调条件。因此在工程设计中，按常规设计方法得到的计算结果与实际情况之间存在一定的误差。鉴于这类方法简单易懂，所以常用于连续基础的初步设计中，对于大型或复杂的基础，应在常规设计方法的基础上，根据具体情况考虑上部结构、基础与地基之间的相互作用。

常规设计法在满足下列条件时可认为是可行的。

（1）地基沉降较小或较均匀。若地基不均匀沉降较大，就会在上部结构中引起很大的附加内力，导致结构设计不安全。

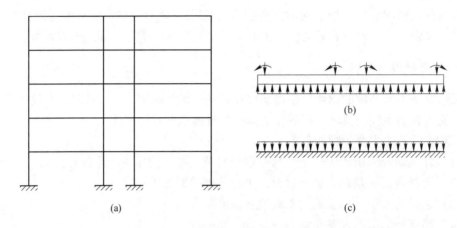

图 2-1 常规设计方法计算简图

（a）分离的框架；（b）基础计算简图；（c）地基计算简图

（2）基础刚度较大。基底反力一般并非呈直线分布，它与土的类别及性质、基础尺寸和刚度以及荷载大小等因素有关。一般而言，当基础刚度较大时，可认为基底反力近似呈直线分布。

2.2 地基基础设计的基本规定

荷载效应取值

2.2.1 地基基础设计等级

假如要设计一个简单的草屋，与设计 100m 以上的高楼相比，二者的荷载不同，重要性不同，破坏可能造成的影响也不同，对基础的要求显然是不一样的。既然要求不同，就有必要对基础进行分类。现行《建筑地基基础设计规范》（GB 50007—2011）根据地基复杂程度、建筑物规模和功能特征以及由于地基问题可能造成建筑物破坏或影响正常使用的程度，将地基基础设计分为三个设计等级，设计时应根据具体情况按表 2-1 选用。

表 2-1 地基基础设计等级

设计等级	建筑和地基类型
甲级	（1）重要的工业与民用建筑物； （2）30 层以上的高层建筑； （3）体型复杂，层数相差超过 10 层的高低层连成一体建筑物
乙级	（1）大面积的多层地下建筑物（如地下车库、商场、运动场等）； （2）对地基变形有特殊要求的建筑物； （3）复杂地质条件下的坡上建筑物（包括高边坡）； （4）对原有工程影响较大的新建建筑物； （5）场地和地基条件复杂的一般建筑物； （6）位于复杂地质条件及软土地区的 2 层及 2 层以上地下室的基坑工程； （7）开发深度大于 15m 的基坑工程； （8）周边条件复杂，环境保护要求高的基坑； （9）除甲级、丙级以外的工业与民用建筑物

设计等级	建筑和地基类型
丙级	（1）场地和地基条件简单、荷载分布均匀的 7 层及 7 层以下民用建筑及一般工业建筑物次要的轻型建筑物； （2）非软土地区且场地地质条件简单、基坑周边环境条件简单、环境保护要求不高且开挖深度小于 5m 的基坑

2.2.2　地基基础设计的基本规定

根据建筑物地基基础设计等级，以及长期荷载作用下地基变形对上部结构的影响程度，地基基础设计应符合下列规定。

（1）所有建筑物的地基计算均应满足承载力计算的有关规定。

（2）设计等级为甲级、乙级的建筑物，均应按地基变形设计。

（3）表 2-2 所列范围内设计等级为丙级的建筑物可不进行变形验算，按承载力进行设计，即只要求基底压力小于或等于地基承载力，不要求变形验算；认为承载力满足要求后，建筑物沉降就会满足允许变形值。这种方法最为简单，节省了设计计算工作量。但设计等级为丙级的建筑物，若有下列情况之一时，仍应进行变形验算：

表 2-2　可不进行地基变形计算设计等级为丙级的建筑物范围

地基主要受力层情况	地基承载力特征值 f_{ak}/kPa		$60 \leqslant f_{ak} < 80$	$80 \leqslant f_{ak} < 100$	$100 \leqslant f_{ak} < 130$	$130 \leqslant f_{ak} < 160$	$160 \leqslant f_{ak} < 200$	$200 \leqslant f_{ak} < 300$
建筑类型	各土层坡度/%		$\leqslant 5$	$\leqslant 5$	$\leqslant 10$	$\leqslant 10$	$\leqslant 10$	$\leqslant 10$
	砌体承重结构、框架结构（层数）		$\leqslant 5$	$\leqslant 5$	$\leqslant 5$	$\leqslant 6$	$\leqslant 6$	$\leqslant 7$
	单层排架结构（6m 柱距）	单跨 吊车额定起重量/t	5~10	10~15	15~20	20~30	30~50	50~100
		单跨 厂房跨度/m	$\leqslant 12$	$\leqslant 18$	$\leqslant 24$	$\leqslant 30$	$\leqslant 30$	$\leqslant 30$
		多跨 吊车额定起重量/t	3~5	5~10	10~15	15~20	20~30	30~75
		多跨 厂房跨度/m	$\leqslant 12$	$\leqslant 18$	$\leqslant 24$	$\leqslant 30$	$\leqslant 30$	$\leqslant 30$
	烟囱	高度/m	$\leqslant 30$	$\leqslant 40$	$\leqslant 50$	$\leqslant 75$		$\leqslant 100$
	水塔	高度/m	$\leqslant 15$	$\leqslant 20$	$\leqslant 30$	$\leqslant 30$		$\leqslant 30$
		容积/m³	$\leqslant 50$	50~100	100~200	200~300	300~500	50~1000

注：1. 地基主要受力层是指条形基础底面下深度为 3b（b 为基础底面宽度），独立基础下为 1.5b，且厚度均不于 5m 的范围（2 层以下一般的民用建筑除外）；

　　2. 地基主要受力层中如有承载力标准值小于 130kPa 的土层时，表中砌体承重结构的设计，应符合《建筑地基基础设计规范》（GB 50007—2011）中软弱地基的有关要求；

　　3. 表中砌体承重结构和框架结构均指民用建筑，对于工业建筑可按厂房高度、荷载情况折合成与其相当的民用建筑层数；

　　4. 表中吊车额定起重、烟囱高度和水塔容积的数值是指最大值。

1）地基承载力特征值小于 130kPa，且体型复杂的建筑；

2）在基础上及其附近有地面堆载或相邻基础荷载差异较大，可能引起地基产生过大的不均匀沉降；

3）软弱地基上的建筑物存在偏心荷载；

4）相邻建筑距离过近，可能发生倾斜；

5）地基内有厚度较大或厚薄不均的填土，其自重固结未完成。

（4）对经常受水平荷载作用的高层建筑、高耸结构和挡土墙等，以及建造在斜坡上或边坡附近的建筑物和构筑物，尚应验算其稳定性。

（5）基坑工程应进行稳定验算。

（6）当地下水埋藏较浅，建筑地下室或地下构筑物存在上浮问题时，尚应进行抗浮验算。

2.2.3　荷载效应取值

2.2.3.1　地基基础的设计方法

随着建筑科学技术的发展，地基基础的设计方法也在不断改进。主要设计方法有允许承载力设计方法、极限状态设计方法和可靠度设计方法。

早期的设计思想主要是允许承载力设计方法，设计中要求基底压力不能超过地基的极限承载力，而且要求有足够的安全度。根据长期的经验积累，有的规范给出了允许承载力的经验取值。这种完全按照经验的设计方法，安全度有多大，不得而知。显然，允许承载力设计方法是一种比较原始的设计方法，随着高层建筑的发展，结构不断更新，体型日益复杂。复杂体型的建筑对沉降和不均匀变形更敏感，对基础设计提出了新的要求，因而发展出了极限状态设计方法。要求基础必须满足承载能力极限状态和正常使用极限状态。

当整个结构或结构的某一部分超过某一特定状态，就不能满足设计规定的某一功能要求，此特定状态称为该功能的极限状态。结构的极限状态总体上可分为承载力极限状态和正常使用极限状态两类。承载力极限状态一般以结构的内力超过其承载能力为依据；正常使用极限状态一般以结构的变形、裂缝、振动参数超过设计允许的限值为依据。在地基基础设计时，地基稳定和变形允许是地基基础必须满足的两种不同要求。

前面所讲的两种方法，都是把荷载和抗力当成确定的量。然而现实中的荷载或者抗力，实际上都有很大的不确定性。于是以概率论为基础的可靠度理论就发展了起来，这种方法通常以可靠指标作为安全标准。可靠度思想较先进，上部结构设计已经采用可靠度设计方法。但因为土体变异性大，所以不易获得大量试验数据。可靠度设计方法应用到地基基础比较难，目前设计中一般采用考虑一定变异性的分项系数的实用方法。

建筑地基设计规范规定了两种极限状态下的荷载组合及使用范围。为此，现行《建筑地基基础设计规范》（GB 50007—2011）采用正常使用极限状态进行地基计算，采用承载力极限状态进行基础设计，并明确规定了两种极限状态对应的荷载组合及使用范围。

2.2.3.2　荷载效应取值的基本规定

基础设计比较复杂，既要考虑地基影响，又要考虑结构本身的内力。不同情况下应采用不同荷载组合。地基基础设计时，所采用的荷载效应最不利组合与相应的抗力限值应按下列规定。

（1）按地基承载力确定基础底面积及埋深或按单桩承载力确定桩数时，传至基础或承台底面上的荷载效应应按正常使用极限状态下荷载效应的标准组合。相应的抗力应采用地基承载力特征值或单桩承载力特征值。正常使用极限状态下，荷载效应的标准组合值 S_k 可表示为：

$$S_k = S_{Gk} + S_{Q1k} + \sum_{i=2}^{n} \Psi_{ci} S_{Qik} \qquad (2\text{-}1)$$

式中，S_{Gk} 为按永久荷载标准值 G_k 计算的荷载效应值；S_{Qik} 为按可变荷载标准值 Q_{ik} 计算的荷载效应值；S_{Q1k} 为诸可变荷载效应中起控制作用者；Ψ_{ci} 为可变荷载 Q_i 的组合值系数，按现行《建筑结构荷载规范》（GB 50009—2012）的规定取值。

（2）计算地基变形时，传至基础底面上的荷载效应按正常使用极限状态下荷载效应的准永久组合，不应计入风荷载和地震作用。相应的限值应为地基变形允许值。正常使用极限状态下，荷载效应的准永久组合值 S_k 可表示为：

$$S_k = S_{Gk} + \sum_{i=1}^{n} \Psi_{qi} S_{Qik} \qquad (2\text{-}2)$$

式中，Ψ_{qi} 为准永久值系数，按现行《建筑结构荷载规范》（GB 50009—2012）的规定取值。

（3）在确定基础或桩台高度、支挡结构截面，计算基础或支挡结构内力，确定配筋和验算材料强度时，上部结构传来的荷载效应组合和相应的基底反力，应按承载能力极限状态下荷载效应的基本组合，采用相应的分项系数。

1）承载力极限状态下，由可变荷载效应控制的基本组合设计值 S 表示，其计算公式为：

$$S = \gamma_G S_{Gk} + \gamma_{Q1} S_{Q1k} + \sum_{i=2}^{n} \gamma_{Qi} \Psi_{ci} S_{Qik} \qquad (2\text{-}3)$$

式中，γ_G 为永久荷载的分项系数，按现行《建筑结构荷载规范》（GB 50009—2012）的规定取值；γ_{Qi} 为第 i 个可变荷载的分项系数，按现行《建筑结构荷载规范》（GB 50009—2012）的规定取值；Ψ_{ci} 为可变荷载 Q_i 的组合值系数，按现行《建筑结构荷载规范》（GB 50009—2012）的规定取值。

2）由永久荷载效应控制的基本组合设计值 S 表示，其计算公式为：

$$S = \gamma_G S_{Gk} + \sum_{i=2}^{n} \gamma_{Qi} \Psi_{ci} S_{Qik} \qquad (2\text{-}4)$$

对由永久荷载效应控制的基本组合，也可采用简化规则，即荷载效应基本组合设计值 S 的计算公式为：

$$S = 1.35 S_k \leqslant R \qquad (2\text{-}5)$$

式中，R 为结构构件抗力的设计值，按有关建筑结构设计规范的规定确定；S_k 为荷载效应的标准组合值。

（4）计算挡土墙土压力、地基或斜坡稳定及滑坡推力时，荷载效应按承载能力极限状态下荷载效应的基本组合，但其分项系数均为 1.0。

当需要验算基础裂缝宽度时，应按正常使用极限状态下荷载效应的标准组合。

另外，基础设计安全等级、结构设计使用年限、结构重要性系数应按有关规范的规定采用，但结构重要性系数 γ_0 不应小于 1.0。

上述地基基础设计中两种极限状态对应的作用组合及使用范围见表 2-3。

表 2-3　地基基础设计两种极限状态对应的作用组合及使用范围

设计状态	作用组合	设计对象	适用范围
承载能力极限状态	基本组合	基础	基础的高度、剪切、冲切计算
		地基	滑移、倾覆或稳定问题
正常使用极限状态	标准组合 频遇组合 准永久组合	基础	基础底面确定、裂缝宽度计算等
		地基	沉降、差异沉降、倾斜等

2.2.3.3　建筑地基基础设计规范方法说明

若将上面的规定与前述三种地基的设计方法对比可知《建筑地基基础设计规范》（GB 50007—2011）的设计方法不单纯属于其中的某一种，而是考虑岩土的特点依据工程经验综合应用了上述三种地基基础的设计方法。对于该规范，做如下几点说明。

（1）《建筑地基基础设计规范》（GB 50007—2011）的基本框架是建立在以概率理论为基础的极限状态设计方法上，主要体现在作用或作用组合效应采用《建筑结构可靠度设计统一标准》（GB 50068—2018）编制的《建筑结构荷载规范》（GB 50009—2012）；结构功能状态的判别主要以极限状态为标准。通常按极限状态设计，应进行两类验算，即承载能力极限状态验算和正常使用极限状态验算，对于建筑物地基就是地基的稳定验算和地基的变形验算。而上述《建筑地基基础设计规范》（GB 50007—2011）的设计要点中，却规定了三种验算，即地基承载力验算（对全部建筑物）、地基变形验算（对甲、乙级和部分丙级建筑物）和地基稳定验算（对经常承受水平荷载的建筑物）。应注意到，地基承载力验算所用的作用是正常使用极限状态下作用的标准组合；承载力特征值的取值，如后面所述，当用现场载荷试验时，应取若干组试验测得的临塑荷载 p_{cr} 的平均值；当用公式计算时，土的抗剪强度指标 c、φ 采用标准值。这说明地基承载力所指的"承载力"并非地基稳定验算中的极限承载力 p_u，而是保证建筑物能正常使用的承载力，属于正常使用极限状态范畴的验算。

（2）对于按地基变形设计的建筑物，即设计等级为甲、乙级和少数丙级，且水平荷载不起主要作用的建筑物，只需要验算地基承载力和地基变形。这两项验算都是保证建筑物能正常使用的验算，无论是荷载或抗力，分项系数都取为 1.0，可以认为符合概率极限状态设计方法的要求。

（3）对于经常承受水平荷载的建筑物和构筑物，地基稳定和地基变形都要进行验算。在地基稳定验算中，《建筑地基基础设计规范》（GB 50007—2011）建议采用单一安全系数的圆弧滑动法。用这种方法无法与分项系数等概念联系起来，因此在采用作用或作用组合效应时，虽然表面上采用承载能力极限状态的基本组合，但各种分项系数均取为 1.0，以使与单一安全系数相一致。也就是说，《建筑地基基础设计规范》（GB 50007—2011）中的地基稳定验算，仍然采用单一安全系数的极限状态设计方法。

（4）从地基现场载荷试验测得的 p-s 曲线表明，定为地基承载力的临塑荷载 p_0 比代表地基失稳的极限荷载 p_u 小得多，往往不及 p_u 的一半，即地基开始破坏到地基失稳还有很大的距离。所以对于进行承载力验算，不妨这样理解，对于大多数丙级和丙级以下的建筑物，地基承载力实质上就是"允许承载力"，它既保证地基变形不超过允许值，又保证地基有足够的安全度不会丧失稳定，即属于第一类设计方法；而对于其他等级的建筑物，承载力验算实际上是变形验算的必要条件，它保证地基变形可以用现行的弹性理论进行计算；自然，尚处于弹性状态的地基是不会失稳的，只不过安全度不确定而已。

这样看来，《建筑地基基础设计规范》（GB 50007—2011）所规定的地基验算方法实际上是因地基设计等级不同而异。对于众多丙级以下的建筑物实质上是用第一种方法，即允许承载力设计方法，这里允许承载力已经不是仅由工程师的经验决定，而是要通过原位试验或室内试验以及地区经验确定，具体方法后面还要详细阐述。对于水平荷载是主要荷载的建筑物，必须进行地基稳定验算和地基变形验算，其中，稳定验算采用的是第二种设计方法，即单一安全系数的极限状态设计方法。对于水平荷载不起主要作用的甲、乙类及部分丙类建筑物，按地基变形设计，可不必进行稳定验算，用的则是第三种方法，即概率极限状态设计方法。至于基础（包拓城基承台）可以看成是结构物与地基岩土的联结件，与结构物的其他构件一样都应按照概率极限状态方法设计。

2.3 浅基础的类型与方案选择

浅基础的类型与方案选择

浅基础根据所用材料和受力性能可分为刚性基础（无筋基础）和柔性基础（钢筋混凝土基础）；根据基础形状和结构形式可分为扩展基础、联合基础、连续基础和壳体基础等，如图 2-2 所示。

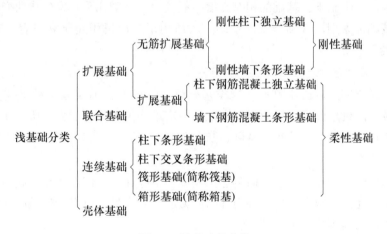

图 2-2　浅基础的分类

2.3.1　浅基础的类型

2.3.1.1　刚性基础

刚性基础又称无筋扩展基础，通常是指由砖、毛石、混凝土或毛石混凝土、灰土（石灰和土）和三合土（石灰、砂和骨料如矿渣、碎砖或碎石等加水泥混合而成）等材料组成的，且无须配置钢筋的基础。刚性基础主要包括刚性墙下条形基础和刚性柱下独立基础（见图2-3）两类。

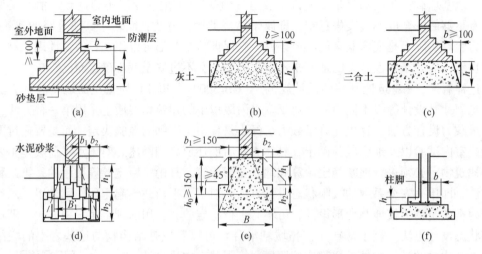

图 2-3　刚性基础分类

(a) 砖基础；(b) 灰土基础；(c) 三合土基础；
(d) 毛石基础；(e) 混凝土基础；(f) 刚性无筋柱基础

　　由于构成刚性基础的材料的抗压强度一般远大于其抗拉、抗剪强度，刚性基础能够承担较大的竖向荷载、稳定性较好。但是，由于没有配置钢筋，基础的抗拉、抗剪性能较差，在设计时，一般通过控制材料的质量和对基础构造的限制来确保基础不发生拉力或剪切破坏。在这样的限制下，基础的相对高度一般较大，基础几乎不发生挠曲变形，故习惯上又把无筋基础称为刚性基础。刚性基础一般适用于多层民用建筑（三合土基础不宜超过4层）和轻型厂房。

2.3.1.2　柔性基础

　　柔性基础是指钢筋混凝土基础。这类基础整体性较好，不仅能够承担较大的竖向荷载，还具有较好的抗弯强度、抗剪强度和抵抗一定不均匀沉降的能力，所以在工程中得到广泛应用。柔性基础主要包括扩展基础、联合基础、连续基础和壳体基础等类型。

　　A　扩展基础

　　将上部结构传来的荷载，通过向侧边扩展成一定底面积，使作用在基底的压应力等于或小于地基土的允许承载力，而基础内部的应力应同时满足材料本身的强度要求，这种起到压力扩散作用的基础称为扩展基础。

　　根据基础材料，扩展基础可分为无筋扩展基础和钢筋混凝土扩展基础。无筋扩展基础即刚性基础；钢筋混凝土扩展基础常简称为扩展基础，主要包括墙下钢筋混凝土条形基础和柱下钢筋混凝土独立基础两类。与无筋扩展基础相比，扩展基础具有良好的抗弯和抗剪性能，可在竖向荷载较大、地基承载力不高以及承受弯矩和水平荷载等情况下使用。由于这类基础可通过扩大基础底面积的方法来满足地基承载力的要求，而不必增加基础埋深，特别适用于需要"宽基浅埋"的工程。

　　（1）墙下钢筋混凝土条形基础是混合结构承重墙基础中最常用的一种形式。如图2-4

所示，可分为有肋和无肋两种，有肋基础的整体性和抗弯能力较强，应在地基不均匀时采用。

（2）柱下钢筋混凝土独立基础主要用于柱下，也可用于一般的高耸构筑物，如烟囱、水塔等。柱下钢筋混凝土独立基础分为现浇和预制两种。现浇的独立基础可做成阶梯形或锥形；预制基础一般做成杯形，又称为杯口基础，如图 2-5 所示。现浇独立基础可用于一般厂房或多层框架结构中；杯口基础常用在装配式单层工业厂房中，作为预制柱的基础。

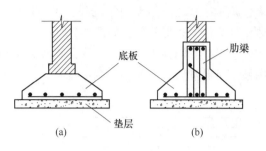

图 2-4 墙下钢筋混凝土条形基础

（a）无肋；（b）有肋

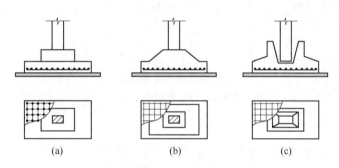

图 2-5 柱下钢筋混凝土独立基础

（a）阶梯形基础；（b）锥形基础；（c）杯口基础

B 联合基础

这里所介绍的联合基础主要是指同列相邻两柱公共的钢筋混凝土基础，即双柱联合基础，如图 2-6 所示。通常为了满足地基承载力要求，必须扩大基础底面尺寸，使得相邻两柱的独立基础底面相接甚至重叠时，可将它们连在一起形成联合基础。联合基础还可用于调整相邻两柱的不均匀沉降，或防止两者之间的相向倾斜等。

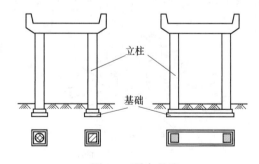

图 2-6 联合基础

C 连续基础

为了扩大基础底面积以满足地基承载力的要求，可将建筑物的基础沿单向或双向（柱列）甚至整片连接起来形成连续基础。连续基础主要包括柱下条形基础、柱下交叉条形基础、筏形基础和箱形基础等。与其他基础相比，连续基础的整体刚度和调整不均匀沉降的能力显著提高，建筑物的整体抗震性能也有所改善。

a 柱下条形基础

当柱荷载较大、地基较软弱或地基土压缩性分布不均匀时，为了满足地基承载力要求，减小柱基之间的不均匀沉降，可将同一方向上若干柱子的基础连接起来形成一个整体，称为柱下条形基础，如图 2-7 所示。这类基础常用于软弱地基上的框架结构或排架结构中。另外，当柱距较小、基底面积较大、相邻基础十分接近时，为了便于施工，也可采用柱下条形基础。

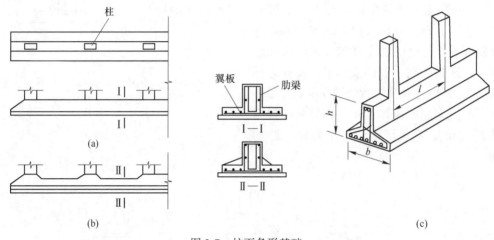

图 2-7　柱下条形基础
（a）类型一；（b）类型二；（c）类型三

b　柱下交叉条形基础

当采用柱下条形基础仍不能满足地基承载力要求或在地基两个方向上都存在不均匀沉降时，可把柱列纵横两个方向的基础连接起来，形成柱下交叉条形基础，如图 2-8 所示。如果采用单向柱下条形基础已经能够满足地基承载力要求，可仅在另一个方向设置连梁以调整其不均匀沉降，从而形成连梁式柱下交叉条形基础，如图 2-9 所示。连梁应具有一定的强度和刚度，不宜着地，否则作用不大。交叉条形基础可在 10 层以下的民用住宅使用。

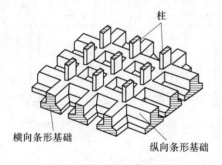

图 2-8　柱下交叉条形基础

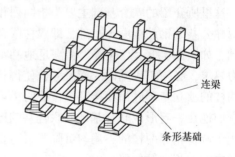

图 2-9　连梁式柱下交叉条形基础

c　筏形基础

当采用柱下交叉条形基础仍不能满足地基承载力要求，或交叉基础的底面积超过建筑物投影面积的 50% 时，可将基础底板连成一片而形成筏形基础。筏形基础俗称满堂基础，与交叉基础相比，该类基础的整体刚度更大、调节地基不均匀沉降的能力增强，能够更好地适应上部荷载分布的变化，并能减少地基沉降量、改善建筑物的整体抗震性能，同时筏形基础还可兼作地下室或地下车库等。

筏形基础有平板式和梁板式两种。平板式筏形基础为一块等厚的钢筋混凝土板，如图 2-10（a）所示。平板式基础是一块等厚基础，适用于柱网间距较小的情况。平板基础尽管混凝土用量大，但由于施工时不需要支模板，建造方便，施工速度快，因此应用较广泛。当柱荷载较大时，为了防止筏板冲切破坏，可局部加厚柱位下的板或设柱墩，如图 2-10（b）所示。当柱距较大、柱荷载相差也较大时，为了减小板厚，增加筏板刚度，可在板上沿柱轴单向或两个方向设置肋梁，形成梁板式筏形基础，如图 2-10（c）所示。

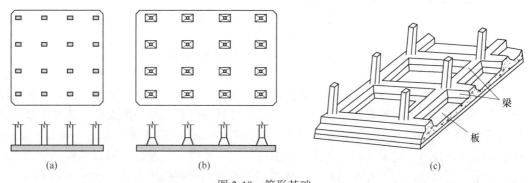

图 2-10　筏形基础
（a）平板式；（b）平板式（设柱墩）；（c）梁板式

适用于软弱地基、上部荷载较大或不应采用其他基础形式的建筑。筏形基础可用于砌体结构、剪力墙结构的墙下，也可用于框架、框架-剪力墙结构的柱下；可用于 6 层的住宅中，也可用于 50 层的高层建筑中。如美国休斯敦市的 52 层壳体广场大楼就是采用天然地基上的厚度为 2.52m 的筏形基础。水工建筑物和大型贮液结构物（如水池、油库等）或带地下室、地下车库以及承受水平荷载较大要求基础具有足够的刚度和稳定性的建筑物，采用筏形基础更为理想。但是当地基有显著软硬不均情况，例如地基中岩石与软土同时出现时，应首先对地基进行处理，单纯依靠筏型基础来解决这类问题是不经济的，甚至是不可行的。

d　箱形基础

如图 2-11 所示，箱形基础是由钢筋混凝土底板、顶板、侧墙和一定数量内隔墙组成的单层或多层钢筋混凝土基础。与一般实体基础相比，箱形基础的整体刚度较好，抗弯刚度更大，一般不会产生不均匀沉降，抗震能力较强。这类基础适用于软弱地基上的高层、超高层、重型或对不均匀沉降要求严格的建筑。因为基础中空，卸除了基底以上原有土层的自重，所以减小了基底附加压力、降低了地基沉降量。因此，这类基础又称为补偿基础。另外，箱基的抗震性较好，基础的中空部分还可作为储藏室、设备间、库房等，但不可用作地下停车场。有时为了增加基础底板的刚度，也可采用套箱式箱形基础，如图 2-11（b）所示。

箱基的材料用量大、施工技术复杂、工期长、造价较高，同时，在进行深基坑开挖时，还需考虑降低地下水位、坑壁支护及对周边环境的影响等问题。因此，工程中是否采用箱基，应与其他可能的地基基础方案进行技术经济比较之后再做决定。

D　壳体基础

为了更好地发挥基础的受力性能，可将基础做成图 2-12 所示的各种形式的壳体而形

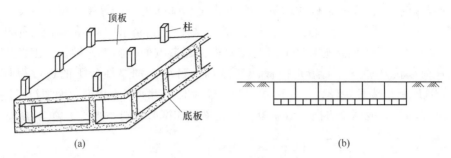

(a)　　　　　　　　　　　　　　　(b)

图 2-11　箱型基础

（a）常规箱形基础；（b）套箱式箱形基础

成壳体基础。这类基础的特点是能将直径向应力转变为压应力，能充分发挥混凝土抗压性能，因此壳体基础具有省材料、造价低、力学性能好等优点，比一般的梁板式基础节省混凝土用量 30%~50%，钢筋用量 30% 以上。但是壳体基础不易机械化施工，施工工期长、施工技术要求较高。这类基础可用作柱基础或烟囱、水塔、电视塔、料仓等特种结构的基础。常见的壳体基础形式有正圆锥壳、M 形组合壳和内球外锥组合壳，如图 2-12 所示。

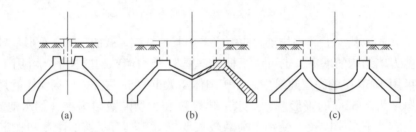

(a)　　　　　　　　　　(b)　　　　　　　　　　(c)

图 2-12　壳体基础

（a）正圆锥壳；（b）M 形组合壳；（c）内球外锥组合壳

另外，砖基础、毛石基础和钢筋混凝土基础在施工前常在基坑底面铺设素混凝土垫层。垫层既是基础底板钢筋绑扎的工作面，又可保证基础底板的质量，并保护坑底土体不被扰动和雨水浸泡，同时改善基础施工条件。垫层厚度一般为 100mm。

2.3.2　基础方案选择

基础工程建造造价占建筑总造价的 10%~40%。因此，必须加强对建筑结构基础设计的关注和重视，确保基础设计的科学性和合理性，在保证安全的前提下，保证与地基土承载力相适应，尽量利用天然持力层，使其造价最经济。基础设计中，一般遵循无筋扩展基础→扩展基础→柱下条形基础→柱下交叉条形基础→筏形基础→箱形基础的顺序来选择基础形式。只有当上述浅基础均不合适时，才考虑用桩基等深基础，以免浪费。选择过程中尽量做到经济、合理、安全，并考虑建筑条件、工程地质条件、技术条件、施工条件、环境影响等因素综合确定。选用的基础形式在实施和使用过程应当特别注意不恶化生态环境，例如，不合理的基础会改变地下水的径流条件，出现地层湿陷、建筑物进水等次生灾害。须考虑到场地可否排放处理泥浆、废渣；施工产生的震动、噪声对周围的影响等。如近临有精密仪器的单位、学校、稠密居民区时，就不能选用通过强夯才能实现的基础形式。

浅基础的类型选择见表2-4。

表 2-4　浅基础的类型选择

结构类型	岩土条件及荷载条件	基础类型
多层砖混结构	地基土上质均匀、承载力高、无软弱下卧层、地下水位以上、荷载不大（5层以下建筑）	无筋扩展基础
	地基土土质均匀性差、承载力低、有软弱下卧层、基础需浅埋时	墙下钢筋混凝土条形基础或墙下钢筋混凝土交叉条形基础
	地基土土质均匀性差、承载力低、荷载较大、采用条形基础基底面积超过建筑物投影面积的50%时	墙下筏形基础
框架结构（无地下室）	地基土土质均匀、承载力高、荷载相对较小、柱网分布均匀	柱上钢筋混凝土独立基础
	地基土土质均匀性差、承载力低、荷载较大、采用独立基础不能满足要求	柱下钢筋混凝土条形基础或柱下钢筋混凝土交叉条形基础
	地基土土质均匀性差、承载力低、荷载较大、采用条形基础基底面积超过建筑物投影面积的50%时	柱下筏形基础
剪力墙结构，10层以上住宅	地基土层较好、荷载分布均匀	墙下钢筋混凝土条形基础
	当上述条件不满足时	墙下筏形基础或箱形基础
高层框架、剪力墙结构（有地下室）	可采用天然地基时	筏形基础或箱形基础

地基计算

2.4　地　基　计　算

按照现行《建筑地基基础设计规范》（GB 50007—2011），地基计算主要包括确定基础埋置深度、地基承载力验算、地基变形计算和地基稳定性验算四部分。

2.4.1　确定基础埋置深度

基础埋置深度一般是指从设计地面到基础底面的垂直距离。基础埋深选择是否合理，不仅关系到上部结构的安全与稳定，还会影响施工工期和工程造价等各个方面。一般情况下，当能够满足地基稳定和变形要求时，基础应浅埋；当上层地基土的承载力大于下层土时，应利用上层土作持力层。考虑到基础的稳定性及动植物的影响等，除岩石地基外，基础埋深不应小于0.5m，因为表土一般都比较松软，容易受到雨水及植被和外界的影响，不应作为基础的持力层。基础顶面一般低于地面不小于0.1m，避免基础外露，遭受外界的破坏。影响基础埋深的因素很多，应综合考虑以下几方面加以确定。

2.4.1.1　建筑物的用途、基础类型及荷载

基础的埋深首先要考虑的因素包括建筑物的用途、有无地下室、地下管沟以及设备基

础和地下设施、基础类型和构造、上部结构荷载的大小和性质等。

建筑物的使用功能不同，对基础埋深的要求也不同。如在基础影响范围内有地下室、设备基础和管道等地下设施，基础埋深应低于这些设施，或采用有效措施，消除基础对地下设施的不利影响。对于有特殊使用功能要求的建（构）筑物如冰库、高炉、砖窑和烟囱等，在确定基础埋深时应考虑由于热传导作用引起地基土低温冻胀和高温干缩的影响。

对于无筋扩展基础，由于台阶高宽比的限制，基础的高度一般都较大，因而无筋扩展基础的埋深往往大于扩展基础的埋深。

高层建筑不仅竖向荷载大，而且要承受较大的水平荷载，所以高层建筑筏形和箱形基础的埋置深度应满足地基承载力、变形和稳定性要求。位于岩石地基上的高层建筑，其基础埋深应根据抗滑要求来确定。位于天然土质地基上的高层建筑筏形和箱形基础，其埋深应满足基础的抗倾覆和抗滑移稳定性要求。在抗震设防区，除岩石地基外，天然地基上的箱形和筏形基础埋置深度不宜小于建筑物高度的 $\frac{1}{15}$；桩箱或桩筏基础的埋置深度（不计桩长）不应小于建筑物高度的 $\frac{1}{20} \sim \frac{1}{18}$。

一般情况下，上部结构荷载越大，越需要将基础埋在较好的土层上。对于将承受较大水平荷载的建筑物或承受上拔力的构筑物（如水塔、烟囱、电视塔、输电塔等）的基础要加大埋深。对不均匀沉降要求严格的建筑物，应将基础埋置在较坚实和厚度比较均匀的良好土层上。对于地震区或有振动荷载的基础，不宜将基础浅埋或放在易液化的土层（饱和疏松的细、粉砂）中，应适当加大埋深，把基础放在抗液化的地基中。

2.4.1.2 工程地质和水文地质条件

为了保证建筑物的安全与稳定，应在详细分析工程地质勘查资料的基础上，尽量把基础埋置在较好的持力层上。工程中常见的成层土地基有以下几种情况。

（1）沿地基深度方向均为良好土层。这种情况下，无须考虑土性对基础埋深的影响，基础的埋置深度将由其他因素确定。

（2）沿地基深度方向均为软弱土层。对于轻型建筑，仍可按情况(1)处理。如果地基承载力或变形不能满足要求，可考虑采用适当的地基处理措施或连续基础、深基础等方案。具体要取决于安全、施工、造价等方面的综合要求。

（3）地基上层为良好土层但下层为软弱土层。这种情况在我国沿海地区较为常见，地表普遍存在一层厚度为 2~3m 的所谓"硬壳层"，硬壳层下为孔隙比较大、压缩性高、强度低的软土层。对于一般的中小型建筑物或 6 层以下的住宅，宜将上层土作为持力层，并尽可能采用宽基浅埋，以便加大基底与软弱层顶面之间的距离，减少对软弱层的压力，并要验算软弱下卧层的承载力是否符合要求。此时，最好采用钢筋混凝土基础（基础高度较小）。

（4）地基上层为软弱土层而下层为良好土层。这种情况可视软弱土层的厚度而定。当软弱土层较薄时，厚度小于 2m 时，可将基础埋置在下层良好土层上；当软弱土层较厚时，可按情况(2)处理。

在实际工程中所遇到的地基情况，远比上述理想而典型的地基类型复杂得多，因而上述原则决不能生搬硬套，要根据具体情况具体分析，结合其他因素综合进行比较。当地基持力层顶面倾斜时，或由于建筑使用上的要求（如地下室和非地下室连接段纵墙的基础），同一建筑物的基础可以采用不同的埋深。为保证基础的整体性，墙下无筋基础应做成台阶形，逐步由浅到深过渡。

基础应埋置在地下水位以上，当必须埋在地下水位以下时，应采取措施防止地基土在施工时受到扰动，如基坑降水、基坑护壁等。如果地基埋藏承压水，确定基础埋深时必须考虑承压水的作用，控制基坑开挖深度，以避免基坑开挖时坑底被承压水冲破，引起突涌或流土问题。基坑底面到承压含水层顶面的距离应满足（见图 2-13）：

$$h > \frac{\gamma_w h_w}{\gamma} \tag{2-6}$$

式中，h 为基坑底面至承压含水层顶面的距离；h_w 为承压水水位；γ_w 为水的重度；γ 为基坑底面至承压含水层顶面范围内土层的加权重度，地下水位以下用浮重度。

当无法满足式(2-6)要求时，应采取相应的处理措施（如降低承压水头、减小基础埋深等）。

2.4.1.3 相邻建筑物的基础埋深

当存在相邻建筑物时，为避免原有基础的倾斜或下沉，新建建筑物的基础埋深不应大于原有建筑基础。当埋深大于原有建筑基础时，两基础间应保持一定的净距，其数值应根据原有建筑荷载的大小、基础形式和土质情况确定，一般可取相邻两基础底面高差的 1~2 倍（见图 2-14），以避免开挖基坑时，坑壁塌落，影响原有建筑物地基的稳定。当上述要求不能满足时，应采取分段施工、设临时支撑、打板桩或地下连续墙、加固原有建筑物地基等工程措施。

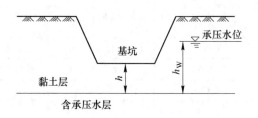

图 2-13 基坑下埋藏有承压含水层

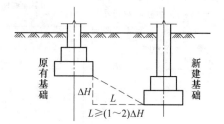

图 2-14 埋深不同的相邻基础

2.4.1.4 地基土冻胀和融陷的影响

在寒冷地区，当温度低于零度时，土中部分水将结成冰而形成冻土。按冻结状态持续时间，冻土可分为多年冻土、隔年冻土和季节冻土，见表 2-5。季节冻土随季节冻结和融化，每年冻融交替一次，其广泛分布于我国的东北、华北和西北等地区，对建筑物危害较大。在冬季，随着气温降低，土中部分水冻结成冰，同时未冻结区域的水分不断向冻结区迁移，使得冻结区体积产生膨胀（即冻胀现象）。

表 2-5 按冻结状态持续时间分类

类型	持续时间 T/年	地面温度特征	冻融特征
多年冻土	$T \geq 2$	年平均地面温度 $\leq 0℃$	季节融化
隔年冻土	$1 < T < 2$	最低月平均地面温度 $\leq 0℃$	季节冻结
季节冻土	$T < 1$	最低月平均地面温度 $\leq 0℃$	季节冻结

　　解释水分迁移的理论很多，其中薄膜迁移理论获得较广泛的承认。土中水冻结时，首先是孔隙中的自由水冻结，随着温度的降低，土颗粒表面的弱结合水的外层开始冻结，弱结合水的冻结导致土颗粒的结合水膜变薄，土颗粒就产生了剩余的分子引力，同时部分薄膜水的冻结导致剩余薄膜水离子浓度增加，造成渗透压力增加，在剩余分子引力和渗透压力的作用下，冻结面以下的未冻结区水膜较厚处的结合水被吸引到冻结区水膜较薄处，造成水分在土体的迁移，并在冻结面聚集成冰。当冰晶体积增大到足以引起土颗粒之间的相对位移时，就出现了冻结时的体积膨胀现象，称为土的冻结。土体膨胀会对建（构）筑物基础产生冻胀力，一旦基础所受到的冻胀力大于基底压力，基础可能被抬起。另外，冰体在土中起到了胶结作用，提高了土体的强度。当夏季气温回升解冻时，冻结区由于冰体融化体积收缩使土中孔隙增大，土体结构变得松散，含水量显著增加，土体强度大幅度降低，建筑物下陷，这种现象称为融陷。由于地基土的冻胀和融陷一般是不均匀的，多次冻融将导致建筑物严重开裂破坏。

　　地基土的冻胀性分类见表 2-6。

表 2-6　地基土的冻胀性分类

土的名称	冻前天然含水量 $w/\%$	冻结期间地下水位距冻结面的最小距离 h_w/m	平均冻胀率	冻胀等级	冻胀类别
碎（卵）石、砾、粗、中砂［粒径小于 0.075mm 颗粒含量（质量分数）大于 15%］，细砂［粒径小于 0.075mm 颗粒含量（质量分数）大于 10%］	$w \leqslant 12$	>1.0	$\eta \leqslant 1$	I	不冻胀
		≤1.0	$1 < \eta \leqslant 3.5$	II	弱冻胀
	$12 < w \leqslant 18$	>1.0			
		≤1.0	$3.5 < \eta \leqslant 6$	III	冻胀
	$w > 18$	>0.5			
		≤0.5	$6 < \eta \leqslant 12$	IV	强冻胀
粉砂	$w \leqslant 14$	>1.0	$\eta \leqslant 1$	I	不冻胀
		≤1.0	$1 < \eta \leqslant 3.5$	II	弱冻胀
	$14 < w \leqslant 19$	>1.0			
		≤1.0	$3.5 < \eta \leqslant 6$	III	冻胀
	$19 < w \leqslant 23$	>1.0			
		≤1.0	$6 < \eta \leqslant 12$	IV	强冻胀
	$w > 23$	不考虑	$\eta > 12$	V	特强冻胀
粉土	$w \leqslant 19$	>1.5	$\eta \leqslant 1$	I	不冻胀
		≤1.5	$1 < \eta \leqslant 3.5$	II	弱冻胀
	$19 < w \leqslant 22$	>1.5			
		≤1.5	$3.5 < \eta \leqslant 6$	III	冻胀
	$22 < w \leqslant 26$	>1.5			
		≤1.5	$6 < \eta \leqslant 12$	IV	强冻胀
	$26 < w \leqslant 30$	>1.5			
		≤1.5	$\eta > 12$	V	特强冻胀
	$w > 30$	不考虑			

续表 2-6

土的名称	冻前天然含水量 $w/\%$	冻结期间地下水位距冻结面的最小距离 h_w/m	平均冻胀率	冻胀等级	冻胀类别
黏性土	$w \leqslant w_p+2$	>2.0	$\eta \leqslant 1$	I	不冻胀
		≤2.0	$1<\eta \leqslant 3.5$	II	弱冻胀
	$w_p+2<w \leqslant w_p+5$	>2.0			
		≤2.0	$3.5<\eta \leqslant 6$	III	冻胀
	$w_p+5<w \leqslant w_p+9$	>2.0			
		≤2.0	$6<\eta \leqslant 12$	IV	强冻胀
	$w_p+9<w \leqslant w_p+15$	>2.0			
		≤2.0	$\eta>12$	V	特强冻胀
	$w>w_p+15$	不考虑			

注：1. w_p 为塑限含水量，%； w 为在冻土层内冻前天然含水量的平均值，%。

2. 盐渍化冻土不在表列。

3. 塑性指数大于 22 时，冻胀性降低一级；粒径小于 0.005mm 的颗粒含量（质量分数）大于 60%时，为不冻胀土。

4. 碎石类土当充填物大于全部质量的 40%时，其冻胀性按充填物土的类别判断。

5. 碎石土、砾砂、粗砂、中砂［粒径小于 0.075mm 颗粒含量（质量分数）不大于 15%］，细砂［粒径小于 0.075mm 颗粒含量（质量分数）不大于 10%］均按不冻胀考虑。

　　土体冻结不一定产生冻胀。土体是否冻胀及冻胀性的强弱主要受土的粒度、含水量及地下水位等因素影响。一般情况下，粗粒土或坚硬的黏性土结合水含量小，不易发生水分迁移，冻胀程度小，甚至不冻胀；在细粒土中，由于结合水表面能较大，又存在毛细水，所以水分迁移现象明显，冻胀较严重；冻前土层含水量大的比含水量小的土层冻胀性强；若地下水位高或通过毛细水能使水分向冻结区补充，则冻胀较严重。现行《建筑地基基础设计规范》（GB 50007—2011）根据冻土层平均冻胀率的大小，把地基土的冻胀性分为不冻胀、弱冻胀、冻胀、强冻胀和特强赤胀五类见表 2-6。冻胀率是指单位冻结深度（简称冻深）的冻胀量，冻胀率沿冻结深度的分布是不均匀的，一般上大下小。冻土的平均冻胀率 η 的计算公式为：

$$\eta = \frac{\Delta z}{z_d} \tag{2-7}$$

式中，Δz 为地表冻胀量；z_d 为设计冻深，见式(2-8)。

　　对于埋置于冻胀土中的基础，确定基础埋深时应考虑地基土冻结深度的影响。季节性冻土地基的设计冻深 z_d：

$$z_d = z_0 \varPsi_{zs} \varPsi_{zw} \varPsi_{ze} \tag{2-8}$$

式中，z_d 为设计冻深（自冻前原自然地面算起），若当地有多年实测资料，也可用 $z_d = h' - \Delta z$ 计算，h' 和 Δz 分别为最大冻深出现时场地最大冻土厚度和最大冻深出现时地表冻胀量；z_0 为标准冻深，是采用在地表平坦、裸露、城市之外的空旷场地中不少于 10 年实测最大冻深的平均值，当无实测资料时，可按现行《建筑地基基础设计规范》（GB

50007—2011）中的附录 F 采用；Ψ_{zs} 为土的类别对冻深的影响系数，按表2-7取值；Ψ_{zw} 为土的冻胀性对冻深的影响系数，按表2-8取值；Ψ_{ze} 为环境对冻深的影响系数，按表2-9 取值。

表 2-7　土的类别对冻深的影响系数

土的类别	影响系数 Ψ_{zs}	土的类别	影响系数 Ψ_{zs}
黏性土	1.00	中、粗、砾砂	1.30
细砂、粉砂、粉土	1.20	碎石土	1.40

表 2-8　土的冻胀性对冻深的影响系数

冻胀性	影响系数 Ψ_{zw}	冻胀性	影响系数 Ψ_{zw}
不冻胀	1.00	强冻胀	0.85
弱冻胀	0.95	特强冻胀	0.80
冻胀	0.90		

表 2-9　环境对冻深的影响系数

周围环境	影响系数 Ψ_{ze}	周围环境	影响系数 Ψ_{ze}
村、镇、旷野	1.00	城市市区	0.90
城市近郊	0.95		

如果以设计冻深作为基础埋深，可以避免冻胀力对基础的影响，但是有些严寒地区冻结深度很大，按照这一要求基础需要埋置很深。实际上，如果基础底面以下保留一定厚度的冻土层，只要基底附加压力大于作用于基础底面的冻胀应力，基础就不会出现冻胀变形，解冻时只要不产生过量的融陷，也是可以允许的。因此，当建筑基础底面之下允许有一定厚度的冻土层时，确定基础的最小埋深的计算公式为：

$$d_{\min} = z_d - h_{\max} \tag{2-9}$$

式中，$d_{\min}$ 为基础最小埋深；$h_{\max}$ 为基础底面下允许残留冻土层的最大厚度。按表 2-10 取值。

表 2-10　建筑基底下允许残留冻土层最大厚度

基底平均压力/kPa			$h_{\max}$/m					
冻胀性	基础形式	采暖情况	110	130	150	170	190	210
弱冻胀土	方形基础	采暖	0.90	0.95	1.00	1.10	1.15	1.20
		不采暖	0.70	0.80	0.95	1.00	1.04	1.10
	条形基础	采暖	>2.50	>2.50	>2.50	>2.50	>2.50	>2.50
		不采暖	2.20	2.50	>2.50	>2.50	>2.50	>2.50

基底平均压力/kPa			h_{max}/m					
冻胀性	基础形式	采暖情况	110	130	150	170	190	210
冻胀土	方形基础	采暖	0.65	0.70	0.75	0.80	0.85	—
		不采暖	0.55	0.60	0.65	0.70	0.75	—
	条形基础	采暖	1.55	1.80	2.00	2.20	2.50	—
		不采暖	1.15	1.35	1.55	1.75	1.95	—

注：1. 本表只计算法向冻胀力，如果基侧存在切向冻胀力，应采取防切向力措施。

2. 本表不适用于宽度小于 0.6m 的基础，矩形基础可取短边尺寸按方形基础计算。

3. 表中数据不适用于淤泥、淤泥质土和欠固结土。

4. 表中基底平均压力数值为永久荷载标准值乘以 0.9，可以内插。

当有充分依据时，基底下允许残留冻土层最大厚度也可根据当地经验确定。

对于冻胀、强冻胀和特强冻胀土地基上的建筑，现行《建筑地基基础设计规范》（GB 50007—2011）建议应采取以下相应的防冻措施。

（1）对于地下水位以上的基础，基础侧面应回填非冻胀性的中砂或粗砂，其厚度一般不应小于 20cm。对于地下水位以下的基础，可以采用桩基础、保温式基础、自锚式基础（冻土层下有扩大板或扩底短桩），也可将独立基础或条形基础做成正梯形的斜面基础。

（2）应选择地势高、地下水位低、地表排水良好的建筑场地。对低洼场地，宜在建筑四周向外 1 倍冻深距离范围内，使室外地坪至少高出自然地面 300~500mm。

（3）防止雨水、地表水、生产废水、生活污水侵入建筑地基，应设置排水设施。在山区应设截水沟或在建筑物下设置暗沟，以排走地表水和潜水流。

（4）在强冻胀性和特强冻胀性地基上，其基础结构应设置钢筋混凝土圈梁和基础梁，并控制上部建筑的长高比，增强房屋的整体刚度。

（5）当独立基础连梁下或桩基础下有冻土时，应在梁或承台下留有相当于该土层冻胀量的空隙，以防止因土的冻胀将梁或承台拱裂。

（6）外门斗、室外台阶和散水坡等部位应与主体结构断开，散水坡分段不应超过 1.5m，坡度不应小于 3%，其下应填入非冻胀性材料。

（7）对跨年度施工的建筑，入冬前应对地基采取相应的防护措施；按采暖设计的建筑物，当冬季不能正常采暖时，也应对地基采取保暖措施。

2.4.2 确定地基承载力

地基承载力特征值是指由载荷试验测定的地基土压力变形曲线线性变形段内规定的变形所对应的压力值，其最大值为比例界限值。目前常用以下方法确定地基承载力特征值：

（1）由载荷试验或其他原位测试（如静力触探、旁压试验等）确定；

（2）根据土的抗剪强度指标由公式计算确定；

（3）根据工程实践经验确定。

2.4.2.1 由载荷试验确定地基承载力特征值

载荷试验可用于测定承压板下应力主要影响范围内土体的承载力和变形特性，是一种常用的现场测定地基土压缩性指标和地基承载力的方法。载荷试验包括浅层平板载荷试验、深层平板载荷试验和螺旋板载荷试验。

　　浅层平板载荷试验是在地基土原位施加竖向荷载，并通过一定尺寸的承压板将荷载传到地基土层中，通过观测承压板的沉降量，测定地基土的变形模量和承载力。浅层平板载荷试验适用于浅部地基土。深层平板载荷试验适用于深层地基土和大直径桩的桩端土，试验深度不应小于 5m。螺旋板载荷试验是将螺旋板旋入地下预定深度，通过传力杆向螺旋板施加竖向荷载，通过观测螺旋板的沉降量，测定地基土承载力和变形模量。螺旋板载荷试验适用于深层地基土或地下水位以下的地基土。

　　根据载荷试验结果可绘制各级荷载 p 与相应的沉降量 s 之间的关系曲线即 p-s 曲线，如图 2-15 所示。承载力特征值的确定应符合下列规定：

　　（1）当 p-s 曲线上有比例界限时，取该比例界限所对应的荷载值，如图 2-15（a）所示；

　　（2）当极限荷载小于对应比例界限的荷载值的 2 倍时，取极限荷载值的一半；

　　（3）当不能按上述要求确定时，当压板面积为 $0.25 \sim 0.50 \mathrm{m}^2$，可取 $\dfrac{s}{b} = 0.01 \sim 0.015$ 所对应的荷载（b 为承压板的宽度或直径），但其值不应大于最大加载量的一半，如图 2-15（b）所示。

　　另外，同一土层参加统计的试验点不应少于三点，当试验实测值的极差不超过其平均值的 30% 时，取此平均值作为该土层的地基承载力特征值 f_{ak}。

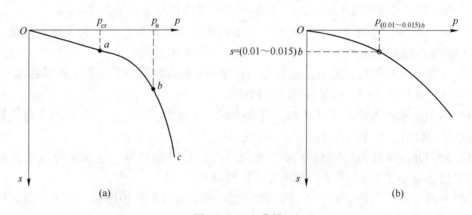

图 2-15　p-s 曲线

p_{cr}—比例界限荷载；p_u—极限荷载

　　由于原位试验确定地基承载力特征值时没有考虑基础埋深和宽度对承载力的影响，因此需要根据基础宽度和埋深对地基承载力特征值进行修正。现行《建筑地基基础设计规范》（GB 50007—2011）规定：当基础宽度大于 3m 或埋深大于 0.5m 时，从载荷试验或其他原位测试、经验值等方法确定的地基承载力特征值，应按式（2-10）进行修正：

$$f_a = f_{ak} + \eta_b \gamma (b - 3) + \eta_d \gamma_m (d - 0.5) \tag{2-10}$$

式中，f_a 为修正后的地基承载力特征值；f_{ak} 为地基承载力特征值；η_b、η_d 为基础宽度和埋深的地基承载力修正系数，按基底下土的类别查表 2-11 取值；γ 为基础底面以下土的重度，地下水位以下取浮重度；γ_m 为基础底面以上土的加权平均重度，地下水位以下取浮重度；d 为基础埋置深度，一般自室外地面标高算起，在填方平整地区，可自填土地面标高算起，但填土在上部结构施工后完成时，应从天然地面标高算起，对于地下室，当采用箱形基础或筏基时，基础埋置深度自室外地面标高算起，当采用独立基础或条形基础时应从室内地面标高算起；b 为基础底面宽度，当基宽小于 3m 按 3m 取值，大于 6m 按 6m 取值。

表 2-11 承载力修正系数

土的类别		η_b	η_d
淤泥和淤泥质土		0	1.0
人工填土		0	1.0
e 或 I_L 大于等于 0.85 的黏性土			
红黏土	含水比 $a_w > 0.8$	0	1.2
	含水比 $a_w > 0.8$	0.15	1.4
大面积压实填土	压实系数大于 0.95，黏粒含量 $\rho_c \geq 10\%$ 的粉土	0	1.5
	最大干密度大于 2.1t/m³ 的级配砂石	0	2.0
粉土	黏粒含量 $\rho_c \geq 10\%$ 的粉土	0.3	1.5
	黏粒含量 $\rho_c < 10\%$ 的粉土	0.5	2.0
e 及 I_L 均小于 0.85 的黏性土		0.3	1.6
粉砂、细砂（不包括很湿与饱和时的稍密状态）		2.0	3.0
中砂、粗砂、砾砂和碎石土		3.0	4.4

注：1. 强风化和全风化的岩石，可参照所风化成的相应土类取值；其他状态下的岩石不修正；

2. 当地基承载力特征值按深层平板载荷试验确定时，η_d 取 0；

3. $a_w = \dfrac{w}{w_L}$。

2.4.2.2 由土的抗剪强度指标确定地基承载力特征值

如果作用于基础上的竖向力偏心距 e 小于等于 0.033 倍基础底面宽度时，基底压力近似于均匀分布，现行《建筑地基基础设计规范》（GB 50007—2011）以地基临界荷载 $p_{1/4}$ 基础，提出可根据土的抗剪强度指标确定地基承载力特征值，理论计算公式为：

$$f_a = M_b \gamma b + M_b \gamma_m d + M_c c_k \tag{2-11}$$

式中，f_a 为由土的抗剪强度指标确定的地基承载力特征值；M_b，M_d，M_c 为承载力系数，按表 2-12 确定；b 为基础底面宽度，大于 6m 时按 6m 取值，对于砂土小于 3m 时按 3m 取值；c_k 为基底下一倍短边宽深度内土的黏聚力标准值。

抗剪强度指标 c_k、φ_k 可采用原状土的室内剪切试验、无侧限抗压强度试验，现场剪切试验、十字板剪切试验等方法测定。对于黏性地基土，当采用原状土样室内剪切试验时，宜选用三轴压缩的不固结不排水试验；经过预压固结的地基，可采用固结不排水试验。对于砂土和碎石土，应采用有效应力强度指标，φ' 可根据标准贯入试验或重型动力触探击数，根据经验推算确定。

表 2-12　承载力系数

土的内摩擦角标准值 $\psi_k/(°)$	M_b	M_d	M_c	土的内摩擦角标准值 $\psi_k/(°)$	M_b	M_d	M_c
0	0	1	3.14	22	0.61	3.44	6.04
2	0.03	1.12	3.32	24	0.8	3.87	6.45
4	0.06	1.25	3.51	26	1.1	4.37	6.9
6	0.1	1.39	3.71	28	1.4	4.93	7.4
8	0.14	1.55	3.93	30	1.9	5.59	7.95
10	0.18	1.73	4.17	32	2.6	6.35	8.55
12	0.23	1.94	4.42	34	3.4	7.21	9.22
14	0.29	2.17	4.69	36	4.2	8.25	9.97
16	0.36	2.43	5	38	5	9.44	10.8
18	0.43	2.72	5.31	40	5.8	10.84	11.73
20	0.51	3.06	5.66				

注：1. φ_k 为基底下一倍短边宽深度内土的内摩擦角标准值。

　　2. 内摩擦角 φ_k 和黏聚力 c_k，取值参见附录 A。

【例 2-1】　某建筑物的箱形基础宽 8.5m，长 20m，持力层情况如图 2-16 所示，其承载力特征值 f_{ak} = 189kPa，箱形基础埋置深度 d = 4m。已知地下水位在地面下 2m 处，试确定黏土持力层的承载力特征值。

土层	土的类别	层底深度/m	地面标高 ±0.00 ▽	土工试验结果
Ⅰ	填土	1.80		γ=17.8kN/m³
Ⅱ	黏土	2.00 ▽		I_L=0.73 e=0.83 水位以上： γ=18.9kN/m³ 水位以下： γ=19.2kN/m³

图 2-16　持力层情况

解　因箱形基础宽度 b = 8.5m > 6.0m，故按 6m 考虑；d = 4m，持力层为黏土，I_L = 0.73 < 0.85，e = 0.83 < 0.85，故查表 2-10 可得：

$$\eta_b = 0.3，\eta_d = 1.6$$

因基础埋在地下水位以下，故持力层的 γ 取有效重度为：

$$\gamma' = 19.2 - 10 = 9.2\ (\text{kN/m}^3)$$

$$\gamma_{\text{m}} = \frac{\sum_1^3 \gamma_i h_i}{\sum_1^3 h_i} = \frac{17.8 \times 1.8 + 18.9 \times 0.2 + (19.2 - 10) \times 2}{1.8 + 0.2 + 2}$$

$$= 13.6(\text{kN/m}^3)$$

$$f_{\text{a}} = f_{\text{ak}} + \eta_{\text{b}}\gamma(b-3) + \eta_{\text{d}}\gamma_{\text{m}}(d-0.5) = 189 + 0.3 \times 9.2 \times (6-3) + 1.6 \times 13.6 \times (4-0.5)$$

$$= 189 + 8.28 + 76.16 = 273.4(\text{kPa})$$

【例 2-2】 某粉土地基如图 2-17 所示，试按《基础规范》理论公式计算地基承载力设计值。

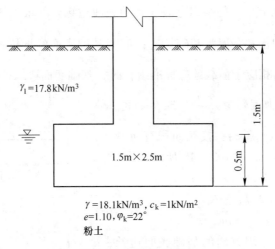

$\gamma_1 = 17.8\text{kN/m}^3$

1.5m

1.5m×2.5m

0.5m

$\gamma = 18.1\text{kN/m}^3,\ c_k = 1\text{kN/m}^2$
$e = 1.10,\ \varphi_k = 22°$

粉土

图 2-17 某基础概况图

解 根据持力层粉土 $\varphi_k = 22°$ 查表 2-12，得：

$$M_{\text{b}} = 0.61\ ,\quad M_{\text{d}} = 3.44\ ,\quad M_{\text{c}} = 6.04\ ,$$

由式（2-11），得：

$$f_{\text{a}} = M_{\text{b}}\gamma b + M_{\text{d}}\gamma_{\text{m}}d + M_{\text{c}}c_{\text{k}}$$

$$= 0.61 \times (18.1 - 10) \times 1.5 + 3.44 \times \frac{17.8 \times 1.0 + (18.1 - 10) \times 0.5}{1 + 0.5} \times 1.5 + 6.04 \times 1$$

$$= 7.41 + 75.16 + 6.04 = 88.6(\text{kPa})$$

2.4.3 地基承载力验算

2.4.3.1 持力层承载力验算

（1）在轴心荷载作用下，基础底面的压力符合：

$$p_{\text{k}} \leqslant f_{\text{a}} \tag{2-12}$$

$$p_{\text{k}} = \frac{F_{\text{k}} + G_{\text{k}}}{A} \tag{2-13}$$

式中，f_{a} 为修正后的地基承载力特征值；p_{k} 为相应于荷载效应标准组合时，基础底面处的平均压力值，按式(2-13)计算；F_k为相应于荷载效应标准组合时，上部结构传至基础顶面的竖向力值；G_k为基础自重和基础上的土重，满足：

$$G_k = \gamma_G A d$$

式中，γ_G为基础及回填土的平均重度，一般取$20kN/m^3$，地下水位以下部分取$10kN/m^3$；A为基础底面的面积；d为基础埋深，应从设计地面或室内外平均设计地面算起。

（2）当偏心荷载作用时，除应符合式(2-12)的要求外，尚应符合：

$$p_{kmax} \leqslant 1.2 f_a \tag{2-14}$$

单向偏心荷载作用时，

$$\left.\begin{array}{r}p_{kmax}\\p_{kmin}\end{array}\right\} = \frac{F_k + G_k}{A} \pm \frac{M_k}{W} = \frac{F_k + G_k}{A}\left(1 \pm \frac{6e}{l}\right) \tag{2-15}$$

式中，p_{kmax}为相应于荷载效应标准组合时，基础底面边缘处的最大压力值；l为偏心方向的基础底面边长，单向偏心一般为基础长边；W为基础底面的抵抗矩，$W = \dfrac{bl^2}{6}$；e为荷载合力的偏心矩；p_{kmin}为相应于荷载效应标准组合时，基础底面边缘处的最小压力值。

当$P_{kmin}<0$（即合力偏心距$e>\dfrac{l}{6}$）时，基底一侧出现拉应力，基础与地基脱离，接触面积有所减少，基底压力出现应力重分布，如图2-18所示。此时基础底面边缘最大压力值的计算公式为：

$$p_{kmax} = \frac{2(F_k + G_k)}{3ba} \tag{2-16}$$

式中，b为垂直于力矩作用方向的基础底面边长；a为合力作用点至基础底面最大压力边缘的距离，$a = \dfrac{l}{2} - e$。

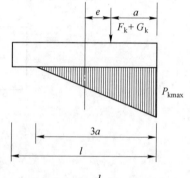

图 2-18　$e > \dfrac{l}{6}$ 下基底压力
计算简图

双向偏心荷载作用时，

$$\left.\begin{array}{r}p_{kmax}\\p_{kmin}\end{array}\right\} = \frac{F_k + G_k}{lb} \pm \frac{M_{xk}}{W_x} \pm \frac{M_{yk}}{W_y} \tag{2-17}$$

式中，M_{xk}、M_{yk}分别为相应于荷载效应标准组合时，作用于矩形基础底面，绕通过底面形心的x、y轴的力矩值；W_x、W_y分别为基础底面对x、y轴的抵抗矩。

另外，当$\dfrac{p_{kmax}}{p_{kmin}}$过大时，说明基底压力分布很不均匀，容易引起过大的不均匀沉降，应尽量避免。一般情况下，为了保证基础不致过分倾斜，要求偏心距$e \leqslant \dfrac{l}{6}$；对于低压缩性地基土，当考虑短暂作用的偏心荷载时，偏心距可放宽到$\dfrac{l}{4}$。

2.4.3.2　软弱下卧层承载力验算

如果软弱下卧层埋藏不深，扩散到软弱下卧层的应力大于下卧层的承载力时，地基仍然有失效的可能，因而当地基受力层范围内存在软弱下卧层时，除需对持力层进行承载力验算外，还应对软弱下卧层承载力进行验算。

按弹性半空间体理论，下卧层顶面的应力，在基础中轴线处最大，向四周扩散呈非线性分布，如果考虑上下层土的性质不同，应力分布规律就更为复杂，难以进行承载力验算。为简化计算，现行《建筑地基基础设计规范》（GB 50007—2011）通过试验研究，并参照双层地基中附加应力分布的理论解答，提出软弱下卧层顶面处的附加应力 p_z 可按照应力扩散原理进行计算，即假定基底附加压力 p_0 按照一定角度 θ 向下扩散至软弱下卧层顶面，如图 2-19 所示。根据扩散前后总压力相等的条件，可得到 p_z 的计算公式如下。

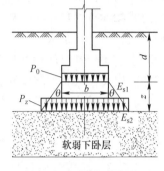

图 2-19　软弱下卧层
承载力计算简图

（1）条形基础：

$$p_z = \frac{b(p_k - \sigma_{cd})}{b + 2z\tan\theta} \tag{2-18}$$

（2）矩形基础：

$$p_z = \frac{lb(p_k - \sigma_{cd})}{(b + 2z\tan\theta)(l + 2z\tan\theta)} \tag{2-19}$$

式中，p_k 为相应于荷载效应标准组合时，基础底面处的平均压力值；σ_{cd} 为基础底面处土的自重应力值；b、l 分别为基础底面的宽度和长度，若为条形基础，l 可取 1m，长度方向应力不扩散；z 为基础底面至软弱下卧层顶面的距离；θ 为地基压力扩散角即基底压力扩散线与垂直线的夹角，可按表 2-13 采用。

按双层地基中应力分布的概念，若地基中有坚硬的下卧层，则地基中的应力分布，较之均匀地基将向荷载轴线方向集中；相反，若地基内有软弱的下卧层时，较之均匀地基，应力分布将向四周更为扩散，也就是说持力层与下卧层 $\dfrac{E_{s_1}}{E_{s_2}}$ 值越大，应力将越扩散。另外按均匀弹性体应力扩散的规律，荷载的扩散程度随深度的增加而增加。表 2-13 的扩散角大小就是根据这种规律确定的。

表 2-13　地基压力扩散角

$\dfrac{E_{s_1}}{E_{s_2}}$	$\dfrac{z}{b}$	
	0.25	0.5
3	6°	23°
5	10°	25°
10	20°	30°

注：1. E_{s_1} 为上层土的压缩模量；E_{s_2} 为下层土的压缩模量；

2. $\dfrac{z}{b} < 0.25$ 时取 $\theta = 0°$，必要时应由试验确定；$\dfrac{z}{b} > 0.5$ 时 θ 值不变。

作用在下卧层顶面上的应力除附加应力 p_z 外，还有该深度处的自重应力 p_{cz}，因此软弱下卧层承载力验算应满足：

$$p_z + p_{cz} \leqslant f_{az} \tag{2-20}$$

式中，p_z 为相应于荷载效应标准组合时，软弱下卧层顶面处的附加应力值；p_{cz} 为软弱下卧层顶面处土的自重应力值；f_{az} 为软弱下卧层顶面处经深度修正后的地基承载力特征值。

由式(2-19)可知，如要减小作用于软弱下卧层表面的附加压力 p_z，可采取加大基底面积（使扩散面积加大）或减小基础埋深（使 z 值加大）的措施。前一措施虽然可以有效地减小 p_z，但却可能使基础的沉降量增加。因为附加压力的影响深度会随着基底面积的增加而加大，从而可能使软弱下卧层的沉降量明显增加；反之，减小基础埋深可以使基底到软弱下卧层的距离增加，使附加压力在软弱下卧层中的影响减小，因而基础沉降随之减小。因此，当存在软弱下卧层时，基础宜浅埋，这样不仅使"硬壳层"充分发挥应力扩散作用，同时也减小了基础沉降。

2.4.3.3　抗震设防区地基承载力验算

现行《建筑抗震设计规范》（GB 50011—2010）规定下列建筑可不进行天然地基及基础的抗震承载力验算。

（1）规范规定可不进行上部结构抗震验算的建筑。

（2）地基主要受力层范围内不存在软弱黏性土层的下列建筑：

1）一般的单层厂房和单层空旷房屋；

2）砌体房屋；

3）不超过 8 层且高度在 24m 以下的一般民用框架和框架-抗震墙房屋；

4）基础荷载与 3）项相当的多层框架厂房和多层混凝土抗震墙房屋。

其中，软弱黏性土层是指抗震设防烈度为 7 度、8 度和 9 度时，地基承载力特征值分别小于 80kPa、100kPa 和 120kPa 的土层。

当天然地基基础进行抗震验算时，应采用地震作用效应标准组合，且地基抗震承载力应取地基承载力特征值乘以地基抗震承载力调整系数计算。地基抗震承载力的计算公式为：

$$f_{aE} = \xi_a f_a \tag{2-21}$$

式中，f_{aE} 为调整后的地基抗震承载力；ξ_a 为地基抗震承载力调整系数，应按表 2-14 采用；f_a 为深宽修正后的地基承载力特征值。

表 2-14　地基抗震承载力调整系数

岩土名称和性状	ξ_a
岩石，密实的碎石土，密实的砾、粗、中砂，$f_{ak} \geqslant 300kPa$ 的黏性土和粉土	1.5
中密、稍密的碎石土、中密和稍密的砾、粗、中砂，密实和中密的细、粉砂，$150kPa \leqslant f_{ak} \leqslant 300kPa$ 的黏性土和粉土，坚硬黄土	1.3
稍密的细、粉砂，$100kPa \leqslant f_{ak} \leqslant 150kPa$ 的黏性土和粉土，可塑黄土	1.1
淤泥，淤泥质土，松散的砂，杂填土，新近堆积的黄土及流塑黄土	1.0

验算天然地基地震作用下的竖向承载力时，应符合：

$$p_k \leqslant f_{aE} \tag{2-22}$$

$$p_{kmax} \leqslant 1.2 f_{aE} \tag{2-23}$$

式中，p_k 为地震作用效应标准组合的基础底面平均压力值；p_{kmax} 为地震作用效应标准组合的基底边缘的最大压力值。

另外，对于高宽比大于 4 的高层建筑，在地震作用下基础底面不应出现脱离区（零应力区）；其他建筑，基础底面与地基土之间脱离区（零应力区）面积不应超过基础底面面积的 15%。

【例 2-3】 某柱基础，作用在设计地面处的柱荷载设计值、基础尺寸、埋深及地基备件如图 2-20 所示。试验算持力层和软弱下卧层的强度。

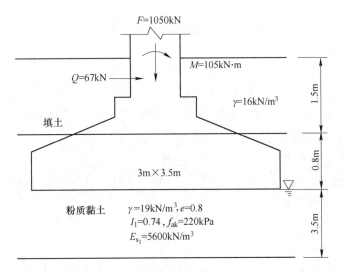

图 2-20 某柱基础

解 （1）持力层承载力验算。

由 $b = 3\mathrm{m}$, $d = 2.3\mathrm{m}$, $e = 0.80 < 0.85$, $I_1 = 0.74 < 0.85$, 查表 2-10 得：$\eta_b = 0.3$, $\eta_d = 1.6$。

$$\gamma_m = \frac{16 \times 1.5 + 19 \times 0.8}{2.3} = 17.0(\mathrm{kN/m^3})$$

$$\begin{aligned} f_a &= f_{ak} + \eta_b \gamma(b - 3) + \eta_d \gamma_m(d - 0.5) \\ &= 200 + 0.3 \times (19 - 0) \times (3 - 3) + 1.6 \times 17 \times (2.3 - 0.5) \\ &\approx 249(\mathrm{kPa}) \end{aligned}$$

基底平均压力为：

$$p_k = \frac{F_k + G_k}{A} = \frac{1050 + 3 \times 3.5 \times 2.3 \times 20}{3 \times 3.5} = 146(\mathrm{kPa}) \; < f_a = 249(\mathrm{kPa})$$

基底最大压力为：

$$\sum M = 105 + 67 \times 2.3 = 259.1(\mathrm{kN \cdot m})$$

$$p_{kmax} = \frac{F_k + G_k}{A} + \frac{M}{W} = 146 + \frac{259.1}{3 \times 3.5^2 \times \frac{1}{6}} = 188.3(kPa)$$

$$p_{kmax} < 1.2f_a = 1.2 \times 249 = 298.8(kPa)(满足)$$

所以持力层地基承载力满足。

（2）软弱下卧层承载力验算。

1）下卧层承载力特征值计算。因为下卧层为淤泥质土，$\eta_b = 0$，$\eta_d = 1.0$。下卧层顶面埋深为：

$$d' = d + z = 2.3 + 3.5 = 5.8(m)$$

土的平均重度 γ_m 为：

$$\gamma_m = \frac{1.6 \times 1.5 + 19 \times 0.8 + (19 - 10) \times 3.5}{1.5 + 0.8 + 3.5} = 12.19(kN/m^3)$$

$$f_{az} = f_{ak} + \eta_d \gamma_m (d - 0.5) = 78 + 1.0 \times 12.19 \times (5.8 - 0.5) = 142.6(kPa)$$

2）下卧层顶面处应力。

自重应力为：

$$p_{cz} = 1.6 \times 1.5 + 19 \times 0.8 + (19 - 10) \times 3.5 = 70.7(kPa)$$

附加应力按扩散角计算：

$$\frac{E_{s_1}}{E_{s_2}} = \frac{5600}{1860} = 3$$

因为 $0.5b = 0.5 \times 3 = 1.5(m) < z = 3.5(m)$，查表 2-12 可得 $\theta = 23°$。

$$p_z = \frac{(p_k - p_c)bl}{(b + 2z\tan\theta) \times (l + 2z\tan\theta)}$$

$$= \frac{[146 - (16 \times 1.5 + 19 \times 0.8)] \times 3 \times 3.5}{(3 + 2 \times 3.5 \times \tan23°) \times (3.5 + 2 \times 3.5 \times \tan23°)}$$

$$= \frac{106.8 \times 3 \times 3.5}{5.97 \times 6.47} = 29.03(kPa)$$

作用在软弱下卧层顶面处的总应力为：

$$p_z + p_{cz} = 29.03 + 70.7 = 99.73(kPa)$$

$$p_z + p_{cz} < f_a = 142.6kPa(满足)$$

所以软弱下卧层地基承载力满足。

2.4.4　确定基础底面尺寸

由于基础底面尺寸事先并不知道，在基础设计时，如果基础类型、作用荷载、基础埋深已经确定，一般先根据地基承载力初步确定基础底面尺寸，再进行相关的承载力、地基变形或抗震验算。如果验算不满足要求，需调整基础底面尺寸甚至基础埋深或上部结构设计，直至满足要求为止。

2.4.4.1　轴心荷载作用下基础底面尺寸的确定

由前面介绍的地基承载力验算公式(2-12)可知：

$$A \geqslant \frac{F_k}{f_a - \gamma_G d} \tag{2-24}$$

式中，F_k 为相应于荷载效应标准组合时，上部结构传至基础顶面的竖向力值；f_a 为修正后的地基承载力特征值；γ_G 为基础及回填土的平均重度，一般取 $20kN/m^3$，地下水位以下部分取 $10kN/m^3$；d 为基础埋深，须从设计地面或室内外平均设计地面算起。

对于条形基础，可沿基础长度方向取单位长度 $1m$ 进行计算，荷载也为单位长度上作用于基础的荷载值，条形基础的宽度为：

$$b \geqslant \frac{F_k}{f_a - \gamma_G d} \tag{2-25}$$

按照式(2-24)或式(2-25)确定基础底面尺寸时，由于基础宽度未知，一般先对地基承载力特征值进行深度修正，然后根据计算得到的基础宽度判断是否需要进行宽度修正。如果需要，应对地基承载力特征值进行宽度和深度修正并重新计算基础地面尺寸，如此反复，直至确定出合理的基底尺寸。为了便于施工，基础底面的长度和宽度均应为 $100mm$ 的倍数。

2.4.4.2 偏心荷载作用下基础底面尺寸的确定

偏心荷载作用下基础底面尺寸不能由公式直接写出，计算步骤一般如下。

（1）对地基承载力特征值进行深度修正。

（2）按照轴心荷载作用，利用式(2-24)或式(2-25)初步估算基础底面积 A。

（3）将基础底面积 A 增大 $10\% \sim 40\%$ 作为偏心荷载作用下的基础底面积，并适当地确定基础底面的长与宽之比，即 $\frac{l}{b} = n$（一般取 $n \leqslant 2$）。

（4）如果 $b > 3$，应对地基承载力特征值进行宽度和深度修正，并根据修正后的地基承载力特征值重复(2)和(3)步骤，直至前后一致。

（5）对持力层进行承载力验算，使其同时满足式(2-12)和式(2-14)的要求，并且将偏心距控制在 $e \leqslant \frac{l}{6}$（l 为力矩作用方向基础底面边长）范围之内；如果不满足要求，应调节基础底面尺寸再验算直至满足要求。

（6）当持力层下存在软弱下卧层时，应按照式(2-18)进行软弱层承载力验算，如不满足要求应调整基础底面尺寸或基础埋深直至满足要求为止。如此反复，便可得出合适的尺寸。

另外，在抗震设防区，应根据现行《建筑抗震设计规范》（GB 50011—2010）进行必要的抗震验算。

【例 2-4】 图 2-21 为有吊车的工业厂房柱下基础，各种必要的数据附于该图中。地基为粉质黏土，$\gamma = 19kN/m^3$，$e = 0.9$，$f_{ak} = 220kPa$。试确定矩形基础的底面尺寸。

解 （1）按轴心荷载作用条件，初步估算所需的基础底面积 A，即：

$$A' \geqslant \frac{F_k}{f_{ak} - \gamma_G d} = \frac{1800 + 220}{220 - 20 \times 1.8} = \frac{2020}{184} = 10.98(m^2)$$

（2）考虑到荷载的偏心，将底面增大 25%，即：

$$A = 1.25A' = 1.25 \times 10.98 = 13.7(m^2)$$

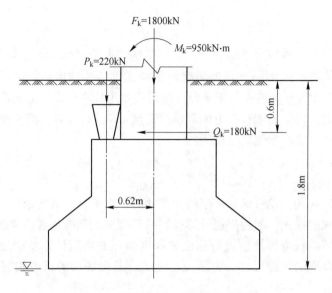

图 2-21　有吊车的工业厂房柱下基础

取基础的边长比为 $\dfrac{b}{l} = 2$，故：

$$A = bl = 2l^2 = 13.7\text{m}^2$$

解得：

$$b = 5.2\text{m}, \quad l = 2.6\text{m}$$

（3）计算基底最大压力。基础及其回填土重量为：

$$G_k = 20 \times 5.2 \times 2.6 \times 1.8 = 487(\text{kN})$$

基底处总的竖向荷载为：

$$F_k + G_k = 1800 + 220 + 487 = 2507(\text{kN})$$

基底处总的力矩荷载为：

$$M_k = 950 + 180 \times 1.2 + 220 \times 0.62 = 1302(\text{kN} \cdot \text{m})$$

偏心距为：

$$e = \frac{M_k}{F_k + G_k} = \frac{1302}{2507} = 0.519(\text{m}) < \frac{b}{6} = 0.867(\text{m})$$

基底最大压力为：

$$p_{k\max} = \frac{F_k + G_k}{lb}\left(1 + \frac{6e}{b}\right) = \frac{2507}{2.6 \times 5.2} \times \left(1 + \frac{6 \times 0.519}{5.2}\right) = 297(\text{kPa})$$

（4）验算。地基承载力特征值修正 $e = 0.9$，查表 1-19 可得：$\eta_b = 0$，$\eta_d = 1.0$，则：

$$f_a = f_{ak} + \eta_b \gamma (b - 3) + \eta_d \gamma_m (d - 0.5)$$
$$= 220 + 0 + 1.0 \times 19 \times (1.8 - 0.5)$$
$$= 244.7(\text{kPa})$$

由于

$$1.2 f_a = 1.2 \times 244.7 = 293.6(\text{kPa}) < p_{k\max} = 297(\text{kPa})$$

故不符合要求，须适当调整底面尺寸。

（5）调整底面尺寸后再算。取 $b = 5.3\text{m}$，$l = 2.65\text{m}$，于是有：

$$G_k = 20 \times 5.3 \times 2.65 \times 1.8 = 506(\text{kN})$$

$$F_k + G_k = 1800 + 220 + 506 = 2526(\text{kN})$$

$$e = \frac{M_k}{F_k + G_k} = \frac{1302}{2526} = 0.515(\text{m}) < \frac{b}{6} = 0.867(\text{m})$$

$$p_{kmax} = \frac{2526}{2.65 \times 5.3}\left(1 + \frac{6 \times 0.515}{5.3}\right) = 285(\text{kPa}) < 1.2f_a = 293.6(\text{kPa})$$

故设计满足要求。

2.4.5 地基变形验算

2.4.5.1 地基变形特征

在地基基础设计时，不仅要满足地基承载力的要求，还要保证地基的变形不大于地基变形允许值，否则会影响建筑物的正常使用，甚至带来严重危害。因此在常规设计中，除了进行地基承载力验算外，还应根据规定（见 2.3.2 节地基基础设计的基本规定）进行地基变形验算，即：

$$s \leqslant [s] \tag{2-26}$$

式中，s 为地基变形计算值；$[s]$ 为地基变形允许值。

地基变形验算所用的作用组合为准永久组合，且不计入风荷载和地震作用。

大量工程实践证实，地基变形特征可主要分为以下四类。

（1）沉降量：独立基础或刚度特大的基础中心的沉降量，如图 2-22 所示。

（2）沉降差：相邻两个柱基的沉降量之差（见图 2-23），即：

$$\Delta s = s_2 - s_1 \tag{2-27}$$

对于有吊车工作的排架结构厂房，柱间沉降将引起吊车滑轨，造成停产或安全事故。对于钢筋混凝土框架结构，一旦基础出现不均匀沉降，在框架内将产生附加应力。如果附加应力过大，将引起框架节点转动，并在离节点三分之一梁柱范围内引起开裂。框架内有填充墙时，不均匀沉降引起的附加压力有一部分将转移给墙体，造成墙体斜裂缝。

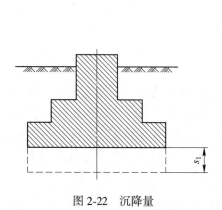

图 2-22　沉降量

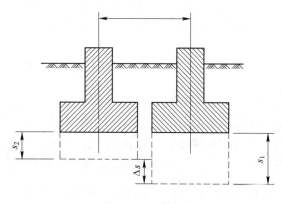

图 2-23　沉降差

（3）倾斜：基础倾斜方向两端点的沉降差与其距离的比值，如图2-24所示。高层建筑物倾斜严重将影响人居环境，从使用功能的角度考虑要求控制倾斜。其倾斜角满足：

$$\tan\theta = s_1 - s_2 \tag{2-28}$$

（4）局部倾斜：砌体承重结构沿纵向 6~10m 内基础两点的沉降差与其距离的比值（见图2-25），即：

$$\tan\theta = \frac{s_1 - s_2}{L} \tag{2-29}$$

砌体承重结构对地基的不均匀沉降很敏感，常常由于墙体挠曲引起局部斜裂缝。

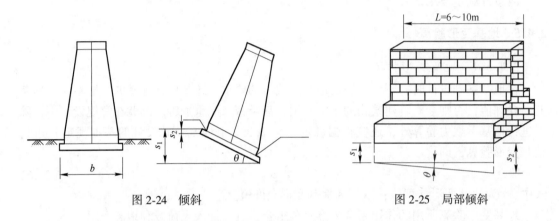

图 2-24　倾斜　　　　　　　　　　　　　　　图 2-25　局部倾斜

2.4.5.2　地基变形量计算

地基变形受地基土性质、上部荷载的大小和分布等诸多因素的影响，十分复杂。目前已经发展了多种计算方法如弹性理论法、分层总和法、Skempton-Bjerrum 法、三维压缩非线性模量法、应力路径法、有限单元法、原位测试法、从现场资料推算最终变形量法等，在一般土力学教材中都有较为详细的阐述。工程中最常用的计算方法是现行《建筑地基基础设计规范》（GB 50007—2011）推荐的分层总和法，其中地基内的应力分布，可采用各向同性均质线性变形体理论进行计算（见相关土力学教材）。

A　地基最终变形量（沉降量）计算

地基最终变形量（沉降量）的计算公式为：

$$s = \Psi_s s' = \Psi_s \sum_{i=1}^{n} \Delta s_i' = \Psi_s \sum_{i=1}^{n} \left(z_i \bar{a}_i - z_{i-1} \bar{a}_{i-1} \right) \frac{p_0}{E_{si}} \tag{2-30}$$

式中，s 为地基最终沉降量；s' 为按分层总和法计算出的地基沉降量；n 为地基变形计算深度范围内所划分的土层数；Ψ_s 为沉降计算经验系数，根据地区沉降观测资料及经验确定，无经验时可按表2-15取值；p_0 为对应于荷载效应准永久组合时的基础底面处的附加压力值；z_i、z_{i-1} 分别为基础底面至第 i 层土、第 $i-1$ 层土底面的距离；E_{si} 为基础底面下第 i 层土的压缩模量，应取土的自重应力至自重应力与附加应力之和的压力段计算；$\bar{a}_i$、$\bar{a}_{i-1}$ 分别为基础底面计算点至第 i 层土、第 $i-1$ 层土底面范围内的平均附加应力系数，可按现行《建筑地基基础设计规范》（GB 50007—2011）中的附录 K 采用。

表 2-15　沉降计算经验系数 Ψ_s

基底附加压力		2.5	4.0	7.0	15.0	20.0
$\overline{E}_s/\mathrm{MPa}$	$p_0 \geqslant f_{ak}$	1.4	1.3	1.0	0.4	0.2
	$p_0 \leqslant f_{ak}$	1.1	1.0	0.7	0.4	0.2

表 2-15 中，f_{ak} 为地基承载力特征值；$\overline{E}_s$ 为沉降计算深度范围内压缩模量的当量值，其计算公式为：

$$\overline{E}_s = \frac{\sum A_i}{\sum \dfrac{A_i}{E_{si}}} \tag{2-31}$$

式中，A_i 为第 i 层土的竖向附加应力面积。

B　地基沉降计算深度

地基沉降计算深度 z_n 应满足：

$$\Delta s'_n \leqslant 0.025 \sum_{i=1}^{n} \Delta s'_i \tag{2-32}$$

式中，$\Delta s'_i$ 为在计算深度范围内，第 i 层土的沉降量；n 为地基计算深度范围内所划分的层数；$\Delta s'_n$ 为由计算深度 z_n 处向上取厚度为 Δz 的土层的计算沉降量，Δz 的厚度选取与基础宽度 b 有关，取值见表 2-16。

表 2-16　计算厚度值 Δz 值

b/m	$b \leqslant 2$	$2 < b \leqslant 4$	$4 < b \leqslant 8$	$b > 8$
$\Delta z/\mathrm{m}$	0.3	0.6	0.8	1.0

计算地基变形时，应考虑相邻荷载的影响，其值可按应力叠加原理，采用角点法计算。

当确定沉降计算深度下有软弱土层时，尚应向下继续计算，直至软弱土层也满足式(2-32)为止。当无相邻荷载影响，基础宽度在 1~30m 时，基础中点的地基变形计算深度也可简化为：

$$z_n = b(2.5 - 0.4\ln b) \tag{2-33}$$

式中，b 为基础宽度。

若计算深度范围内存在基岩，z_n 可取至基岩表面；当存在较厚的坚硬黏性土层，其孔隙比小于 0.5，压缩模大于 50MPa，或存在较厚的密实砂卵石层，其压缩模量大于 80MPa 时，z_n 可取至该土层表面。

C　回弹变形量计算

当建筑物地下室基础埋置较深时，需要考虑开挖基坑地基土的回弹，该部分回弹变形量的计算公式为：

$$s_c = \Psi_c \sum (z_i \overline{a}_i - z_{i-1} \overline{a}_{i-1}) \frac{p_c}{E_{ci}} \tag{2-34}$$

式中，s_c 为地基的回弹变形量；Ψ_c 为考虑回弹影响的沉降计算经验系数，取 1.0；p_c 为基坑底面以上土的自重压力，地下水位以下应扣除浮力；E_{ci} 为土的回弹模量，按《土工试验方法标准》（GB/T 50123—2019）确定。

在同一整体大面积基础上建有多栋高层和低层建筑时，应该按照上部结构、基础与地基的共同作用进行变形计算。由于目前的地基沉降计算结果误差较大，对于一些重要的、结构复杂以及对不均匀沉降有严格要求的建筑物，应该在施工期间和正常使用期间进行系统的沉降观测，用于验证计算的正确性，必要时可采取有效措施。

2.4.5.3　地基的允许变形

建筑物的结构类型不同，对地基变形的反应也不同，起控制作用的变形类型也不一样，因此在计算地基变形时，应符合下列基本规定。

（1）由于建筑地基不均匀、荷载差异很大、体型复杂等因素引起的地基变形，对于砌体承重结构而言，地基变形造成的破坏主要是由于纵墙挠曲引起墙体局部出现斜裂缝（见图2-26），因此应由局部倾斜控制；对于框架结构和单层排架结构而言，当遇到地基土质不均匀、荷载差异较大、基础附近有堆载或受相邻基础荷载影响时，会使相邻柱基的沉降差较大而导致上部构件受剪扭曲破坏，因此该类结构应由相邻柱基的沉降差控制；

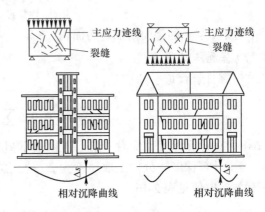

图 2-26　不均匀沉降引起的墙体开裂

对于多层或高层建筑和高耸结构，因为重心偏高，可能出现的变形特征主要是整体倾斜，因此应由倾斜值控制；必要时尚应控制平均沉降量。

（2）在必要情况下，需要分别预估建筑物在施工期间和使用期间的地基变形值，以便预留建筑物有关部分之间的净空，考虑连接方法和施工顺序。一般多层建筑物在施工期间完成的沉降量，对于砂土可认为其最终沉降量已完成80%以上，对于其他低压缩性土可认为已完成最终沉降量的50%~80%，对于中压缩性土可认为已完成20%~50%，对于高压缩性土可认为已完成5%~20%。

建筑物的地基变形允许值，按表2-17规定采用。对表中未包括的建筑物，其地基变形允许值应根据上部结构对地基变形的适应能力和使用上的要求确定，同时注意参考建筑地区的工程实践经验。

表 2-17　建筑物的地基变形允许值

变　形　特　征		地基土类别	
		中、低压缩性土	高压缩性土
砌体承重结构基础的局部倾斜		0.002	0.003
工业与民用建筑相邻柱基的沉降差	框架结构	0.002l	0.003l
	砌体墙填充的边排柱	0.0007l	0.001l
	当基础不均匀沉降时不产生附加应力的结构	0.005l	0.005l

续表 2-17

变 形 特 征		地基土类别	
		中、低压缩性土	高压缩性土
单层排架结构（柱距为6m）柱基的沉降量/mm		（120）	200
桥式吊车轨面的倾斜（按不调整轨道考虑）	纵向	0.004	
	横向	0.003	
多层和高层建筑的整体倾斜	$H_g \leq 24$	0.004	
	$24 < H_g \leq 60$	0.003	
	$60 < H_g \leq 100$	0.0025	
	$H_g > 100$	0.002	
体型简单的高层建筑基础的平均沉降量/mm		200	
高耸结构基础的倾斜/mm	$H_g \leq 20$	0.008	
	$20 < H_g \leq 50$	0.006	
	$50 < H_g \leq 100$	0.005	
	$100 < H_g \leq 150$	0.004	
	$150 < H_g \leq 200$	0.003	
	$200 < H_g \leq 250$	0.002	
高耸结构基础的沉降值/mm	$H_g \leq 100$	400	
	$100 < H_g \leq 200$	300	
	$200 < H_g \leq 250$	200	

注：1. 本表数值为建筑物地基实际最终变形允许。

2. 括号内数值仅适用于中压缩性土。

3. l 为相邻柱基的中心距离，mm；H_g 为自室外地面起算的建筑物高度，m。

2.4.5.4 减小沉降危害的措施

当地基变形计算值超过地基变形允许值时，一般情况下可先考虑调整基础底面积或基础埋深，如果还不能满足要求，可对地基进行处理以提高地基承载力并减小沉降量，也可考虑从建筑、结构、施工等方面采取有效措施以减小沉降量和不均匀沉降差，或采用其他地基基础设计方案如桩基础等。

A 建筑措施

（1）建筑体型应力求简单。在满足使用和其他要求的前提下，建筑的平面和立面形式应力求简单。对于平面形状复杂的建筑物（如建筑平面为"H"形、"山"形、"T"形等），在纵横方向交叉处，基础密集，使得地基附加应力相互重叠而造成这部分的沉降量比其他部位大。同时因为转折较多，这类建筑的整体刚度较小，很容易因为不均匀沉降造成建筑物的开裂破坏。如果建筑物立面高低差距过大，会因为地基各部分的荷载悬殊而增大不均匀沉降。

（2）设置沉降缝。当建筑体型比较复杂时，应根据其平面形状和高度差异情况，在适当部位用沉降缝将其划分成若干个刚度较好的单元。沉降缝应从屋顶到基础把建筑物完全分开。每个单元应体型简单、结构类型单一、长高比较小、地基土较均匀并能自成沉降体系。当高度差异或荷载差异较大时，可将两单元隔开一定距离，当拉开距离后的两单元必须连接时，应采用能自由沉降的连接构造如简支或悬挑结构等。宜在建筑物的下列部位设沉降缝：

1）建筑平面的转折部位；

2）高度差异或荷载差异处；

3）长高比过大的砌体承重结构或钢筋混凝土框架结构的适当部位；

4）地基土的压缩性有显著差异处；

5）建筑结构或基础类型不同处；

6）分期建造房屋的交界处。

为了防止缝两侧单元相向倾斜而相互挤压，沉降缝应有足够的宽度，缝宽可按表 2-18 选用。由于沉降缝的设置不仅会增加工程造价，还会增加建筑、结构和施工处理上的难度，因此不应轻率多用。

表 2-18　房屋沉降缝的宽度

房屋层数	沉降缝宽度/mm
2~3	50~80
4~5	80~120
5 层以上	≥120

（3）控制相邻建筑物基础间的距离。当两个建筑物基础相距较近时，地基附加应力扩散作用的影响，会引起附加的不均匀沉降，从而导致建筑物开裂或发生倾斜。因此，为了避免此项危害，必须控制相邻建筑物基础间的净距。

相邻建筑物基础间净距的大小取决于被影响建筑物的刚度和影响建筑物的规模、荷载及地基土的性质等因素，设计时可按表 2-19 取值。另外，相邻高耸结构或对倾斜要求严格的构筑物的外墙间隔距离，应根据倾斜允许值计算确定。

表 2-19　相邻建筑物基础间的净距

影响建筑物的预估平均沉降量/mm		$2.0 \leqslant \dfrac{L}{H_f} < 3.0$	$3.0 \leqslant \dfrac{L}{H_f} < 5.0$
被影响建筑物的 长高比	70~150	2~3	3~6
	160~250	3~6	6~9
	260~400	6~9	9~12
	>400	9~12	≥12

注：1. 表中 L 为建筑物长度或沉降缝分隔的单元长度，m；H_f 为自基础底面标高算起的建筑物高度，m。

　　2. 当被影响建筑的长高比为 $1.5 < \dfrac{L}{H_f} < 2.0$ 时，其间净距可适当缩小。

（4）对建筑物各部分的标高进行调整。为了避免或减小由于不均匀沉降导致原有建筑物标高改变对建筑物使用功能的影响，建筑物各组成部分的标高，应根据可能产生的不均匀沉降采取下列相应措施。

1）室内地坪和地下设施的标高，应根据预估沉降量予以提高。建筑物各部分（或设备之间）有联系时，可将沉降较大者标高提高。

2) 建筑物与设备之间，应留有净空。当建筑物有管道穿过时，应预留孔洞，或采用柔性的管道接头等。

B　结构措施

（1）减轻建筑物的自重。一般建筑物的自重占总荷载的 50%～70%，因此在软土地基建造建筑物时，应尽量减小建筑物自重，有如下措施可以选取：

1）采用轻质材料或构件，如加气砖、多孔砖、空心楼板、轻质隔墙等；

2）采用轻型结构，例如预应力钢筋混凝土结构、轻型钢结构以及轻型空间结构（如悬索结构、充气结构等）和其他轻质高强材料结构；

3）采用自重轻、覆土少的基础形式，如空心基础、壳体基础、浅埋基础等。

（2）减小或调整基底附加压力。为了减少建筑物沉降和不均匀沉降，可设置地下室或半地下室，利用挖除的土重去补偿一部分，甚至全部建筑物的重量，有效地减少基底的附加压力，起到均衡与减小沉降的目的。调整建筑与设备荷载的部位以及改变基底的尺寸，来达到控制与调整基底压力，减少不均匀沉降量。

（3）加强基础刚度。对于建筑体型复杂、荷载差异较大的框架结构，可采用箱基、桩基、筏基等加强基础整体刚度，减少不均匀沉降。

（4）加强整体刚度和强度。对于砌体承重结构的房屋，应采用下列措施增强整体刚度和强度。

1）对于 3 层和 3 层以上的房屋，其长高比 $\dfrac{L}{H_f}$ 应小于或等于 2.5；当房屋的长高比为 $2.5<\dfrac{L}{H_f}<3.0$ 时，应做到纵墙不转折或少转折，并应控制其内横墙间距或增强基础刚度和强度；当房屋的预估最大沉降量小于或等于 120mm 时，其长高比可不受限制。

2）墙体内宜设置钢筋混凝土圈梁或钢筋砖圈梁。圈梁的布置：在多层房屋的基础和顶层处宜各设置一道，其他各层可隔层设置，必要时也可层层设置；单层工业厂房、仓库，可结合基础梁、联系梁、过梁等酌情设置；圈梁应设置在外墙、内纵墙和主要内横墙上，并应在平面内连成封闭系统。

3）在墙体上开洞过大时，应在开洞部位配筋或采用构造柱及圈梁加强。

（5）采用对不均匀沉降不敏感的结构。采用铰接排架、三铰拱等结构，对于地基发生不均匀沉降时不会引起过大附加应力的结构，可避免结构产生开裂等危害。

C　施工措施

对于灵敏度较高的软黏土，在施工时应注意不要破坏其原状结构，在浇筑基础前需保留约 200mm 覆盖土层，待浇筑基础时再清除。若地基土受到扰动，应注意清除扰动土层，并铺上一层粗砂或碎石，经压实后再在砂或碎石垫层上浇筑混凝土。

当建筑物各部分高低差别很大或荷载大小悬殊时，可以采用预留施工缝的办法，并按照先高后低、先重后轻的原则安排施工顺序；待预留缝两侧的结构已建成且沉降基本稳定后再浇筑封闭施工缝，把建筑物连成整体结构，必要时还可在高的或重的建筑物竣工后，间歇一段时间再建低的或轻的建筑物以达到减少沉降差的目的。

此外，施工时还需特别注意基础开挖时，由井点排水、基坑开挖、施工堆载等原因对邻近建筑可能造成的附加沉降。

2.4.6 地基稳定性验算

竖向荷载导致地基失稳的情况很少见，所以满足地基承载力的一般建筑不需要进行地基稳定验算。然而对经常受水平荷载作用的高层建筑、高耸结构和挡土墙等，以及建造在斜坡上或边坡附近的建筑物和构筑物，地基的稳定性可能成为设计中的主要问题，应对其进行稳定性验算。

地基稳定性可采用圆弧滑动面法进行验算，最危险滑动面上诸力对滑动中心所产生的抗滑力矩与滑动力矩，应满足：

$$\frac{M_R}{M_S} \geq 1.2 \qquad (2\text{-}35)$$

式中，M_R 为抗滑力矩；M_S 为滑动力矩。

对位于稳定土坡坡顶上的建筑，当垂直于坡顶边缘线的基础底面边长小于或等于 3m 时，其基础底面外边缘线至坡顶的水平距离（见图 2-27）应符合下列要求，但不得小于 2.5m。

（1）条形基础：

$$a \geq 3.5b - \frac{d}{\tan\beta} \qquad (2\text{-}36)$$

（2）矩形基础：

$$a \geq 2.5b - \frac{d}{\tan\beta} \qquad (2\text{-}37)$$

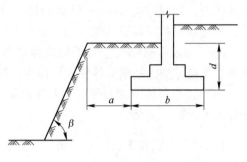

图 2-27　基础底面外边缘线至坡顶的水平距离示意图

式中，a 为基础底面外边缘线至坡顶的水平距离；b 为垂直于坡顶边缘线的基础底面边长；d 为基础埋置深度；β 为边坡坡角。

当基础底面外边缘线至坡顶的水平距离不满足式(2-36)和式(2-37)的要求时，可根据基底平均压力按式(2-35)确定基础距坡顶边缘的距离和基础埋深。

当边坡坡角大于 45°、坡高大于 8m 时，应该采用圆弧滑动法或其他类似的边坡稳定方法按式(2-35)验算坡体的稳定性。

⭐ 思政课堂

地基载荷试验结果假象与实事求是精神

云南大理某住宅小区共 14 幢住宅建筑，另有一幢办公楼，总建筑面积 25000m²。为 4~6 层砖混结构，场地地基条件设计时归并为三大层。

（1）表层：厚 2.5~4.0m，为相对较好的硬壳层，天然含水量（质量分数）为 16%~70%，天然孔隙比 0.5~1.3，地基承载力标准值为 80~160kPa，压缩模量 $E_{s1\text{-}2}$ 为 2.6~7.8MPa。

（2）埋深 2.5~17m 为极软的泥炭土和淤泥土，上部为泥炭质土，下部为淤泥。天然含水量（质量分数）为 72%~216%，天然孔隙比 2.0~5.8，地基承载力为 30~35kPa，压缩模量 $E_{s1\text{-}2}$ 为 1.1~1.6MPa。

（3）埋深 17～40m 为深厚软黏土，天然含水量（质量分数）为 74%，天然孔隙比 2.01，地基承载力为 60kPa，压缩模量 E_{s1-2} 为 1.8MPa。

设计最后采用毛石混凝土条形基础，基础埋深 1.5m，基础顶部设圈梁，用粉喷桩处理地基。要求处理后复合地基承载力达到 150kPa，载荷试验荷载为 150kPa 时沉降量小于 20mm，粉喷桩长为 9m，桩径为 500mm，置换率为 25.6%。施工前进行了复合地基静载荷试验，承压板尺寸为 0.88m×0.88m，面积为 0.7744m²。最大加载为 340kPa，为设计荷载的 2.77 倍。试验结果认为，全部试验满足设计要求，通过了验收。

然而施工每幢楼基础工程完工后，进行了沉降观测，发现沉降速率偏大。建筑完工后，各楼号的沉降量和倾斜均过大，最大沉降量近 1m。因上部结构刚度较大，未见结构开裂，但底层已影响使用。

本案例地基础设计的失误首先是基础埋置过深，未充分利用硬壳层，其次是采用条形基础不当，使基底压力过大，超过复合地基下极软土的承载能力。

本案例复合地基静载荷试验的结果认为达到了设计对地基承载力和变形参数的要求，但规范明确规定：“复合地基静载荷试验用于测定承压板下应力主要影响范围内复合土层的承载力和变形参数。”本案例承压板面积为 0.88m×0.88m，板下有相当厚的硬壳层，主要影响范围内的硬壳层起了重要作用。而实际基础尺寸比承压板大得多，影响深得多，硬壳层下的软土起了主要作用。因此，复合地基载荷试验成果成了假象，误导了设计。

由此可见，岩土工程师在应用规范时首先必须概念清楚，不能盲目。在设计中不能生搬硬套，要注重从实际出发，有实事求是的精神，这也是唯物主义关于物质第一性、意识第二性的根本原理在方法论上的具体体现。它要求人们在认识和实践中承认周围事物及其规律的客观实在性，按照客观提供的可能性和条件，依据事物发展的客观趋势决定行动的方法和步骤。它是马克思主义一贯坚持的基本原则，要做到从实际出发，必须深入实际，调查研究，全面了解各方面的情况，在此基础上，运用马克思主义的科学方法加以分析和综合，从而正确认识和掌握事物的本质及其发展规律。

习　题

2-1 基础选型时应怎样注意对生态环境的影响？

2-2 某地基为粉质黏土，重度为 18 kN/m³，孔隙比 $e = 0.64$，液性指数 $I_L = 0.45$，经现场标准贯入试验测得地基承载力特征值为 $f_{ak} = 280kPa$。已知条形基础宽度为 3.5m，埋置深度为 2.0m。
   （1）试采用《建筑地基基础设计规范》（GB 50007—2011）确定地基承载力特征值。
   （2）沿条形基础长度方向，若传至基础顶面的建筑物荷载为 1200kN/m，试问地基承载力是否满足要求？

2-3 如图 2-28 所示，某黏性土地层中有一独立基础。独立基础的基底尺寸为 2.0m × 3.0m，基础埋置深度为 1.5m。地层参数如下：
   $c_k = 5kPa$，$\varphi_k = 20°$，$\gamma = 17.8kN/m²$，水位位于地下 1.0m 处，$\gamma_{sat} = 19.2kN/m³$。试求持力层的承载力；若地下水位后来稳定下降至 2.5m，试问地基承载力有何变化？

2-4 某地基地面尺寸为：$l = 12m$，$b = 9m$，埋深 $d = 4m$。基础埋深范围内土的平均重度 $\gamma_m = 17.8kN/m³$，地基土的重度 $\gamma = 18.6 kN/m³$，现场荷载试验得到的地基承载力特征值为 $f_{ak} = 196kPa$，持力层土的特性参数为 $e = 0.75$，$I_L = 0.46$。若该基础承受的竖向荷载设计值 $F_k = $

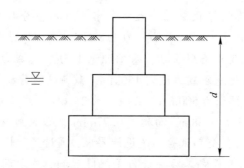

图 2-28　某黏性土地层基础

25000kN，试验算该地基的承载力是否满足要求。

2-5 某条形基础的宽度为 3.7m，作用在基础上的总荷载在基础宽度方向的偏心距为 0.75m，基础自重和基础上的土重合计为 120kN/m，相应于荷载效应标准组合时上部结构传至基础顶面的竖向力为 250kN/m。试问修正后的地基承载力特征值至少要达到何值时才能满足承载力验算要求？

2-6 某建筑物基础尺寸为 16m × 32m，基础底面埋深为 5.0m，基础底面以上土的加权平均重度为 15.6kN/m^3，作用于基础底面相应于荷载效应标准组合的竖向荷载值为 163840kN。在深度 13.0m 以下埋藏有软弱下卧层，其内摩擦角标准值 $\varphi_k = 6°$，$\gamma = 17.8kN/m^3$，黏聚力标准值 $c_k = 30kPa$，地下水位位于地面下 15m 深度处。假设持力层地基土的压力扩散角 $\theta = 23°$，试验算该软弱下卧层是否满足承载力要求。

3 扩展基础设计

学习导读

在确定了基础的类型、埋深、地基承载力、基础底面积之后，即可确定基础高度、进行基础内力及配筋计算，完成基础设计。本章将重点介绍扩展基础的截面设计，主要包括确定基础高度和基础底板配筋。钢筋混凝土材料在扩展基础中应用广泛。

在学习中思考：扩展基础可能发生哪种破坏，可以简化为哪种构件模型？

3.1 无筋扩展基础设计

无筋扩展
基础设计

3.1.1 无筋扩展基础类型

无筋扩展基础又称刚性基础（rigid foundation），主要指刚性墙下条形基础和刚性柱下独立基础，如图 2-3 所示。其主要特点是抗压好，抗拉、抗剪差，用于多层民用建筑和轻型工业厂房。根据基础材料不同，无筋扩展基础可分为灰土基础、三合土基础、毛石基础、混凝土基础、砖基础等。

（1）灰土基础。灰土基础是用石灰和土料按一定比例拌和并夯实而成。施工过程中一般每层先虚铺 220～250mm，然后夯实至 150mm，该施工步骤我们称为一步灰土。在具体工程中一般根据需要设置成二步灰土或三步灰土，也就是说整个灰土基础的厚度为 300mm 或 450mm。这一类基础一般适用于 3 层以下建筑，不宜用于软弱地基。

（2）三合土基础。用石灰和土料按比例拌和并夯实而成。每层虚铺 220～250mm，并夯实至 150mm，称为一步灰土。根据需要设置成二步灰土或三步灰土，即厚度为 300mm 或 450mm。适用 3 层以下建筑，不宜用于软弱地基。

（3）毛石基础。毛石基础是由未风化的硬质岩和砂浆（M5 以上）砌筑而成。毛石的每阶高度可在 400～600mm，台阶两边各伸出宽度不大于 200mm。此类基础适用于 6 层及以下民用建筑或轻型工业厂房。

（4）混凝土基础。混凝土基础一般用 C10 以上的素混凝土制作而成。每阶高度不应小于 250mm，一般为 300mm。适用于 6 层及以下民用建筑或轻型工业厂房。

（5）砖基础。砖基础是工程中最常见的无筋扩展基础，适用于砖墙承重且荷载较小的建筑。它是由砖砌筑而成，一般做成台阶式，俗称大放脚，其各部分的尺寸应符合砖的模数，砌筑方式有两皮一收和二一间隔收两种。两皮一收是每砌两皮砖，即 120mm，收进 $\frac{1}{4}$ 砖长，即 60mm；二一间隔收是从底层开始，先砌两皮砖，收进 $\frac{1}{4}$ 砖长，再砌一皮砖，收进 $\frac{1}{4}$ 砖长，如此反复。

3.1.2　基础的宽高比

无筋扩展基础具有抗压性能较好、抗拉、抗剪强度较低的特点，因此设计时必须保证基础内产生的拉应力和剪应力不超过材料强度的设计值。在实际工程中，可通过控制材料的质量和台阶的宽高比（台阶的宽度与其高度之比）来达到此设计要求，即基础每个台阶的宽高比都不得超过表 3-1 所列的允许值（否则基础外伸长度较大，会因基础材料抗弯强度不足而断裂），而无须再进行内力和截面强度计算。根据第 2 章的内容，已初步确定了基础底面的尺寸，则基础高度应符合（见图 3-1）：

$$H_0 \geq \frac{b - b_0}{2\tan\alpha} \tag{3-1}$$

式中，b 为基础底面宽度；b_0 为基础顶面的墙体宽度或柱脚宽度；H_0 为基础高度；α 为基础的刚性角；$\tan\alpha$ 为基础台阶宽高比，$\tan\alpha = b_2 : H_0$，按表 3-1 选用，b_2 为基础台阶宽度。

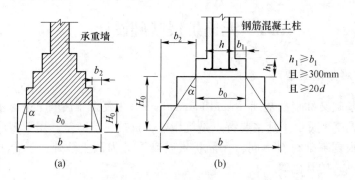

图 3-1　无筋扩展基础构造示意图

（a）刚性墙下条形基础；（b）刚性柱下独立基础

为了节省材料，当基础高度较大时可做成阶梯形，并且每一台阶都应满足台阶的宽高比及相关的构造要求。

表 3-1　无筋扩展基础台阶宽高比的允许值

基础材料	质量要求	台阶宽高比的允许值		
		$p_k \leq 100\text{kPa}$	$100\text{kPa} < p_k \leq 200\text{kPa}$	$200\text{kPa} < p_k \leq 300\text{kPa}$
混凝土基础	C15 混凝土	1：1.00	1：1.00	1：1.25
毛石混凝土基础	C15 混凝土	1：1.00	1：1.25	1：1.50
砖基础	砖等级不低于 MU10 砂浆等级不低于 M5	1：1.50	1：1.50	1：1.50
毛石基础	砂浆等级不低于 M5	1：1.25	1：1.50	—
灰土基础	体积比为 3：7 或 2：8 的灰土，其最小干密度如下：（1）粉土 1.55t/m³；（2）粉质黏土 1.50t/m³	1：1.25	1：1.50	—

基础材料	质量要求	台阶宽高比的允许值		
		$p_k \leqslant 100kPa$	$100kPa < p_k \leqslant 200kPa$	$200kPa < p_k \leqslant 300kPa$
三合土基础	石灰：砂：骨料的体积比 $1:2:4 \sim 1:3:6$，每层约虚铺220mm，夯至150mm	1:1.50	1:2.00	—

注：1. p_k 为荷载效应标准组合时基础底面处的平均压力值。

    2. 阶梯形毛石基础的每阶伸出宽度，不应大于200mm。

    3. 当基础由不同材料叠合组成时，应对接触部分做局部抗压验算。

    4. 对 $p_k > 300kPa$ 的混凝土基础，尚应进行抗剪验算。

3.1.3 无筋扩展基础的形状、材料和构造要求

（1）断面形状为方便施工，无筋扩展基础通常做成台阶状（或锥状）剖面，有时也做成梯形断面。材料多为一种，也可由两种叠加而成。

（2）基顶埋深应满足 $h_0 \geqslant 10cm$ （基岩除外）；不同材料的基础外伸宽度要求见 3.1.1。

（3）断面构造尺寸的确定。确定构造尺寸时最主要的一点是要保证断面各处都能满足刚性角的要求，同时断面又必须经济合理，便于施工。

对于同一种材料构成的基础，如图 3-2 所示，基底宽度 b 应满足：

$$b \leqslant b_0 + 2B = b_0 + 2H\tan tx \tag{3-2}$$

对于两种材料叠加构成的基础，每一种材料均应满足刚性角的要求，如图 3-3 所示。基底宽度 b 应满足：

$$b \leqslant b_0 + 2B_1 + 2B_2 = b_0 + 2H_1\tan\alpha_1 + 2H_2\tan\alpha_2 \tag{3-3}$$

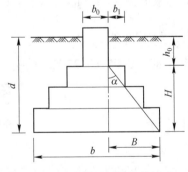

图 3-2 基础剖面部位与其尺寸

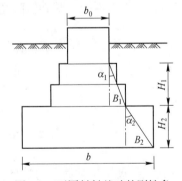

图 3-3 不同材料基础的刚性角

（4）采用无筋扩展基础的钢筋混凝土柱 ［见图 3-1(b)］，其柱脚高度 h_1 不得小于 b_1，并不应小于 300mm 且不小于 20d （d 为柱中的纵向受力钢筋的最大直径）。当柱纵向钢筋在柱脚内的竖向锚固长度不满足锚固要求时，可沿水平方向弯折，弯折后的水平锚固长度不应小于 10d 也不应大于 20d。

3.1.4　抗压强度验算

设计刚性基础断面时，各部位尺寸确定后，为了使刚性基础在荷载作用下基础材料本身不发生受压破坏，还必须验算基础材料本身的抗压强度。验算部位包括墙与基础接触面以及叠合基础不同材料接触面。

【例 3-1】 某承重墙厚 240mm，地基土浅部为人工填土，该层土的厚度为 0.70m，重度为 17.5kN/m³，其下为粉土层，重度为 18.4kN/m³，黏粒含量 $\rho_c = 12\%$，经现场试验确定的地基承载力特征值 $f_{ak} = 172$kPa，地下水在地表下 1.2m 处，上部墙体传来的荷载效应标准值为 210kN/m。若采用素混凝土作为基础材料，试设计该墙下无筋扩展基础的宽度与高度。

解　（1）初选基础埋深 $d = 0.8$m。

（2）确定基础宽度 b。先求修正后的持力层承载力特征值。

由粉土黏粒含量 $\rho_c = 12\%$，查表 2-1 得：$\eta_b = 0.3$，$\eta_d = 1.5$。

$$\gamma_m = \frac{17.5 \times 0.7 + 18.4 \times 0.1}{0.8} \approx 17.6 (\text{kN/m}^3)$$

求 f_a 时暂不考虑宽度修正，仅考虑深度修正，则有：

$$f_a = f_{ak} + \eta_d \gamma_m (d - 0.5) = 172 + 1.5 \times 17.6 \times (0.8 - 0.5) \approx 179.9 (\text{kPa})$$

基础宽度应为：

$$b \geqslant \frac{F_k}{f_a - \gamma_G d} = \frac{210}{179.9 - 20 \times 0.8} \approx 1.28 (\text{m})$$

取 $b = 1.3$m。由于 $b < 3.0$m，故上述求得的 f_a 值不用进行宽度修正，此处求得的 b 值可作为最终设计值。

（3）确定基础高度。基底压力为（取 1m 墙长）：

$$p_k = \frac{F_k}{A} + \gamma_G d = \frac{210}{1.3} + 20 \times 0.8 \approx 177.5 (\text{kPa})$$

查表 3-1，可得素混凝土基础台阶宽高比的允许取值为 1:1，即 $\tan\alpha = 1.0$。故有：

$$h \geqslant \frac{b - b_c}{2\tan\alpha} = \frac{1.3 - 0.24}{2 \times 1.0} = 0.53 (\text{m})$$

取 $h = 0.55$m，这样基础顶面与地表之间仍有 $0.80 - 0.55 = 0.25$（m）的距离，符合规范要求。

3.2　扩展基础设计

扩展基础设计

钢筋混凝土扩展基础常简称为扩展基础（spread foundation），是指墙下钢筋混凝土条形基础（strip foundation under walls）和柱下钢筋混凝土独立基础（independent foundation under columns），分别如图 2-4 和图 2-5 所示。与无筋扩展基础相比，扩展基础由于配置了钢筋承担弯曲所产生的拉应力，基础不受台阶宽高比的限制，高度可以较小，这样既节省材料又可减少基础埋深，适合"宽基浅埋"。

扩展基础可以视为联结上部结构与地基的一个钢筋混凝土构件，在对其进行强度验算时，应采用承载能力极限状态下作用的基本组合。

3.2.1 扩展基础的构造要求

（1）锥形基础的边缘高度，不应小于200mm；阶梯形基础的每阶高度，应为300~500mm；一般基础高度小于等于250mm时，可做成等厚度板。

（2）扩展基础下部需要浇筑厚度不应小于70mm的素混凝土垫层。垫层混凝土强度等级不应低于C10，每边伸出基础50~100mm。

（3）扩展基础受力钢筋最小配筋率不应小于0.15%，底板受力钢筋的最小直径不应小于10mm；间距不应大于200mm，也不应小于100mm。墙下钢筋混凝土条形基础纵向分布钢筋的直径不应小于8mm，间距不应大于300mm，每延米分布钢筋的面积应不小于受力钢筋面积的15%。当有垫层时钢筋保护层的厚度不应小于40mm；无垫层时不应小于70mm。

（4）混凝土强度等级不应低于C25（此处建议与混凝土结构设计规范2020修订相适应）。

（5）当柱下钢筋混凝土独立基础的边长和墙下钢筋混凝土条形基础的宽度大于或等于2.5m时，底板受力钢筋的长度可取边长或宽度的0.9倍，并宜交错布置，如图3-4(a)所示。

（6）钢筋混凝土条形基础底板在T形及十字形交接处，底板横向受力钢筋仅沿一个主要受力方向通长布置，另一方向的横向受力钢筋可布置到主要受力方向底板宽度$\frac{1}{4}$处，如图3-4(b)所示。在拐角处底板横向受力钢筋应沿两个方向布置，如图3-4(c)所示。

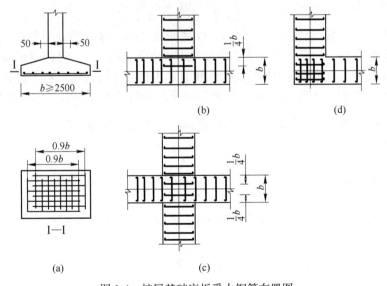

(b)　(d)

(a)　(c)

图3-4　扩展基础底板受力钢筋布置图

（a）底板受力钢筋图；（b）T形交接；（c）十字形交接；（d）拐角交接

3.2.2 墙下钢筋混凝土条形基础设计

墙下钢筋混凝土条形基础一般做成无肋的板，如图3-4(a)所示。当地基软弱或不均匀时，可采用带肋的板［见图 3-4(b)］来增加基础刚度，以调节不均匀沉降，肋梁的纵向钢筋和箍筋一般按经验确定。

墙下钢筋混凝土条形基础一般按平面应变问题处理，可沿墙长度方向取 1m 作为计算单元。基础底面的宽度 b 应根据地基承载力按式(2-25)确定，在墙下条形基础相交处，不应重复计入基础面积。当基础埋深和底面尺寸确定之后，便可进行基础截面设计即确定基础高度和基础底板配筋。

基础在荷载作用下，如同倒置的悬臂梁（见图 3-5），当底板配筋不足时，会因弯矩过大而沿 I—I 截面开裂；当底板厚度不够时，会产生斜裂缝。由于基础内不配箍筋和弯起筋，基础高度由混凝土的受剪切承载力确定；基础底板的受力配筋则由基础所验算截面的抗弯能力确定。基础和其上土的重力所产生的那部分地基反力将与重力相抵消，因此在基础截面设计时，应采用地基净反力进行计算。地基净反力是指扣除基础自重及其上土重后相应于荷载效应基本组合时的地基土单位面积净反力，一般用 p_j 表示。

对于条形基础，p_j 的表达式可由下列计算式表示。

（1）轴心荷载作用下：

$$p_j = \frac{F}{A} = \frac{F}{1 \cdot b} \tag{3-4}$$

（2）偏心荷载作用下：

$$\left.\begin{array}{r} p_{j\max} \\ p_{j\min} \end{array}\right\} = \frac{F}{1 \cdot b} \pm \frac{6M}{b^2} \tag{3-5}$$

或

$$\left.\begin{array}{r} p_{j\max} \\ p_{j\min} \end{array}\right\} = \frac{F}{1 \cdot b}\left(1 + \frac{6e_0}{b}\right) \tag{3-6}$$

式中，p_j 为相应于荷载效应基本组合时，基础底面处的平均地基净反力值；$p_{j\max}$ 为相应于荷载效应基本组合时，基础底面边缘处的最大地基净反力值；$p_{j\min}$ 为相应于荷载效应基本组合时，基础底面边缘处的最小地基净反力值；F 为相应于荷载效应基本组合时，上部结构传至基础顶面的竖向力值，kN/m；M 为相应于荷载效应基本组合时，上部结构传至基础顶面的弯矩值，kN·m；b 为基础底面宽度；e_0 为荷载的净偏心距，$e_0 = \dfrac{M}{F}$。

3.2.2.1 基础高度

墙下钢筋混凝土条形基础由混凝土的受剪切承载力确定，应符合：

$$V \leqslant 0.7\beta_{hs} f_t A_0 \tag{3-7}$$

由于墙下条形基础，通常沿长度方向取单位长度计算，即取 $l = 1\text{m}$，于是：

$$h_0 \geqslant \frac{V}{0.7\beta_{hs} f_t} \tag{3-8}$$

式中，β_{hs} 为受剪切承载力截面高度影响系数，$\beta_{hs} = \left(\dfrac{800}{h_0}\right)^{\frac{1}{4}}$，当 $h_0 < 800\text{mm}$ 时，取 $h_0 = 800\text{mm}$，当 $h_0 > 2000\text{mm}$ 时，取 $h_0 = 2000\text{mm}$；f_t 为混凝土轴心抗拉强度设计值；h_0 为基础底板的有效高度；V 为相应于荷载效应基本组合时的剪力设计值。

（1）轴心荷载作用下（见图 3-5）：

$$V = p_j b_1 \tag{3-9}$$

（2）偏心荷载作用下（见图 3-6）：

$$V = \frac{b_1}{2b}\left[\,(2b - b_1)p_{j\max} + b_1 p_{j\min}\,\right] \tag{3-10}$$

式中，b_1 为基础悬臂部分计算截面的挑出长度，当墙体为混凝土时，b_1 为基础边缘至墙角的距离，当为砖墙且放脚不大于 $\frac{1}{4}$ 砖长时，b_1 为基础边缘至墙角的距离加上 0.06m。

基础截面设计时，一般先假定基础高度为 h（一般取 $h = \frac{b}{8}$），然后按式 (3-7) 验算，直至满足要求为止。

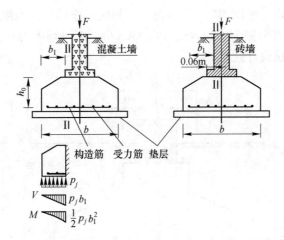

图 3-5 轴心荷载作用下墙下条形基础

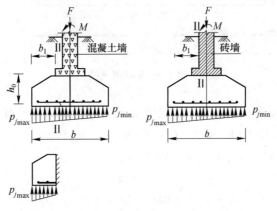

图 3-6 偏心荷载作用下墙下条形基础

3.2.2.2 基础底板配筋

悬臂根部处的最大弯矩设计值如下。

（1）轴心荷载作用下（见图 3-5 I—I 截面处）：

$$M = \frac{p_j b_1^2}{2} \tag{3-11}$$

（2）偏心荷载作用下（见图 3-6 I—I 截面处）：

$$M = \frac{b_1^2}{6b}\big[(3b - b_1)p_{j\max} + b_1 p_{j\min}\big] \tag{3-12}$$

基础底板每米长的受力钢筋面积：

$$A_s = \frac{M}{0.9 f_y h_0} \tag{3-13}$$

式中，f_y 为钢筋抗拉强度设计值。

墙下条形基础底板每延米宽度的配筋除满足计算和最小配筋率的要求外，还应符合相关的构造要求。

【例 3-2】　某砖墙（见图 3-7）厚 240mm，相应于作用的标准组合及基本组合作用时在基础顶面的轴心荷载分别为 144kN/m 和 190kN/m，基础埋深为 0.5m，地基承载力特征值为 $f_{ak} = 106$kPa。试设计此基础。

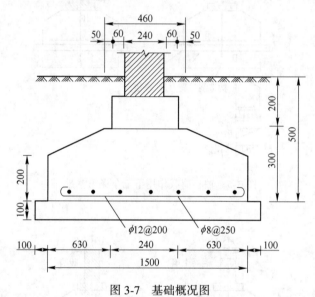

图 3-7　基础概况图

解　因为基础埋深为 0.5m，故采用钢筋混凝土条形基础。混凝土强度等级采用 C25，$f_t = 1.27$MPa，钢筋采用 HPB300 级，$f_y = 270$MPa。

先计算基础底面宽度（$f_a = f_{ak} = 106$kPa）：

$$b = \frac{F_k}{f_a - \gamma_G d} = \frac{144}{106 - 20 \times 0.5} = 1.5(\text{m})$$

地基净反力为：

$$p_j = \frac{F}{b} = \frac{190}{1.5} = 126.7(\text{kPa})$$

基础边缘至砖墙计算截面的距离为：

$$b_1 = \frac{1}{2} \times (1.50 - 0.24) = 0.63(\text{m})$$

基础有效高度为：

$$h_0 \geqslant \frac{p_j b_1}{0.7\beta_{hs}f_t} = \frac{126.7 \times 0.63}{0.7 \times 1 \times 100} = 0.104(\mathrm{m}) = 104(\mathrm{mm})$$

取基础高度 $h = 300\mathrm{mm}$，$h_0 = 300 - 40 - 5 = 255(\mathrm{mm}) > 104(\mathrm{mm})$，则：

$$M = \frac{1}{2}p_j b_1^2 = \frac{1}{2} \times 126.7 \times 0.63^2 = 25.1(\mathrm{kN \cdot m})$$

$$A_s = \frac{M}{0.9f_y h_0} = \frac{25.1 \times 10^6}{0.9 \times 270 \times 255} = 405(\mathrm{mm}^2)$$

配钢筋 $\phi12@200$，$A_s = 565\ \mathrm{mm}^2 > 405\ \mathrm{mm}^2$，并满足最小配筋率要求。

以上受力筋沿垂直于砖墙长度的方向配置，纵向分布筋取 $\phi8@250$（见图 3-7），垫层用 C20 混凝土。

3.2.3　柱下钢筋混凝土独立基础设计

3.2.3.1　柱下钢筋混凝土独立基础的破坏形式

（1）弯曲破坏。在柱荷载作用下，基底反力在基础截面产生弯矩，如果柱下钢筋混凝土独立基础的底板配筋不足，过大弯矩将引起基础弯曲破坏。这种破坏沿着柱边或阶梯边产生，裂缝平行于柱边，如图 3-8 所示。为了防止这种破坏，要求基础各竖直截面上由于基底反力产生的弯矩小于或等于该截面的抗弯强度。设计时根据这个条件决定基础的配筋。

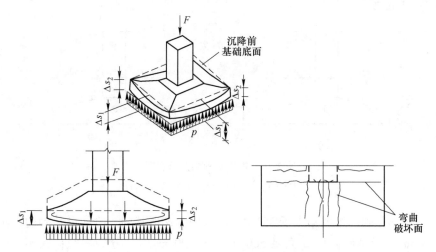

图 3-8　柱下钢筋混凝土独立基础的弯曲破坏

（2）冲切破坏或剪切破坏。研究表明，钢筋混凝土构件在弯、剪荷载共同作用下，主要的破坏形式是先在弯剪区域出现斜裂缝，随着荷载增加，裂缝向上扩展，未开裂部分的正应力和剪应力迅速增加。当正应力和剪应力组合后的主应力出现拉应力，且大于混凝土的抗拉强度时，将沿柱周边（或阶梯高度变化处）产生近 45°方向的斜拉裂缝即发生冲切破坏（见图 3-9），形成冲切破坏锥体。当单独基础的宽度较小，冲切破坏锥体可能落在基础以外时，可能在柱与基础交接处或台阶的变阶处产生剪切破坏。一般来说，基础高度由冲切破坏或剪切破坏控制。

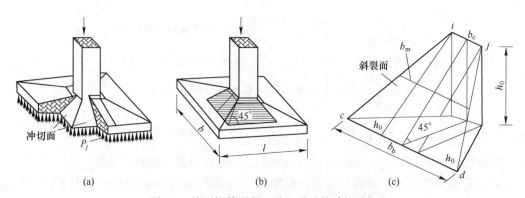

图 3-9　柱下钢筋混凝土独立基础的冲切破坏

（a）冲切破坏剖面；（b）冲切破坏锥体；（c）锥体隔离体

因此，柱下钢筋混凝土独立基础应有足够的高度和底板配筋，同时应满足相关的构造要求。

3.2.3.2　构造要求

柱下钢筋混凝土独立基础（见图 2-5），除应满足 3.2.1 节的构造要求外，还应满足如下要求。

（1）当采用锥形基础时，其边缘高度 h_1 不应小于 200mm，顶部每边应沿柱边放出 50mm，如图 3-10 所示。

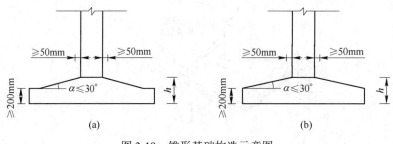

图 3-10　锥形基础构造示意图

（a）类型一；（b）类型二

（2）当锥形基础的边坡角大于 35°时，应采用阶梯形基础。阶梯形基础的每阶高度应为 300~500mm。当基础高度 h 满足 500mm$<h\leqslant$900mm 时，分为两级；大于 900mm 时，分为三级，如图 3-11 所示。

（3）现浇柱的纵向钢筋可通过插筋锚固入基础中，插筋的数量、直径以及钢筋种类应与柱内纵向钢筋相同。插筋的锚固长度 l_a 或 l_{aE}（有抗震设防要求时）应根据钢筋在基础内的最小保护层厚度按现行《混凝土结构设计规范》（GB 50010—2010）的有关规定确定。插筋与柱的纵向受力钢筋的连接方法，应符合现行《混凝土结构设计规范》（GB 50010—2010）的规定。插筋的下端应做成直钩放在基础底板钢筋网上。当符合下列条件之一时，可仅将四角的插筋伸至底板钢筋网上，其余插筋锚固在基础顶面下 l_a（或 l_{aE}）处（见图 3-12）：

1）柱为轴心受压或小偏心受压，基础高度大于等于 1200mm；

2）柱为大偏心受压，基础高度大于等于 1400mm。

（4）杯口基础的构造详见现行《建筑地基基础设计规范》（GB 50007—2011）。

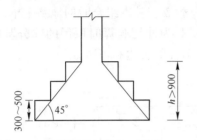

图 3-11 阶梯形基础构造（单位：mm）

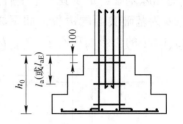

图 3-12 基础中插筋构造（单位：mm）

3.2.3.3 基础高度

A 受冲切承载力验算

试验结果和大量工程实践表明，当冲切破坏锥体落在基础底面以内时，基础的截面高度由受冲切承载力确定。其剪切所需的截面有效面积一般都能满足要求，无须进行受剪承载力验算。实践证明，矩形独立基础一般沿柱短边一侧先产生冲切破坏，所以只需要根据短边一侧的冲切破坏条件确定基础高度。柱与基础交接处以及基础变阶处的受冲切承载力的计算公式为：

$$F_1 \leqslant 0.7\beta_{hp}f_tb_mh_0 \tag{3-14}$$

式中，F_1 为相应于荷载效应基本组合时作用于基础的冲切力；β_{hp} 为受冲切承载力截面高度影响系数，当 $h \leqslant 800mm$ 时，取 1.0，当 $h \geqslant 2000mm$ 时，取 0.9，其间按线性内插法取用；h_0 为基础冲切破坏锥体的有效高度；b_m 为冲切破坏锥体最不利一侧计算长度 [见图 3-9（c）]，其计算公式为：

$$b_m = \frac{b_c + b_b}{2} \tag{3-15}$$

式中，b_c 为冲切破坏锥体最不利一侧斜截面的上边长，当计算柱与基础交接处的受冲切承载力时，取柱宽，当计算基础变阶处的受冲切承载力时，取上阶宽；b_b 为冲切破坏锥体最不利一侧斜截面在基础底面积范围内的下边长。

当冲切破坏锥体的底边落在基础底面以内，计算柱与基础交接处的受冲切承载力时，$b_b = b_c + 2h_0$，当计算基础变阶处的受冲切承载力时，取上阶宽加两倍该处的基础有效高度；当冲切破坏锥体的底边落在基础底面以内 [见图 3-13（b）]，即满足 $b > b_c + 2h_0$ 时，则有：

（1）轴心荷载作用下：

$$b_m = \frac{b_c + b_b}{2} = b_c + h_0 \tag{3-16}$$

$$b_mh_0 = (b_c + h_0)h_0 \tag{3-17}$$

$$F_1 = p_jA_1 \tag{3-18}$$

$$p_j = \frac{F}{A} = \frac{F}{lb} \tag{3-19}$$

$$A_1 = \left(\frac{l}{2} - \frac{l_c}{2} - h_0 \right) b - \left(\frac{b}{2} - \frac{b_c}{2} - h_0 \right)^2 \qquad (3\text{-}20)$$

式中，p_j 为扣除基础自重及其上土重后，相应于荷载效应基本组合时的地基土单位面积净反力；l、b 为基础底面的边长，如图 3-13 所示；A_1 为冲切验算时取用的部分基底面积，如图 3-13（b）中的阴影面积所示；l_c、b_c 分别为柱截面的长边和短边长。

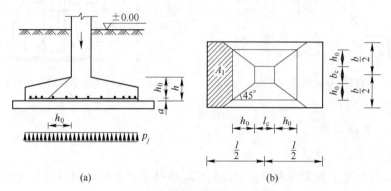

图 3-13　基础冲切验算示意图
（a）断面图；（b）俯视图

将式（3-17）~式（3-20）代入式（3-14），得：

$$p_j = \left[\left(\frac{l}{2} - \frac{l_c}{2} - h_0 \right) b - \left(\frac{b}{2} - \frac{b_c}{2} - h_0 \right)^2 \right] \leqslant 0.7 \beta_{\mathrm{hp}} f_t (b_c + h_0) h_0 \qquad (3\text{-}21)$$

（2）偏心荷载作用。当基础受偏心荷载作用时（假定只沿长边方向偏心，见图 3-14），用基础边缘处的最大地基土单位面积净反力 $p_{j\mathrm{max}}$ 代替 p_j，仍用式（3-21）进行验算，其中：

$$\left. \begin{array}{c} p_{j\mathrm{max}} \\ p_{j\mathrm{min}} \end{array} \right\} = \frac{F}{lb} \pm \frac{6M}{bl^2} \qquad (3\text{-}22)$$

或

$$\left. \begin{array}{c} p_{j\mathrm{max}} \\ p_{j\mathrm{min}} \end{array} \right\} = \frac{F}{lb} \left(1 \pm \frac{6e_0}{l} \right) \qquad (3\text{-}23)$$

式中，l 为矩形基础偏心方向的边长。

对于阶梯形基础，除了应对柱边进行冲切验算外，还应对上一阶底边变阶处进行下阶的冲切验算，如图 3-14 所示。验算方法与柱边冲切验算相同，只是用上阶的长边 l_1 和短边 b_1 分别代替式（3-21）中的 l_c 和 b_c；用下阶的有效高度 h_{01} 代替 h_0 即可。当基础底面全部落在 45°冲切破坏锥体底边以内时，基础视为刚性，无须进行冲切验算。

B　受剪切承载力验算

当基础底面短边尺寸小于或等于柱宽加两倍基础有效高度（即 $b \leqslant b_c + 2h_0$）时，基础的受力状态接近于单向受力，柱与基础交接处不存在受冲切的问题，仅需要对基础进行斜截面受剪承载力验算，即：

$$V_s \leqslant 0.7 \beta_{\mathrm{hs}} f_t A_0 \qquad (3\text{-}24)$$

$$\beta_{hs} = \left(\frac{800}{h_0}\right)^{\frac{1}{4}} \qquad (3-25)$$

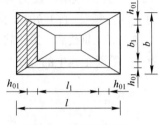

式中，V_s 为相应于荷载效应基本组合时，柱与基础交接处的剪力设计值；β_{hs} 为受剪切承载力截面高度影响系数，当 $h_0 < 800\text{mm}$ 时，取 $h_0 = 800\text{mm}$，当 $h_0 > 2000\text{mm}$ 时，取 $h_0 = 2000\text{mm}$；A_0 为验算截面处基础的有效面积。

对于阶梯形基础，除应对柱边进行受剪切承载力验算外，还应对变阶处进行受剪切承载力验算。

设计时，一般先根据构造要求假定基础高度 h，然后判断冲切破坏锥体的底边是落在基础截面以内还是以外，再代入式(3-21)进行验算。如果不满足要求，应调整基础高度，直至满足要求为止。

当基础的混凝土强度等级小于柱的混凝土强度等级时，应验算柱下基础顶面的局部受压承载力。

图 3-14 阶梯形基础
冲切验算示意图

3.2.3.4 基础底板配筋

在地基净反力作用下，基础底板将沿柱的周边向上弯曲，故两个方向均需要配筋。实践证明，当发生弯曲破坏时，裂缝将沿柱角至基础角将底板分成四块梯形板，因此基础底板可视为四块固定在柱边的梯形悬臂板。配筋计算时，沿基础长宽方向的弯矩等于梯形面积上地基净反力对计算截面产生的弯矩，计算截面一般取在柱边和变阶处，如图 3-15 所示。

对于矩形基础，当台阶的宽高比小于或等于 2.5 和偏心距小于或等于 $\frac{1}{6}$ 基础宽度时，任意截面的弯矩可按下列公式计算。

A 轴心荷载作用下

如图 3-15 所示，在轴心荷载作用下，柱边截面 I—I、II—II 以及变阶处的截面 III—III 和 IV—IV 都是抗弯的危险截面，应配有足够的钢筋。

(1) I—I 截面。地基净反力对柱边 I—I 截面产生的弯矩的计算公式为：

$$M_I = \frac{1}{24} p_j (2b + b_c)(l - l_c)^2 \qquad (3-26)$$

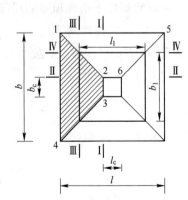

式中，M_I 为柱边截面 I—I 处相应于荷载效应基本组合时的弯矩设计值，即图 3-15 中梯形 1234 面积的地基净反力对 I—I 截面产生的弯矩。

垂直于 I—I 截面（平行于 l 方向）的底板受力钢筋的面积的计算公式为：

图 3-15 轴心荷载作用下矩形
基础底板计算示意图

$$A_{sI} = \frac{M_I}{0.9 f_y h_0} \qquad (3-27)$$

(2) Ⅱ—Ⅱ截面。地基净反力对柱边Ⅱ—Ⅱ截面产生的弯矩和配筋的计算公式分别为：

$$M_{\text{Ⅱ}} = \frac{1}{24}p_j(2l + l_c)(b - b_c)^2 \qquad (3-28)$$

$$A_{s\text{Ⅱ}} = \frac{M_{\text{Ⅱ}}}{0.9f_y(h_0 - d)} \qquad (3-29)$$

式中，$M_{\text{Ⅱ}}$为柱边截面Ⅱ—Ⅱ处相应于荷载效应基本组合时的弯矩设计值，即图3-15中梯形1265面积的地基净反力对Ⅱ—Ⅱ截面产生的弯矩；$A_{s\text{Ⅱ}}$为垂直于Ⅱ—Ⅱ截面（平行于b方向）的底板受力钢筋的面积；d为下层钢筋的直径（平行于l方向钢筋）。

(3) Ⅲ—Ⅲ截面。采用式(3-26)和式(3-27)进行变阶处Ⅲ—Ⅲ截面的弯矩和配筋计算。计算时，需要把式中的l_c和b_c分别用上阶的l_1和b_1代替，把h_0换成下阶的有效高度h_{01}，即：

$$M_{\text{Ⅲ}} = \frac{1}{24}p_j(2b + b_1)(l - l_1)^2 \qquad (3-30)$$

$$A_{s\text{Ⅲ}} = \frac{M_{\text{Ⅲ}}}{0.9f_y h_{01}} \qquad (3-31)$$

(4) Ⅳ—Ⅳ截面。采用式(3-28)和式(3-29)进行变阶处Ⅳ—Ⅳ截面的弯矩和配筋计算。计算方法同上，即：

$$M_{\text{Ⅳ}} = \frac{1}{24}p_j(b - b_1)^2(2l + l_1) \qquad (3-32)$$

$$A_{s\text{Ⅳ}} = \frac{M_{\text{Ⅳ}}}{0.9f_y(h_{01} - d)} \qquad (3-33)$$

按$A_{s\text{Ⅰ}}$和$A_{s\text{Ⅲ}}$中大值配置平行于l边方向的钢筋，放置在下层；按$A_{s\text{Ⅱ}}$和$A_{s\text{Ⅳ}}$中大值配置平行于b边方向的钢筋，放置在上排。当基底和柱截面均为正方形时，这时$M_{\text{Ⅰ}} = M_{\text{Ⅲ}}$，$M_{\text{Ⅱ}} = M_{\text{Ⅳ}}$，只需计算一个方向即可。当基础的混凝土强度等级小于柱的混凝土强度等级时，尚应验算柱下基础顶面的局部受压承载力。

B 偏心荷载作用下

在沿l方向单向偏心荷载作用下，底板的弯矩可按下列简化方法计算，如图3-16所示。

(1) Ⅰ—Ⅰ截面处：

$$M_{\text{Ⅰ}} = \frac{1}{48}\left[(p_{j\max} + p_{j\text{Ⅰ}})(2b + b_c) + (p_{j\max} - p_{j\text{Ⅰ}})b\right](l - l_c)^2 \qquad (3-34)$$

(2) Ⅱ—Ⅱ截面处：

$$M_{\text{Ⅱ}} = \frac{1}{24}p_j(2l + l_c)(b - b_c)^2 \qquad (3-35)$$

(3) Ⅲ—Ⅲ截面处：

$$M_{\text{Ⅲ}} = \frac{1}{48}\left[(p_{j\max} + p_{j\text{Ⅲ}})(2b + b_1) + (p_{j\max} - p_{j\text{Ⅲ}})b\right](l - l_1)^2 \qquad (3-36)$$

(4) Ⅳ—Ⅳ截面处：

$$M_{\text{Ⅳ}} = \frac{1}{24}p_j(b - b_1)^2(2l + l_1) \qquad (3-37)$$

钢筋面积计算同上。

式中，p_{jI} 为相应于荷载效应基本组合时在截面 I—I 处的基础底面地基净反力值；$p_{j III}$ 为相应于荷载效应基本组合时在截面 III—III 处的基础底面地基净反力值。

当柱下独立基础底面长短边之比 ω 在大于或等于 2、小于或等于 3 的范围时，基础底板短向钢筋应按下述方法布置：将短向全部钢筋面积乘以 $\left(1-\dfrac{\omega}{6}\right)$ 后求得的钢筋，均匀分布在柱中心线重合的宽度等于基础短边的中间带宽范围内，其余的短向钢筋则均匀分布在中间带宽的两侧。长向配筋应均匀分布在基础全宽范围内。

【例 3-3】 设计图 3-17 所示的柱下独立基础。已知相应于作用的基本组合时的柱荷载 $F = 700\text{kN}$，$M = 87.8\text{kN} \cdot \text{m}$，柱截面尺寸为 $300\text{mm} \times 400\text{mm}$，基础截面尺寸为 $1.6\text{m} \times 2.4\text{m}$。

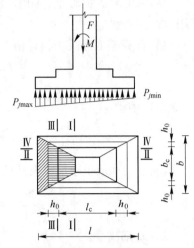

图 3-16 偏心荷载作用下矩形基础底板计算示意图

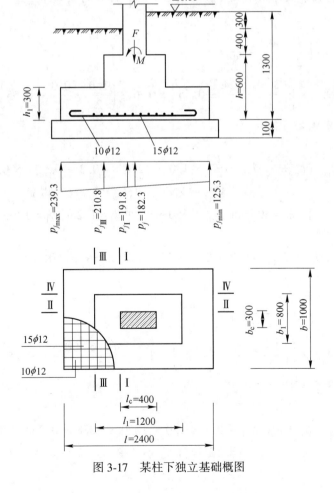

图 3-17 某柱下独立基础概图

解　采用 C25 混凝土，HPB300 级钢筋，查得 $f_t = 1.27\text{N/mm}^2$，$f_y = 270\text{N/mm}^2$。垫层采用 C20 混凝土。

（1）计算基底净反力设计值：

$$p_j = \frac{F}{bl} = \frac{700}{1.6 \times 2.4} = 182.3(\text{kPa})$$

净偏心距为：

$$e_0 = \frac{M}{F} = \frac{87.9}{700} = 0.125(\text{m})$$

基底最大和最小净反力设计值为：

$$\left.\begin{array}{c} p_{j\max} \\ p_{j\min} \end{array}\right\} = \frac{F}{bl}\left(1 \pm \frac{6e_0}{l}\right) = 182.3 \times \left(1 \pm \frac{6 \times 0.125}{2.4}\right) = \begin{array}{c} 239.3(\text{kPa}) \\ 125.3(\text{kPa}) \end{array}$$

（2）基础高度。

1）柱边截面：取 $h = 600\text{mm}$，$h_0 = 600 - 40 - 10 = 550(\text{mm})$（取两个方向的有效高度平均值），则：

$$b_c + 2h_0 = 0.3 + 2 \times 0.55 = 1.4(\text{m}) < b = 1.6(\text{m})$$

应按式（3-21）验算受冲切承载力。因偏心受压，计算时 p_j 取 $p_{j\max}$。

该式左边为：

$$p_{j\max}\left[\left(\frac{l}{2} - \frac{a_c}{2} - h_0\right)b - \left(\frac{b}{2} - \frac{b_c}{2} - h_0\right)^2\right]$$

$$= 239.3 \times \left[\left(\frac{2.4}{2} - \frac{0.4}{2} - 0.55\right) \times 1.6 - \left(\frac{1.6}{2} - \frac{0.3}{2} - 0.55\right)^2\right]$$

$$= 169.9(\text{kN})$$

该式右边为：

$$0.7\beta_{hp}f_t(b_c + h_0)h_0 = 0.7 \times 1.0 \times 1270 \times (0.3 + 0.55) \times 0.55$$

$$= 415.6(\text{kN}) > 169.9(\text{kN})（可以）$$

基础分两级，下阶 $h_1 = 300\text{mm}$，$h_{01} = 250\text{mm}$，取 $l_1 = 1.2\text{m}$，$b_1 = 0.8\text{m}$。

2）变阶处截面：

$$b_1 + 2h_{01} = 0.8 + 2 \times 0.25 = 1.3(\text{m}) < 1.60(\text{m})$$

冲切力为：

$$p_{j\max}\left[\left(\frac{l}{2} - \frac{l_1}{2} - h_{01}\right)b - \left(\frac{b}{2} - \frac{b_1}{2} - h_{01}\right)^2\right]$$

$$= 239.3 \times \left[\left(\frac{2.4}{2} - \frac{1.2}{2} - 0.25\right) \times 1.6 - \left(\frac{1.6}{2} - \frac{0.8}{2} - 0.25\right)^2\right]$$

$$= 128.6(\text{kN})$$

抗冲切力为：

$$0.7\beta_{hp}f_t(b_1 + h_{01})h_{01} = 0.7 \times 1.0 \times 1270 \times (0.8 + 0.25) \times 0.25$$

$$= 233.4(\text{kN}) > 128.6(\text{kN})$$

符合要求。

（3）配筋计算。计算基础长边方向的弯矩设计值，取 I—I 截面（见图3-6）：

$$p_{j\mathrm{I}} = p_{j\min} + \frac{l + a_c}{2l}(p_{j\max} - p_{j\min})$$

$$= 125.3 + \frac{2.4 + 0.4}{2 \times 2.4} \times (239.3 - 125.3) = 191.8(\mathrm{kPa})$$

$$M_{\mathrm{I}} = \frac{1}{48}\big[(p_{j\max} + p_{j\mathrm{I}})(2b + b_c) + (p_{j\max} - p_{j\mathrm{I}})b\big](l - a_c)^2$$

$$= \frac{1}{48} \times \big[(239.3 + 191.8) \times (2 \times 1.6 + 0.3) + (239.3 - 191.8) \times 1.6\big] \times (2.4 - 0.4)^2$$

$$= 132.1(\mathrm{kN \cdot m})$$

$$h_0 = 600 - 40 - 5 = 555(\mathrm{mm})$$

$$A_{s\mathrm{I}} = \frac{M_{\mathrm{I}}}{0.9 f_y h_0} = \frac{132.1 \times 10^6}{0.9 \times 270 \times 555} = 979(\mathrm{mm}^2)$$

Ⅲ—Ⅲ 截面：

$$p_{j\mathrm{Ⅲ}} = 125.3 + \frac{2.4 + 1.2}{2 \times 2.4} \times (239.3 - 125.3) = 210.8(\mathrm{kPa})$$

$$M_{\mathrm{Ⅲ}} = \frac{1}{48}\big[(p_{j\max} + p_{j\mathrm{Ⅲ}})(2b + b_1) + (p_{j\max} - p_{j\mathrm{Ⅲ}})b\big](l - l_1)^2$$

$$= \frac{1}{48} \times \big[(239.3 + 210.8) \times (2 \times 1.6 + 0.8) + (239.3 - 210.8) \times 1.6\big] \times (2.4 - 1.2)^2$$

$$= 55.4(\mathrm{kN \cdot m})$$

$$A_{s\mathrm{Ⅲ}} = \frac{M_{\mathrm{Ⅲ}}}{0.9 f_y h_{01}} = \frac{55.4 \times 10^6}{0.9 \times 270 \times 255} = 894(\mathrm{mm}^2)$$

比较 $A_{s\mathrm{I}}$ 和 $A_{s\mathrm{Ⅲ}}$ 及最小配筋率要求，应按最小配筋率配筋，现于 1.6m 宽度范围内配 $10\phi12$，$A_s = 1131(\mathrm{mm}^2) > (1600 \times 300 + 800 \times 300) \times 0.15\% = 1080(\mathrm{mm}^2)$，满足要求。

计算基础短边方向的弯矩，取 Ⅱ—Ⅱ 截面。前已算得 $p_j = 182.3\mathrm{kPa}$，按式(3-34)~式 (3-37)，得：

$$M_{\mathrm{Ⅱ}} = \frac{1}{24} p_j (b - b_c)^2 (2l + a_c)$$

$$= \frac{1}{24} \times 182.3 \times (1.6 - 0.3)^2 \times (2 \times 2.4 + 0.4)$$

$$= 66.8(\mathrm{kN \cdot m})$$

$$A_{s\mathrm{Ⅱ}} = \frac{M_{\mathrm{Ⅱ}}}{0.9 f_y h_0} = \frac{66.8 \times 10^6}{0.9 \times 270 \times (555 - 12)} = 506(\mathrm{mm}^2)$$

Ⅳ—Ⅳ 截面：

$$M_{\mathrm{Ⅳ}} = \frac{1}{24} p_j (b - b_1)^2 (2l + l_1)$$

$$= \frac{1}{24} \times 182.3 \times (1.6 - 0.8)^2 \times (2 \times 2.4 + 1.2)$$

$$= 29.2(\mathrm{kN \cdot m})$$

$$A_{sIV} = \frac{M_{IV}}{0.9 f_y h_{01}} = \frac{29.2 \times 10^6}{0.9 \times 270 \times (255 - 12)} = 495 (mm^2)$$

按最小配筋率要求配 15ϕ12, A_s = 1696(mm^2) > (2400 × 300 + 1200 × 300) × 0.15% = 1620(mm^2), 满足要求。基础配筋如图 3-17 所示。

★ 思政课堂

冲切破坏的认识与辩证唯物主义的认识论

柱下独立基础的冲切破坏现象是人们在实践中发现的。尽管对冲切破坏已有大量的研究，目前对冲切破坏的机理认识还并不充分。各个国家对冲切破坏的规范要求，各个公式中的影响因素也不尽相同，尤其我国规范对边节点和角节点考虑更多的是经验性的。

混凝土的强度作为主要影响参数，中国规范取的是混凝土的抗拉强度，美国和欧洲规范取的是混凝土的抗压强度，同时关于临界截面周长的取值方法也存在明显差异。我国规范理论计算值相比于美国规范和欧洲规范更接近试验值，国外规范对于极限承载力的设计方面偏于保守，边节点试验值与各国规范的比值平均为 0.57，角节点为 0.77。美国、欧洲等国外规范模式采用的是"整体破坏模式"，即其破坏面围绕柱子在空间上形成截头圆锥或棱锥体；而中国规范在冲切承载力验算时采用的是"局部破坏模式"，验算的是冲切锥最不利侧斜截面的冲切承载力。另外，日本《混凝土结构标准技术规范》（JGC 15）指出由于独立基础的受力行为接近于深梁，在剪切验算时，当地基反力的合力中心距离支座表面的距离 a 与基础有效高度 d 之比小于 2 时，应采用剪压承载力作为基础的受剪承载力；当 $\frac{a}{d} \geq 2$ 时，应采用线性构件的受剪承载力作为基础的受剪承载力。

各国对冲切破坏不同规范要求，反映了对冲切破坏的不同认识，这也体现了实践基础上的不断认识发展，从相对真理到绝对真理的过程。辩证唯物主义的认识论认为，认识是在实践基础上不断发展的辩证过程，是从不知到知、从知之不多到知之较多、从知之不深到知之较深的过程，是从相对真理到绝对真理的过程。真理是不可穷尽的，真理是同谬误相比较而存在、相斗争而发展的。人们在认识和改造世界的过程中，通过实践而发现真理，又通过实践而证实真理和发展真理。从感性认识而能动地发展到理性认识，又从理性认识而能动地指导实践，改造主观世界和客观世界。毛泽东主席曾指出："实践、认识、再实践、再认识，这种形式，循环往复以至无穷，而实践和认识之每一循环的内容，都比较地进到了高一级的程度。"

习　题

3-1　某办公楼外墙宽 360mm，上部结构传到地面处墙体上的荷载 F_k = 90kN/m，选用灰土基础，允许宽高比为 1 : 1.25，基础埋深 d = 1.5m，修正后地基承载力特征值 f_a = 96kPa。试设计此基础的高度。

3-2　如图 3-18 所示，某混凝土承重墙下条形基础，墙厚 0.4m，上部结构传来荷载 F_k = 290kN/m^2，M_k = 10.4kN·m，基础埋深 d = 1.2m，地基承载力特征值 f_a = 140kN/m^2。试设计该基础。

3-3　某柱下锥形基础的底面尺寸为 2200mm × 3000mm，上部结构荷载 F = 750kN，M = 110kN·m，柱截面尺寸为 400mm × 400mm。试确定基础高度，并计算基础配筋。

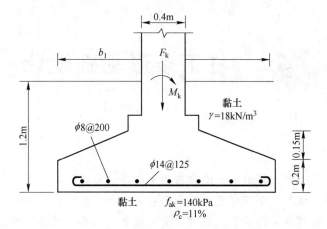

图 3-18　某承重墙下条形基础概图

4 柱下条形基础设计

学习导读

当地基较软弱、承载力较低或可能存在较大的不均匀沉降时，独立基础不满足设计要求时应该怎么办呢？这时柱下可考虑选用条形基础。柱下条形基础是框架或排架结构常用的一种基础类型，它可以单向设置，也可以交叉设置。此类基础具有较大的刚度，可以调整不均匀沉降。单向条形基础一般沿建筑物纵轴线布置。当单向条形基础不能满足地基承载力或变形要求时，可采用交叉条形基础。

本章主要介绍地基计算模型、柱下钢筋混凝土条形基础（reinforced concrete strip foundation under columns）和交叉条形基础（crossed strip foundation）的设计计算方法。通过本章学习，可以了解文克勒地基模型及弹性地基梁法；熟悉条形基础的构造要求；学会应用静定分析法及倒梁法计算条形基础的内力；能进行交叉条形基础结点荷载分配；能看懂并能简单绘制条形基础施工图。

在学习中思考：条形基础设计如何选择合适的计算模型？

4.1 地基基础与上部结构共同作用的概念

地基基础与上部结构
共同作用的概念

常规建筑工程设计是把上部结构、基础和地基三者分开（见2.2节），考虑共同作用，以静力平衡为基本条件进行简化设计。这种简化方法在建筑物荷载与刚度不大、基础尺寸较小、基础沉降较小或地基变形很小的情况下比较接近实际。然而对于柱下条形基础、筏形基础、箱形基础，体型大、埋置较深、承受很大荷载。如果不考虑上部结构对基础的约束，会过高估计基础的纵向弯曲，使弯矩计算偏大配筋过多偏于保守；如果不考虑地基变形对上部结构和基础的影响，可能导致某些部位计算内力与实际相比偏小，造成设计不安全。因此，设计此类基础时，上部结构、基础与地基三者之间不但要满足静力平衡条件，还要满足变形协调条件，以符合接触点应力与变形的连续性，反映共同作用的机理。

地基基础与上部结构共同作用是指把地基、基础和上部结构作为一个整体考虑，并满足三者连接部位的变形协调条件，达到静力平衡。分析地基基础时，要考虑上部结构刚度的贡献；分析上部结构时，要考虑地基基础对上部结构的影响。解答相互作用理论的核心是弄清三者各自的刚度对相互作用的影响；共同作用理论的关键问题是基础与地基接触面的反力计算。

实际上，按地基、基础和上部结构共同作用的原则进行整体的相互作用分析是非常复杂的。虽然通过大量的工程设计实践取得了丰富经验，也总结出很多设计原理与方法，但实际情况复杂，牵涉的影响因素很多，尤其是地基是很复杂的材料，难以建立理想的地基模型。共同作用的概念虽然清晰，但难以准确地表达与计算。为了解决实际的设计问题，难免要做些理论上的假设、方法的简化、对参数的适当选择与修正，但考虑共同作用的分析计算结果与实测资料的对比，往往存在不同程度的差异，有时差别还较大，说明理论分析计算方法尚有待进一步完善。因此，在设计中有许多设计人员提出"构造为主、计算为辅"的原则，即根据实际工程提供的经验与方法设计基础的结构与构造，再辅以各类理论计算作校核，也是一种有效地解决问题的途径。

条形基础的受力和变形与基础刚度、荷载分布、地基土的性质以及上部结构的刚度等因素有关，因此在基础设计中，常根据不同的情况和需要，对某些因素做适当简化，以利于分析计算。归纳起来，条形基础的内力计算方法大致可分为三类：考虑地基、基础与上部结构共同作用的计算方法；忽略上部结构影响，仅考虑地基与基础相互作用的弹性地基梁法；不考虑共同作用，以静力平衡为基本条件的简化计算法。

以上分析方法是与建立更完善的地基计算模型、改进分析共同作用问题等相配套发展的。本章将重点介绍地基计算模型、条形基础的构造要求及弹性地基梁法和简化计算法等。

4.2 弹性地基梁法计算理论

基础设计的难点是如何描述地基对基础作用的反应，即确定地基反力与地基变形的关系，这就需要能较好地反映地基特性。目前这类地基计算模型很多，依其对地基土变形特性的描述可分为线性弹性地基模型、非线性弹性地基模型和弹塑性地基模型。本节简要介绍的线性弹性地基模型中的弹性地基梁法。计算弹性地基梁内力的方法主要有基床系数法和半无限弹性体法等。

基床系数法是以文克勒地基模型为基础，假定地基是由许多互不联系的独立弹簧组成的。通过考虑变形协调条件，求解弹性地基梁的挠曲微分方程，进而求出基础梁的内力。

半无限弹性体法假定地基为半无限弹性体，柱下条形基础为放置在半无限弹性体表面上的梁。在荷载作用下，基础梁满足一般的挠曲微分方程。考虑基础与半无限弹性体变形协调及基础的边界条件，应用弹性理论求解挠曲微分方程，得到基础的位移和基底压力，进而求得基础梁的内力。由于该方法非常复杂，一般需要采用有限元等数值方法求解，所以工程设计中最常用的还是基床系数法。

4.2.1 地基计算模型

进行地基上梁和板的分析时，必须解决基底压力分布和地基沉降计算问题，这些问题都涉及土的应力与应变关系，表达这种关系的模式称为地基计算模型。由于土的应力-应变关系十分复杂，所以要找到一个能十分准确地模拟地基与基础相互作用时所表现的主要力学性状，又便于工程应用的模型，几乎是不可能的。事实上，无论哪一种模型都难以完全反映地基的实际工作性状，都具有一定的局限性，也都有各自较为苛刻的适用条件。下面介绍两个最简单的线性弹性地基计算模型。

4.2.1.1 文克勒地基模型

文克勒地基模型是捷克工程师文克勒（E. Winkler）在1867年提出的，其假定地基上任一点所受的压力强度 p 只与该点的沉降量 s 成正比，即：

$$p = ks \tag{4-1}$$

式中，k 为基床系数（或基床反力系数），表示产生单位沉降量所需要的压力强度，kN/m^3。

由文克勒地基模型假定可知，地基表面某点的沉降与其他点的压力无关，彼此相互独立。因此，可把连续的地基土划分成若干无侧面摩擦的相互独立的竖直土柱［见图 4-1（a）］，每条土柱用一根独立的弹簧来代替［见图 4-1（b）］。施加荷载时，每根弹簧所受的压力与该弹簧的变形成正比，与其他弹簧无关。这种模型的基底反力分布图与基底沉降形状相似。当基础刚度非常大时，受荷后不发生挠曲变形，基础底面仍保持为平面，则基底反力按直线分布［见图 4-1（c）］，这就是工程设计中常采用的基底反力简化算法所依据的计算图式。

文克勒地基模型没有考虑相邻土柱之间的摩阻力，即忽略了地基中的剪应力，只考虑正应力，因此基底压力在地基中不产生应力扩散，地基变形只限于基础底面范围之内，基底以外的地表不发生沉降。

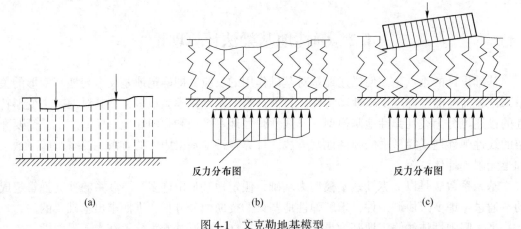

图 4-1 文克勒地基模型

（a）彼此独立的土柱体系；（b）柔软基础下的弹簧模型；（c）刚性基础下的弹簧模型

事实上，一般情况下，受荷载作用时地基中是存在剪应力的。因此，基底压力将在地基中产生应力扩散，基底附近一定范围内的地表也会发生沉降，由此可见，文克勒地基模型有它的局限性。尽管如此，该模型由于参数少、描述简单、便于应用，目前仍是浅基础设计中最常用的地基模型之一。

文克勒地基模型假定地基中不存在剪应力，这与水的性质相类似，所以一般认为，力学性质与水接近的地基土，采用文克勒模型比较合适。例如下列几种情况：

（1）接近流态的软弱土体（如淤泥、软黏土等），由于这类土的抗剪强度很低，能够承受的剪应力很小，并且地基土越软弱，采用该模型就越接近实际情况；

（2）在荷载作用下，基底下出现的塑性区相对较大时，采用文克勒地基模型也比较合适；

（3）厚度不超过基础底面宽度之半的薄压缩层地基也适于采用这类模型，因为这时地基中产生附加应力集中现象，剪应力很小。

4.2.1.2 弹性半空间地基模型

该模型假定地基是一个连续、均质、各向同性的半无限空间弹性体。当弹性半空间表面上作用一个竖向集中力 p 时，半空间表面上离竖向集中力作用点距离为 r 的 $M(x, y)$ 点处的沉降量 s（见图 4-2）的布辛奈斯克（Boussinesq）解为：

$$s = \frac{p(1 - \mu^2)}{\pi E_0 r} \tag{4-2}$$

式中，E_0 为地基土的变形模量；μ 为地基土的泊松比；r 为地基表面任意点到竖向集中力作用点的距离，$r = \sqrt{x^2 + y^2}$。

这就是弹性半空间模型的理论依据。采用该地基计算模型时，地基上任意点的沉降与整个基底反力以及邻近荷载的分布有关。对于任意分布的荷载，可通过叠加原理求得。如图 4-3 所示，假定荷载作用面积 A 范围内任意点 $N(\xi, \eta)$ 处的分布荷载为 $p(\xi, \eta)$，把该点处微面积 $d\xi d\eta$ 上的分布荷载用集中力 $p(\xi, \eta) d\xi d\eta$ 代替，则 $N(\xi, \eta)$ 点相距为 $r = \sqrt{(x - \xi)^2 + (y - \eta)^2}$ 的点 $M(x, y)$ 的沉降量可由式（4-2）积分求得，即：

$$s(x, y) = \frac{1 - \mu^2}{\pi E_0} \iint\limits_{A} \frac{p(\xi, \eta) d\xi d\eta}{\sqrt{(x - \xi)^2 + (y - \eta)^2}} \tag{4-3}$$

事实上，上述积分并不容易求得，只对某些特殊情况可以有解析解，例如均布矩形荷载 P_0 作用下矩形面积中心点的沉降量，可以通过对上式直接积分求得，即：

$$s = \frac{2(1 - \mu^2)}{\pi E_0} \left[l\ln\frac{b + \sqrt{l^2 + b^2}}{l} + b\ln\frac{l + \sqrt{l^2 + b^2}}{b} \right] p_0 \tag{4-4}$$

式中，l、b 分别为矩形荷载面的长度和宽度。

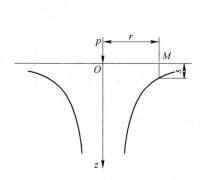

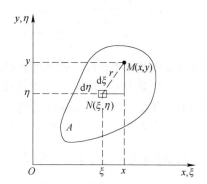

图 4-2 集中荷载作用下的地表沉降　　　图 4-3 任意荷载作用下的地表沉降

一般情况下，该积分只能通过数值方法求得近似解。具体表述如下：设地基表面 $Oacd$ 范围内作用着任意分布的荷载，把基底平面划成 n 个矩形网格（见图 4-4），作用于各网格面积（f_1, f_2, $\cdots$, f_n）上的基底压力（p_1, p_2, $\cdots$, p_n）可以近似地认为是均布的。作用于网格 j 上的均布荷载用网格中点的集中力 $R_j = p_j f_j$ 代替（称为集中基底压力），则由式（4-2）可知，网格 j 上的荷载在网格 i 的中点所产生沉降 s_{ij} 为：

$$s_{ij} = \frac{1 - \mu^2}{\pi E_0} \frac{R_j}{\sqrt{(x_i - x_j)^2 + (y_i - y_j)^2}} = \delta_{ij} R_j \tag{4-5}$$

式中，δ_{ij} 为沉降系数，即单位集中基底压力 $R_j = 1$
所引起的沉降量。

　　根据叠加原理，网格中点的沉降应为所有个
网格上的基底压力分别引起的沉降之和，即：

$$s_i = \delta_{i1}R_1 + \delta_{i2}R_2 + \cdots + \delta_{in}R_n$$

$$= \sum_{j=1}^{n} \delta_{ij}R_j (i = 1,\ 2,\ \cdots,\ n) \quad (4\text{-}6)$$

对于整个地基表面，可用矩阵形式表示为：

$$\begin{Bmatrix} s_1 \\ s_2 \\ \vdots \\ s_n \end{Bmatrix} = \begin{pmatrix} \delta_{11} & \delta_{12} & \cdots & \delta_{1n} \\ \delta_{21} & \delta_{22} & \cdots & \delta_{2n} \\ \vdots & \vdots & \ddots & \vdots \\ \delta_{n1} & \delta_{n2} & \cdots & \delta_{nn} \end{pmatrix} \begin{Bmatrix} R_1 \\ R_2 \\ \vdots \\ R_n \end{Bmatrix} \quad (4\text{-}7)$$

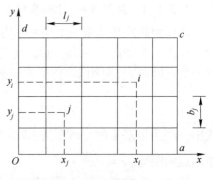

图 4-4　基底网格划分

或简写为：

$$\{s\} = \boldsymbol{\delta}\{\boldsymbol{R}\} \quad (4\text{-}8)$$

式中，$\boldsymbol{\delta}$ 为地基柔度矩阵。

　　为了简化计算，对于沉降系数 δ_{ij}：当 $i \neq j$ 时，可近似地按作用于 j 点上的单位集中
基底压力 $R_j = 1$ 以式(4-2) 计算；当 $i=j$ 时，按作用于网格 j 上的均布荷载 $p_j = \dfrac{1}{f_j}$ 以式(4-
4)计算，即：

$$\delta_{ij} = \frac{1-\mu^2}{\pi E_0} \begin{cases} 2\left(\dfrac{1}{b_j}\ln\dfrac{b_j + \sqrt{l_j^2 + b_j^2}}{l_j} + \dfrac{1}{l_j}\ln\dfrac{l_j + \sqrt{l_j^2 + b_j^2}}{b_j} \right),\ i = j \\[3mm] \dfrac{1}{\sqrt{(x_i - x_j)^2 + (y_i - y_j)^2}},\ \qquad\qquad i \neq j \end{cases} \quad (4\text{-}9)$$

　　与文克勒地基模型相比，弹性半空间地基模型考虑了邻近荷载的影响、反映了地基中的
应力扩散，更接近于实际情况，但是它的扩散能力又显得太强，往往超过地基的实际情况，
所以求得的沉降量和地表的沉降范围偏大。同时，该模型未能考虑实际地基的成层性、非均
质性以及土体应力应变关系的非线性等重要因素，因此对很厚的均质地基较为适合。

4.2.2　弹性地基梁法的基本条件和分析方法

　　采用弹性地基梁法计算条形基础的内力时，地基计算模型的选用是关键。应根据所分
析问题的实际情况选择合适的地基模型，并且都必须满足以下两个基本条件。

　　(1) 静力平衡条件。基础在外荷载和基底反力作用下必须满足静力平衡条件，即：

$$\begin{cases} \sum F = 0 \\ \sum M = 0 \end{cases} \quad (4\text{-}10)$$

式中，$\sum F$ 为作用在基础上的竖向外荷载和基底反力之和；$\sum M$ 为外荷载和基底反力对
基础任一点的力矩之和。

　　(2) 变形协调条件。在荷载作用下，地基与基础共同协调变形，计算前与地基接触
的基础底面，始终保持接触状态，不得出现脱开现象，即基础底面任一点的挠度 w_i 应等

于该点的地基沉降量 s_i，即：

$$w_i = s_i \tag{4-11}$$

基于以上两个基本条件，结合所选用的地基计算模型，便可列出解答问题所需的微分方程，然后根据边界条件求得微分方程的解。事实上，只有在简单的情况下才能获得微分方程的解析解，一般情况下，只能求得近似的数值解。

4.2.3 基床系数法

4.2.3.1 微分方程

如图 4-5(a)所示，将条形基础视为放置在文克勒地基上的基础梁。基础梁宽为 b，受基底反力 p 和分布荷载 q 的作用。由材料力学可知，梁的挠曲微分方程式为：

$$EI \frac{\mathrm{d}^2 w}{\mathrm{d}x^2} = -M \tag{4-12}$$

式中，w 为梁的挠度；E 为梁材料的弹性模量；I 为梁的截面惯性矩；M 为弯矩。

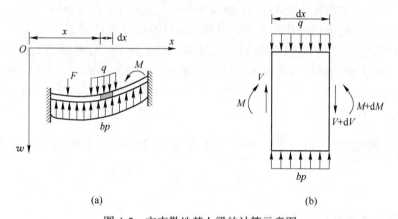

(a)   (b)

图 4-5 文克勒地基上梁的计算示意图

(a) 基础梁的受荷与挠曲；(b) 梁单元受力分析

根据梁的微单元 [见图 4-5(b)] 的静力平衡条件 $\sum V = 0$，可得：

$$\frac{\mathrm{d}V}{\mathrm{d}x} = bp - q \tag{4-13}$$

再由静力平衡条件 $\sum M = 0$，并略去二阶微量，得：

$$\frac{\mathrm{d}M}{\mathrm{d}x} = V \tag{4-14}$$

式(4-12)两边对 x 两次求导，式(4-14)两边对 x 求导，并联立式(4-13)，得：

$$EI \frac{\mathrm{d}^4 w}{\mathrm{d}x^4} = -\frac{\mathrm{d}^2 w}{\mathrm{d}x^2} = -\frac{\mathrm{d}V}{\mathrm{d}x} = -bp + q \tag{4-15}$$

根据文克勒地基模型将式(4-1) （即 $p = ks$） 以及变形协调条件（地基沉降等于梁的挠度）式(4-11) （即 $s = w$） 代入式(4-15)，得：

$$EI \frac{\mathrm{d}^4 w}{\mathrm{d}x^4} = -bkw + q \tag{4-16}$$

式(4-16)为文克勒地基上梁的挠曲微分方程。

对于分布荷载 $q=0$ 的梁段，式(4-16)可写为：

$$\frac{\mathrm{d}^4 w}{\mathrm{d} x^4} + \frac{kb}{EI} w = 0 \tag{4-17}$$

若令 $\lambda = \sqrt[4]{\dfrac{kb}{4EI}}$ ，将其代入式(4-17)，得：

$$\frac{\mathrm{d}^4 w}{\mathrm{d} x^4} + 4\lambda^4 w = 0 \tag{4-18}$$

式中，λ 为弹性地基梁的柔度特征值（或柔度指标），$\dfrac{1}{m}$，它反映了基础梁对地基相对刚度的大小。λ 值越小，基础梁对地基的相对刚度越大，$\dfrac{1}{\lambda}$ 称为特征长度。

式(4-18)是四阶常系数线性常微分方程，其通解为：

$$w = \mathrm{e}^{\lambda x}(c_1 \cos\lambda x + c_2 \sin\lambda x) + \mathrm{e}^{-\lambda x}(c_3 \cos\lambda x + c_4 \sin\lambda x) \tag{4-19}$$

式中，c_1、c_2、c_3、c_4 为待定积分常数，可根据荷载及边界条件确定。

λl（l 为基础长度）称为柔度指数，无量纲，它反映了文克勒地基上梁的相对刚柔程度。当 $\lambda l \to 0$ 时，梁的刚度为无限大，可视为刚性梁；当 $\lambda l \to \infty$ 时，梁相对较柔软，可视为柔性梁。因为刚度不同，在相同荷载作用下梁的挠曲变形和基底反力分布也不相同，所以在进行分析计算时，首先应区分梁的性质。一般根据 λl 的大小，将弹性地基梁划分为三类：短梁（刚性梁），$\lambda l \leqslant \dfrac{\pi}{4}$；长梁（柔性梁），$\lambda l \geqslant \pi$；有限长梁（有限刚性梁），$\dfrac{\pi}{4} < \lambda l < \pi$。

4.2.3.2　文克勒地基上无限长梁的解

A　竖向集中力作用下的解

图4-6(a)表示在无限长梁上作用一个竖向集中力 F_0，取 F_0 的作用点为坐标原点 O。因为沿长梁长度方向上各点距离加荷点越远其挠度越小，所以当 $x \to \infty$ 时，$w \to 0$。将其代入式(4-19)可得 $c_1 = c_2 = 0$，则式(4-19)可写为：

$$w = \mathrm{e}^{-\lambda x}(c_3 \cos\lambda x + c_4 \sin\lambda x) \tag{4-20}$$

由图4-6可知，在竖向集中力作用下，梁的挠曲曲线和弯矩关于原点对称分布，所以当 $x=0$ 时，挠曲曲线斜率为零，即：

$$\left. \frac{\mathrm{d} w}{\mathrm{d} x} \right|_{x=0} = 0$$

将其代入式(4-20)，得：

$$c_3 - c_4 = 0$$

令 $c_3 = c_4 = c$，则式(4-20)可改写成为：

$$w = \mathrm{e}^{-\lambda x} c(\cos\lambda x + \sin\lambda x) \tag{4-21}$$

在 O 点处取微小单元（即紧靠 F_0 作用点的左右两侧把梁切开）进行受力分析，可得

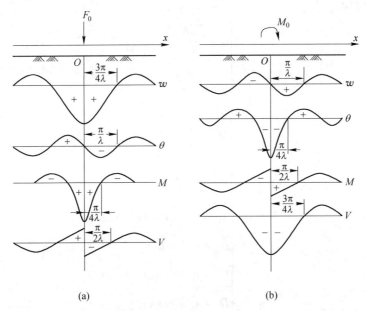

图 4-6 无限长梁的挠度、转角、弯矩、剪力分布图

（a）竖向集中力作用下；（b）集中力偶作用下

微单元左右两侧截面上的剪力均等于 $\dfrac{F_0}{2}$，且指向上方，即：

$$V_{右} = \frac{-F_0}{2}, \quad V_{左} = \frac{-F_0}{2}$$

由材料力学公式可得：

$$V_{右} = \frac{\mathrm{d}M}{\mathrm{d}x} = -EI \frac{\mathrm{d}^3 w}{\mathrm{d}x^3} \bigg|_{x=0} = -\frac{F_0}{2} \tag{4-22}$$

联立式（4-21）和式（4-22），得：

$$c = \frac{F_0 \lambda}{2kb}$$

将其代入式（4-21）可得到竖向集中力作用下无限长梁的挠曲计算公式，即：

$$w = \frac{F_0 \lambda}{2kb} \mathrm{e}^{-\lambda x}(\cos\lambda x + \sin\lambda x) \tag{4-23}$$

将式（4-23）分别对 x 求一阶、二阶和三阶导数，就可以得到不同梁截面的转角 θ、弯矩 M 和剪力 V［见图 4-6(a)］，其计算公式分别为：

$$\theta = \frac{\mathrm{d}w}{\mathrm{d}x}$$

$$M = -EI \frac{\mathrm{d}^2 w}{\mathrm{d}x^2}$$

$$V = -EI \frac{\mathrm{d}^3 w}{\mathrm{d}x^3}$$

将所得公式归纳，得：

$$
\begin{cases}
w = \dfrac{F_0 \lambda}{2kb} A_x \\[2mm]
\theta = -\dfrac{F_0 \lambda^2}{kb} B_x \\[2mm]
M = \dfrac{F_0}{4\lambda} C_x \\[2mm]
V = -\dfrac{F_0}{2} D_x
\end{cases}
\tag{4-24}
$$

$$
\begin{cases}
A_x = \mathrm{e}^{-\lambda x}(\cos\lambda x + \sin\lambda x) \\[2mm]
B_x = \mathrm{e}^{-\lambda x}\sin\lambda x \\[2mm]
C_x = \mathrm{e}^{-\lambda x}(\cos\lambda x - \sin\lambda x) \\[2mm]
D_x = \mathrm{e}^{-\lambda x}\cos\lambda x
\end{cases}
\tag{4-25}
$$

以上四个系数都是 λx 的函数，其值也可由表 4-1 查得。由于式(4-24)是针对梁的右半部 $(x > 0)$ 得出的，对于梁的左半部 $(x < 0)$ 可利用对称关系求得，其中 w 和 M 关于原点对称所以正负号不变，θ 和 V 反对称应取相反的符号。基底反力按 $p = kw$ 计算。

B　集中力偶作用下的解

如图 4-6(b)所示，无限长梁上作用一个顺时针方向的集中力偶 M_0，同上取 M_0 作用点为坐标原点。当 $x \to \infty$ 时，$w \to 0$，由式(4-19)可得：

$$c_1 = c_2 = 0$$

由于在集中力偶作用下，θ 和 V 关于原点 O 对称而 w 和 M 反对称，所以当 $x = 0$ 时，$w = 0$，从而得到：

$$c_3 = 0$$

同上，在点 O 处取微小单元进行受力分析，得：

$$M_{右} = \frac{M_0}{2}$$

即：

$$
M = -EI \frac{\mathrm{d}^2 w}{\mathrm{d}x^2}\bigg|_{x=0} = \frac{M_0}{2}
\tag{4-26}
$$

由此可得：

$$c_4 = \frac{M_0 \lambda^2}{kb}$$

从而得到集中力偶作用下无限长梁的挠曲计算公式为：

$$
w = \frac{M_0 \lambda^2}{kb} \mathrm{e}^{-\lambda x}\sin\lambda x
\tag{4-27}
$$

将式(4-27)分别对 x 求一阶、二阶和三阶导数，得：

$$
\begin{cases}
w = \dfrac{M_0 \lambda^2}{kb} B_x \\[2mm]
\theta = \dfrac{M_0 \lambda^3}{kb} C_x \\[2mm]
M = \dfrac{M_0}{2} D_x \\[2mm]
V = -\dfrac{M_0 \lambda}{2} A_x
\end{cases}
\tag{4-28}
$$

式中，系数 A_x、B_x、C_x 和 D_x 与式(4-24)相同。

式(4-27)是针对梁的右半部 ($x > 0$) 得出的；对于梁的左半部 ($x < 0$)，同样可利用对称关系求得，其中 θ 和 V 的符号不变，w 和 M 符号相反。w、θ、M、V 的分布如图 4-6 (b) 所示。

若无限长梁受若干个集中荷载作用，可分别以各荷载的作用点为原点，按式(4-24)或式(4-28)计算出各荷载单独作用时在计算截面处产生的 w、θ、M、V，然后叠加得到共同作用下的总效应。例如图 4-7 所示的无限长梁上 A、B、C 三点的四个荷载 F_a、M_a、F_b、M_c 在截面 D 引起的弯矩 M_d 和剪力 V_d 分别为：

$$
\begin{cases}
M_d = \dfrac{F_a}{4\lambda} C_a + \dfrac{M_a}{2} D_a + \dfrac{F_b}{4\lambda} C_b - \dfrac{M_c}{2} D_c \\[2mm]
V = -\dfrac{F_a}{2} D_a - \dfrac{M_a \lambda}{2} A_a + \dfrac{F_b}{2} D_b - \dfrac{M_c \lambda}{2} A_c
\end{cases}
\tag{4-29}
$$

式中，系数 A_a、C_b、D_c 等的脚标表示其所对应的 λ_x 值分别为 λ_a、λ_b、λ_c。

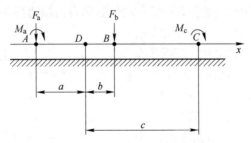

图 4-7 若干个集中荷载作用下的无限长梁

4.2.3.3 文克勒地基上半无限长梁的解

半无限长梁是指基础梁一端为有限梁端，另一端无限长，或集中荷载作用点距离梁的一端较近 ($x < \pi\lambda$)，而距离另一端很远 ($x \geqslant \pi\lambda$)，如边柱荷载作用下的条形基础即属于此类。

对于半无限长梁，可将坐标原点取在受力端（见图 4-8），此时的边界条件为：$x \to \infty$ 时，$w \to 0$；$x = 0$ 时，$M = M_0$ 或 $V = -F_0$。从而可推出：

图 4-8　集中荷载作用下的半无限长梁

$$\begin{cases} c_1 = c_2 = 0 \\[2mm] c_3 = \dfrac{2\lambda}{kb}F_0 - \dfrac{2\lambda^2}{kb}M_0 \\[2mm] c_4 = \dfrac{2\lambda^2}{kb}M_0 \end{cases} \tag{4-30}$$

由此得到：

$$\begin{cases} w = \dfrac{\lambda}{kb}(2F_0 D_x - M_0\lambda C_x) \\[3mm] \theta = -\dfrac{2\lambda^2}{kb}(F_0 A_x - 2M_0\lambda D_x) \\[3mm] M = -\dfrac{1}{\lambda}(F_0 B_x - M_0\lambda A_x) \\[3mm] V = -(F_0 C_x + 2M_0\lambda B_x) \end{cases} \tag{4-31}$$

4.2.3.4　文克勒地基上有限长梁的解

在实际工程中，真正的无限长梁或半无限长梁是没有的。对于有限长梁，可根据无限长梁的计算公式，利用叠加原理求得满足有限长梁两自由端边界条件的解。

将图 4-9 中的有限长梁（梁 1）用无限长梁（梁 2）来代替，则梁 2 在 A、B 两截面处有弯矩和剪力。为满足梁 1 两端是自由端不存在弯矩和剪力的边界条件，现在梁 2 紧靠 A、B 两截面的外侧各施加一对集中荷载 F_A、M_A 和 F_B、M_B，并要求梁 2 在两对附加荷载和已知荷载的共同作用下，A、B 两截面处的弯矩和剪力为零。

若外荷载 M、F 在梁 2 的 A、B 两截面产生的内力分别为 M_a、V_a 和 M_b、V_b，则附加荷载 F_A、M_A 和 F_B、M_B 在 A、B 两截面产生的弯

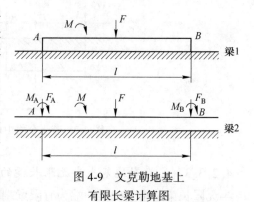

图 4-9　文克勒地基上
有限长梁计算图

矩和剪力应分别为 $-M_a$、$-V_a$ 和 $-M_b$、$-V_b$，这样就可以满足有限长梁的边界条件，就可以用无限长梁 2 代替有限长梁 1。下面的关键是如何求出 F_A、M_A 和 F_B、M_B。由式(4-24)和式(4-28)可得出方程组：

$$
\begin{cases}
\dfrac{F_A}{4\lambda} + \dfrac{F_B}{4\lambda}C_1 + \dfrac{M_A}{2} - \dfrac{M_B}{2}D_1 = -M_a \\[2mm]
-\dfrac{F_A}{2} + \dfrac{F_B}{2}D_1 - \dfrac{M_A\lambda}{2} - \dfrac{M_B\lambda}{2}A_1 = -V_a \\[2mm]
\dfrac{F_A}{4\lambda}C_1 + \dfrac{F_B}{4\lambda} + \dfrac{M_A}{2}D_1 - \dfrac{M_B}{2} = -M_b \\[2mm]
-\dfrac{F_A}{2}D_1 + \dfrac{F_B}{2} - \dfrac{M_A\lambda}{2}A_1 - \dfrac{M_B\lambda}{2} = -V_b
\end{cases}
\tag{4-32}
$$

解方程组(4-32),可得:

$$
\begin{cases}
F_A = (E_1 + F_1 D_1)V_a + \lambda(E_1 - F_1 A_1)M_a - (F_1 + E_1 D_1)V_b + \lambda(F_1 - E_1 A_1)M_b \\[2mm]
M_A = -(E_1 + F_1 C_1)\dfrac{V_a}{2\lambda} - (E_1 - F_1 D_1)M_a + (F_1 + E_1 C_1)\dfrac{V_b}{2\lambda} - (F_1 - E_1 D_1)M_b \\[2mm]
F_B = (F_1 + E_1 D_1)V_a + \lambda(F_1 - E_1 A_1)M_a - (E_1 + F_1 D_1)V_b + \lambda(E_1 - F_1 A_1)M_b \\[2mm]
M_B = (F_1 + E_1 C_1)\dfrac{V_a}{2\lambda} + (F_1 - E_1 D_1)M_a - (E_1 + F_1 C_1)\dfrac{V_b}{2\lambda} + \lambda(E_1 - F_1 D_1)M_b
\end{cases}
\tag{4-33}
$$

$$
E_1 = \frac{2e^{\lambda l}sh(\lambda l)}{sh^2(\lambda l) - \sin^2(\lambda l)}, \qquad F_1 = \frac{2e^{\lambda l}\sin(\lambda l)}{\sin^2(\lambda l) - sh^2(\lambda l)} \text{(sh 为双曲线正弦函数)}
$$

式中,A_1、C_1、D_1分别为梁长为l时的A_x、C_x、D_x值,可按λl值由表4-1查得。

总之,对文克勒地基上的长梁、有限长梁,可利用无限长梁或半无限长梁的解计算;对于柔度较大的地基梁,有时也可以直接按无限长梁进行简化计算;对短梁,可采用基底反力呈直线变化的简化方法计算。另外,在选择计算方法时,除了按成值划分弹性地基梁的类型外,还需考虑外荷载的大小和作用点位置等因素。

表4-1 A_x、B_x、C_x、D_x、E_x、F_x函数表

λx	A_x	B_x	C_x	D_x	E_x	F_x
0	1	0	1	1	∞	$-\infty$
0.02	0.99961	0.01960	0.96040	0.98000	382156	-382105
0.04	0.99844	0.03842	0.92160	0.96002	48802.6	-48776.6
0.06	0.99654	0.05647	0.88360	0.94007	14851.3	-14738.0
0.08	0.99393	0.07377	0.84639	0.92016	6354.30	-6340.76
0.10	0.99065	0.09033	0.80998	0.90032	3321.06	-3310.01
0.12	0.98672	0.10618	0.77437	0.88054	1962.18	-1952.78
0.14	0.98217	0.12131	0.73954	0.86085	1261.70	-1253.48
0.16	0.97702	0.13576	0.70550	0.84126	863.174	-855.840
0.18	0.97131	0.14954	0.67224	0.82178	619.176	-612.524
0.20	0.96507	0.16266	0.63975	0.80241	461.078	-454.971
0.22	0.95831	0.17513	0.60804	0.78318	353.904	-348.240

λx	A_x	B_x	C_x	D_x	E_x	F_x
0.24	0.95106	0.18698	0.57710	0.76408	278.526	−273.229
0.26	0.94336	0.19822	0.54691	0.74514	223.862	−218.874
0.28	0.93522	0.20887	0.51748	0.72635	183.183	−178.457
0.30	0.92666	0.21893	0.48880	0.70773	152.233	−147.733
0.35	0.90360	0.24164	0.42033	0.66196	101.318	−97.2646
0.40	0.87844	0.26103	0.35637	0.61740	71.7915	−68.0628
0.45	0.85150	0.27735	0.29680	0.57415	53.3711	−49.8871
0.50	0.82307	0.29079	0.24149	0.53228	41.2142	−37.9185
0.55	0.79343	0.30156	0.19030	0.49186	32.8243	−29.6754
0.60	0.76284	0.30988	0.14307	0.45295	26.8201	−23.7865
0.65	0.73153	0.31594	0.09966	0.41559	22.3922	−19.4496
0.70	0.69972	0.31991	0.05990	0.37981	19.0435	−16.1724
0.75	0.66761	0.32198	0.02364	0.34563	16.4562	−13.6409
$\dfrac{\pi}{4}$	0.64479	0.32240	0	0.32240	14.9672	−12.1834
0.80	0.63538	0.32233	−0.00928	0.31305	14.4202	−11.6477
0.85	0.60320	0.32111	−0.03902	0.28209	12.7924	−10.0518
0.90	0.57120	0.31848	−0.06574	0.25273	11.4729	−8.75491
0.95	0.53954	0.31458	−0.08962	0.22496	10.3905	−7.68705
1.00	0.50833	0.30956	−0.11079	0.19877	9.49305	−6.79724
1.05	0.47766	0.30354	−0.12943	0.17412	8.74207	−6.04780
1.10	0.44765	0.29666	−0.14567	0.15099	8.10850	−5.41038
1.15	0.41836	0.28901	−0.15967	0.12934	7.57013	−4.86335
1.20	0.38986	0.28072	−0.17158	0.10914	7.10976	−4.39002
1.25	0.36223	0.27189	−0.18155	0.09034	6.71390	−3.97735
1.30	0.33550	0.26260	−0.18970	0.07290	6.37186	−3.61500
1.35	0.30972	0.25295	−0.19617	0.05678	6.07508	−3.29477
1.40	0.28492	0.24301	−0.20110	0.04191	5.81664	−3.01003
1.45	0.26113	0.23286	−0.20459	0.02827	5.59088	−2.75541
1.50	0.23835	0.22257	−0.20679	0.01578	5.39317	−2.52652
1.55	0.21662	0.21220	−0.20779	0.00441	5.21965	−2.31974
$\dfrac{\pi}{2}$	0.20788	0.20788	−0.20788	0	5.15382	−2.23953
1.60	0.19592	0.20181	−0.20771	−0.00590	5.06711	−2.13210
1.65	0.17625	0.19144	−0.20664	−0.01520	4.93283	−1.96109
1.70	0.15762	0.18116	−0.20470	−0.02354	4.81454	−1.80464

λx	A_x	B_x	C_x	D_x	E_x	F_x
1.75	0.14002	0.17099	-0.20197	-0.03097	4.71026	-1.66098
1.80	0.12342	0.16098	-0.19853	-0.03765	4.61834	-1.52865
1.85	0.10782	0.15115	-0.19448	-0.04333	4.53732	-1.40638
1.90	0.09318	0.14154	-0.18989	-0.04835	4.46596	-1.29312
1.95	0.07950	0.13217	-0.18483	-0.05267	4.40314	-1.18795
2.00	0.06674	0.12306	-0.17938	-0.05632	4.34792	-1.09008
2.05	0.05488	0.11423	-0.17359	-0.05936	4.29946	-0.99885
2.10	0.04388	0.10571	-0.16753	-0.06182	4.25700	-0.91368
2.15	0.03373	0.09749	-0.16124	-0.06376	4.21988	-0.83407
2.20	0.02438	0.08958	-0.15479	-0.06521	4.18751	-0.75959
2.25	0.01580	0.08200	-0.14821	-0.06621	4.05936	-0.68987
2.30	0.00796	0.07476	-0.14156	-0.06680	4.13495	-0.62457
2.35	-0.00084	0.06785	-0.13487	-0.06702	4.11387	-0.56340
$\dfrac{3\pi}{4}$	0	0.06702	-0.13404	-0.06702	4.11147	-0.55610
2.40	-0.00562	0.06128	-0.12817	-0.06689	4.09573	-0.50611
2.45	-0.01143	0.05503	-0.12150	-0.06647	4.08019	-0.45248
2.50	-0.01663	0.04913	-0.11489	-0.06576	4.06692	-0.40229
2.55	-0.02127	0.04354	-0.10836	-0.06481	4.05568	-0.35537
2.60	-0.02536	0.03829	-0.10193	-0.06364	4.04618	-0.31156
2.65	-0.02894	0.03335	-0.09563	-0.06228	4.03821	-0.27070
2.70	-0.03204	0.02872	-0.08948	-0.06076	4.03157	0.23264
2.75	-0.03469	0.02440	-0.08348	-0.05909	4.02608	-0.19727
2.80	-0.03693	0.02037	-0.07767	-0.05730	4.02157	-0.16445
2.85	-0.03877	0.01663	-0.07203	-0.05540	4.01790	-0.13408
2.90	-0.04026	0.01316	-0.06659	-0.05343	4.01495	-0.10603
2.95	-0.04142	0.00997	-0.06134	-0.05138	4.01259	-0.08020
3.00	-0.04226	0.00703	-0.05631	-0.04929	4.01074	-0.05650
3.10	-0.04314	0.00187	-0.04688	-0.04501	4.00819	-0.01505
π	-0.04321	0	-0.04321	-0.04321	4.00748	0
3.20	-0.04307	-0.00238	-0.03831	-0.04069	4.00675	0.01910
3.40	-0.04079	-0.00853	-0.02374	-0.03227	4.00563	0.06840
3.60	-0.03659	-0.01209	-0.01241	-0.02450	4.00533	0.09693
3.80	-0.03138	-0.01369	-0.00400	-0.01769	4.00501	0.10969
4.00	-0.02583	-0.01386	-0.00189	-0.01197	4.00442	0.11105
4.20	-0.02042	-0.01307	0.00572	-0.00735	4.00364	0.10468
4.40	-0.01546	-0.01168	0.00791	-0.00377	4.00279	0.09354

λx	A_x	B_x	C_x	D_x	E_x	F_x
4.60	−0.01112	−0.00999	0.00886	−0.00113	4.00200	0.07996
$\dfrac{3\pi}{2}$	−0.00898	−0.00898	0.00898	0	4.00161	0.07190
4.80	−0.00748	−0.00820	0.00892	0.00072	4.00134	0.06561
5.00	−0.00455	−0.00646	0.00837	0.00191	4.00085	0.05170
5.50	0.00001	−0.00288	0.00578	0.00290	4.00020	0.02307
6.00	0.00169	−0.00069	0.00307	0.00238	4.00003	0.00554
2π	0.00187	0	0.00187	0.00187	4.00001	0
6.50	0.00179	0.00032	0.00114	0.00147	4.00001	−0.00295
7.00	0.00129	0.00060	0.00009	0.00069	4.00001	−0.00479
$\dfrac{9\pi}{4}$	0.00120	0.00060	0	0.00060	4.00001	−0.00482
7.50	0.00071	0.00052	−0.00033	0.00019	4.00001	−0.00415
$\dfrac{5\pi}{2}$	0.00039	0.00039	−0.00039	0	4.00000	−0.00311
8.00	0.00028	0.00033	−0.00038	−0.00005	4.00000	−0.00266

4.2.3.5　基床系数的确定

基床系数 k 的取值十分复杂，受诸多因素的影响（如基底压力的大小及分布、土的压缩性、土层厚度、邻近荷载等），目前主要通过载荷试验或理论与经验公式方法确定。

A　理论与经验公式法

对于某个特定的地基和基础条件，如已探明土层情况并测得土的压缩性指标，其根据地基沉降量估算基床系数的计算公式为：

$$k = \frac{p_0}{s_m} \tag{4-34}$$

式中，p_0 为基底平均附加压力；s_m 为基础的平均沉降量，可按分层总和法算得基底若干点的沉降后求平均值得到。

对于厚度为 h 的薄压缩层地基（$h \leqslant \dfrac{b}{2}$，b 基础底面宽度），其计算基底平均沉降量的计算公式为：

$$s_m = \frac{\sigma_z h}{E_s} \approx \frac{p_0 h}{E_s} \tag{4-35}$$

式中，E_s 为土层的平均压缩模量。

将式（4-35）代入式（4-34），得：

$$k = \frac{E_s}{h} \tag{4-36}$$

如果薄压缩层地基由若干分层组成，则式（4-36）可写成：

$$k = \frac{1}{\sum \dfrac{h_i}{E_{si}}} \tag{4-37}$$

式中，h_i、E_{si}分别为第 i 层土的厚度和压缩模量。

B 按载荷试验确定

若地基压缩层范围内的土质均匀，可利用载荷试验成果来估算基床系数，即在 $p\text{-}s$ 曲线上取对应与基底平均反力 p 的刚性载荷板沉降值 s 来计算。《岩土工程勘察规范》（GB 50021—2001）规定，基准基床系数可根据承压板边长为 30cm 的平板载荷试验，其计算公式为：

$$k_v = \frac{p}{s} \tag{4-38}$$

由于式(4-38)没有考虑基础尺寸、形状和埋深等因素的影响，一般不能用于实际计算，应做修正。国外常按 Terzaghi（1955，采用 305mm×305mm 的方形载荷板进行试验）建议的方法进行如下修正。

（1）砂土：

$$k = k_v \left(\frac{b + 0.3}{2b}\right)^2 \frac{B}{b} \tag{4-39}$$

（2）黏土：

$$k = k_v \frac{B}{b} \tag{4-40}$$

式中，B 为载荷板的宽度；b 为基础的宽度。

对黏性土，若考虑基础形状的影响，设基础长宽比 $\frac{l}{b} = m$，则：

$$k = k_v \frac{m + 0.5}{1.5m} \frac{B}{b} \tag{4-41}$$

【例 4-1】 试推导图 4-10 中外伸半无限梁（梁 1）在集中力 F_0 作用下 O 点的挠度计算公式。

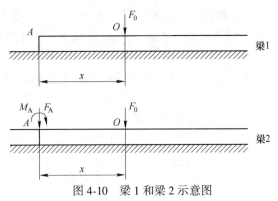

图 4-10 梁 1 和梁 2 示意图

解 如图 4-10 所示，外伸半无限长梁 O 点的挠度可以按梁 2 的无限长梁以叠加法求得，条件是在梁端附加力 F_A、M_A 和荷载 F_0 的共同作用下，梁 2 上 A 点的弯矩和剪力为零。根据这一条件，由式(4-25)和式(4-26)，得：

$$\begin{cases} \dfrac{F_A S}{4} + \dfrac{M_A}{2} + \dfrac{F_0 S}{4} C_x = 0 \\ -\dfrac{F_A}{2} - \dfrac{M_A}{2S} + \dfrac{F_0}{2} D_x = 0 \end{cases}$$

$$S = \frac{1}{\lambda} = \sqrt[4]{\frac{4EI}{kb}}$$

解上述方程组，得：

$$F_A = F_0(C_x + 2D_x)$$
$$M_A = -F_0S(C_x + D_x)$$

从而得到 O 点的挠度为：

$$
\begin{aligned}
w_0 &= \frac{F_0}{2kbS} + \frac{F_A}{2kbS}A_x + \frac{M_A}{kbS^2}B_x \\
&= \frac{F_0}{2kbS}\left[1 + (C_x + 2D_x)A_x - 2(C_x + D_x)B_x \right] \\
&= \frac{F_0}{2kbS}\left[1 + \mathrm{e}^{-2\lambda x}(1 + 2\cos^2\lambda x - 2\cos\lambda x\sin\lambda x) \right]
\end{aligned}
$$

令 $Z_x = 1 + \mathrm{e}^{-2\lambda x}(1 + 2\cos^2\lambda x - 2\cos\lambda x\sin\lambda x)$，即得：

$$w_0 = \frac{F_0}{2kbS}Z_x$$

另外，对于 Z_x，当 $x=0$ 时（半无限长梁），$Z_x=4$；当 $x \to \infty$ 时（无限长梁），$Z_x=l$。上述 Z_x、w_0 的表达式在推导交叉条形基础柱荷载分配公式时将被采用。

4.3 柱下条形基础设计

柱下条形基础设计

柱下条形基础是沿单向柱列放置的钢筋混凝土连续基础，截面形状一般为倒 T 形，中间的矩形梁为肋梁（基础梁），两侧伸出的部分为翼板，如图 4-11 所示。

柱下条形基础不仅有较大的基础底面积，还具有纵向抗弯刚度大、调整不均匀沉降能力强等优点，但是造价较扩展基础高。因此在一般情况下，柱下应优先考虑设置扩展基础，如果遇到下述情况时可以考虑采用柱下条形基础：

（1）上部结构荷载较大，地基承载能力较低或地基土不均匀（如地基中有局部软弱夹层、土洞等）；

（2）荷载分布不均匀，有可能导致较大的不均匀沉降；

（3）采用扩展基础不能满足地基承载力或变形要求，加大、加深基础受到限制；

（4）上部结构对基础沉降比较敏感，有可能产生较大的次应力或影响使用功能。

柱下条形基础的设计与扩展基础相同，应满足地基承载力、变形要求以及构造要求，且应验算柱边缘处基础梁的受剪承载力，根据抗弯计算进行基础底板配筋。当存在扭矩时，尚应做抗扭计算；当条形基础的混凝土强度等级小于柱的混凝土强度等级时，应验算柱下条形基础梁顶面的局部受压承载力。柱下条形基础的设计主要包括确定基础底面宽度、基础长度、基础高度和配筋计算等内容，并应满足一定的构造要求。

4.3.1 构造要求

柱下条形基础除了应满足钢筋混凝土扩展基础的构造要求外，翼板厚度不应小于 200mm。当翼板厚度为 200~250mm 时，应用等厚度翼板；当翼板厚度大于 250mm 时，应采用变厚度翼板，其坡度应小于或等于1∶3，如图2-7中Ⅰ—Ⅰ剖面、Ⅱ—Ⅱ剖面和图4-11 (b)所示。

为了具有较大的抗弯刚度以调整不均匀沉降，基础梁的截面高度不宜太小，应根据基底反力、柱荷载的大小、地基及上部结构对基础刚度的要求等因素综合确定，一般宜取为柱距的$\frac{1}{8} \sim \frac{1}{4}$，并应经受剪承载力计算确定。当柱荷载较大时，可在柱两侧局部增高（加腋），如图2-7(b)所示。基础梁沿纵向一般取等截面，梁每侧比柱至少宽50mm，如图4-11(c)所示。当柱垂直于基础梁轴线方向的截面边长大于400mm或大于等于梁宽时，可仅在柱位处将基础梁局部加宽，如图4-11(d)所示。

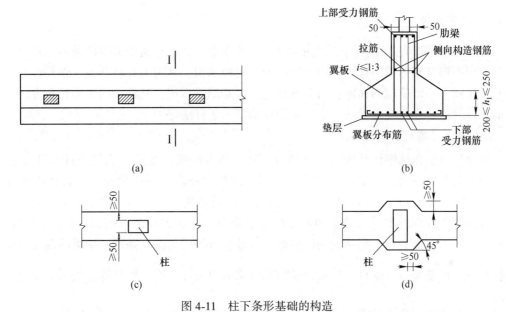

图4-11 柱下条形基础的构造

（a）柱下条形基础俯视图；（b）Ⅰ—Ⅰ剖面图；（c）柱与基础轴线平行；（d）柱与基础轴线垂直

为了改善梁端地基的承载条件，同时调整基础底面形心的位置，使基底反力分布更为均匀合理，并使各柱下弯矩与跨中弯矩趋于均衡以利配筋，一般情况下，条形基础端部应从两端边柱向外伸出，但也不宜伸出太长，以免基础梁在柱位处正弯矩太大，外伸长度应为边跨距的0.25倍。当荷载不对称时，两端伸出长度可不相等，以保证基底形心与荷载合力作用点重合。

基础梁的纵向受力钢筋、箍筋和弯起筋应按弯矩图和剪力图配置。支座（柱位）处的纵向受力钢筋布置在肋梁底部，跨中处受力钢筋布置在顶部。底部纵向钢筋需要搭接时，搭接位置宜在跨中，顶部纵向钢筋搭接位置宜在支座处，搭接长度l_d应满足相关要求。

基础梁顶部和底部纵向受力钢筋除应满足计算要求外，考虑到条形基础可能出现整体弯曲，且其内力计算往往存在误差，故顶部纵向受力钢筋应全部贯通，底部通长钢筋不应少于底部受力钢筋截面总面积的$\frac{1}{3}$。

当基础梁的腹板有效高度 $h_0 \geqslant 450\text{mm}$ 时，在梁的两个侧面应沿高度配置纵向构造钢筋，每侧纵向构造钢筋的面积不应小于腹板截面面积 bh_0 的 0.1%，且间距不宜大于 200mm。梁两侧的纵向构造钢筋，应用拉筋连接，拉筋直径与箍筋相同，间距为 500～700mm，一般为两倍的箍筋间距。箍筋应采用封闭式，直径一般为 6～12mm；对截面高度大于 800mm 的梁，箍筋直径不应小于 8mm；箍筋间距与普通梁相同，应按有关规定确定。当梁宽 $b \leqslant 350\text{mm}$ 时，应采用双肢箍；当梁宽 $350\text{mm} < b \leqslant 800\text{mm}$ 时，应采用四肢箍；当梁宽 $b > 800\text{mm}$ 时，应采用六肢箍。

翼板的构造要求可参照钢筋混凝土扩展基础的有关规定。柱下条形基础的混凝土强度等级不应低于 C20，同时应满足混凝土规范的耐久性要求。

4.3.2 内力计算

柱下条形基础在其纵横两个方向均产生弯曲变形，故在这两个方向的截面内均存在弯矩和剪力条形基础的横向弯矩和剪力，一般由翼板承担，其内力计算与墙下钢筋混凝土条形基础相同。条形基础的纵向剪力和弯矩主要由基础梁承担，基础梁的内力计算方法主要有简化计算法、弹性地基梁法、半无限弹性地基的链杆法等。

4.3.2.1 简化计算法

简化计算法亦称刚性基础法、直线分布法，该方法假定基底反力按直线（平面）分布。为了满足这一假定，要求基础梁具有很大的相对刚度。一般情况下，若柱距相差不大，当 $\lambda l \leqslant 1.75$（l 为柱距，λ 为文克勒地基上梁的柔度指数）时，可认为基础梁是刚性的。根据这一分析，现行《建筑地基基础设计规范》（GB 50007—2011）做了如下规定：在比较均匀的地基上，上部结构刚度较好，荷载分布较均匀，且条形基础梁的高度不小于 $\dfrac{1}{6}$ 柱距时，地基反力可按直线分布，条形基础梁的内力可按连续梁计算；当不满足上述要求时，应按弹性地基梁计算。因此，当基础梁高跨比不小于 $\dfrac{1}{6}$ 时，对于一般柱距和中等压缩性地基都可按简化计算法计算条形基础梁的内力。

根据上部结构刚度的大小和变形情况，简化计算法又分为静定分析法（静定梁法或静力平衡法）和倒梁法两种。

（1）静定分析法。该方法计算时先按直线分布假定和整体静力平衡条件求出基底净反力（地基净反力），再将柱荷载和基底净反力一起作用在基础梁上，然后按照静力平衡条件计算出任一截面 i 上的弯矩 M_i 和剪力 V_i，如图 4-12 所示。

静定分析法没有考虑上部结构与地基基础之间的相互作用，即没有考虑上部结构刚度的有利影响，所以在荷载作用下基础梁将产生整体弯曲。与其他方法比较，该方法计算所得的基础梁不利截面上的弯矩绝对值一般偏大。静定分析法适用于上部结构刚度很小（即上部结构为柔性结构如单层排架结构）、基础本身刚度较大的柱下条形基础和联合基础。

（2）倒梁法。倒梁法假定上部结构为绝对刚性，各柱之间没有沉降差异。计算时把柱脚视为条形基础的固定铰支座，基础梁视为倒置的普通多跨连续梁，荷载包括直线分布的基底净反力以及除去柱的竖向集中力所余下的各种作用（包括传来的力矩），如图 4-13 所示。倒梁法可采用弯矩分配法或弯矩系数法计算梁的内力。

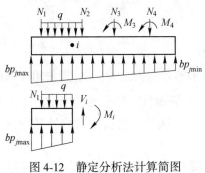

图 4-12 静定分析法计算简图

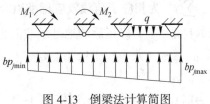

图 4-13 倒梁法计算简图

倒梁法只考虑出现于柱间的局部弯曲，忽略了沿基础全长发生的整体弯曲，因而计算所得的支座与柱间正负弯矩最大值较为均衡，基础不利截面上的弯矩绝对值一般偏小。该法适用于上部结构刚度很大、各柱之间差异很小的情况。

当条形基础的相对刚度较大时，由于基础的架越作用，其两端边跨的基底反力会有所增大，故两边跨跨中弯矩及第一内支座的弯矩值应乘以 1.2 的增大系数。需要注意的是，当荷载较大、土的压缩性较高或基础埋深较浅时，随着端部基底下塑性区的开展，架越作用将减弱、消失，甚至出现基底反力从端部向内转移的现象。

4.3.2.2 柱下条形基础设计步骤

倒梁法的计算步骤如下。

（1）确定基础底面长度。条形基础的长度主要根据构造要求确定（主要是确定伸出边柱的长度），并尽量使荷载的合力作用点与基底底面形心重合。

荷载合力重心位置为：

$$x_c = \frac{\sum F_i + \sum M_i}{\sum F_i} \tag{4-42}$$

选定左边柱的外伸长度为 x_{1i}，为了使荷载合力重心与基底底面形心重合，右边柱的外伸长度（见图 4-14）为：

$$a = 2x_c - x_n \tag{4-43}$$

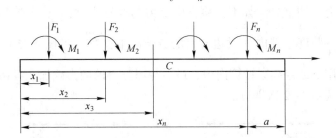

图 4-14 柱下条形基础梁计算简图

（2）初步确定基础底面宽度。根据正常使用极限状态下荷载效应的标准组合计算基底宽度 b。

当轴心荷载作用时，基底宽度 b 为：

$$b \geqslant \frac{\sum F_k + G_{wk}}{(f_a - \gamma_G d) l} \tag{4-44}$$

式中，$\sum F_k$ 为相应于荷载效应标准组合时，各柱传来的竖向力之和；G_{wk} 为作用在基础梁上墙的自重；f_a 为修正后的地基承载能力特征值；γ_G 为基础及回填土的平均重度，一般取 $20kN/m^3$，地下水位以下取 $10kN/m^3$；d 为基础埋深，须从设计地面或室内外平均设计地面算起。

当偏心荷载作用时，先按式（4-43）初定基础宽度并适当增大，然后验算基础边缘压力，其计算公式为：

$$p_{kmax} \leqslant 1.2f_a \tag{4-45}$$

（3）基础翼板（底板）计算。根据所确定的基础底面尺寸，改用承载能力极限状态下荷载效应的基本组合进行底板和基础梁的内力计算。柱下条形基础底板的计算方法与墙下钢筋混凝土条形基础相同。在计算基底净反力时，荷载沿纵向和横向的偏心都应考虑。当各跨的净反力相差较大时，可依次对各跨底板进行计算，净反力取本跨内的最大值。

（4）基础梁内力计算。

1）计算基底净反力。沿基础梁纵向分布的基底净反力最大、最小值的计算公式分别为：

$$\left.\begin{array}{r} bp_{jmax} \\ bp_{jmin} \end{array}\right\} = \frac{\sum F}{l} \pm \frac{6\sum M}{l^2} \tag{4-46}$$

式中，$\sum F$ 为相应于荷载效应基本组合时，各柱传来的竖向力之和；$\sum M$ 相应于荷载效应基本组合时，各荷载对基础梁中点的力矩代数和。

2）计算基础梁内力。用弯矩分配法或弯矩系数法计算基础梁的内力，并绘制相应的弯矩图和剪力图。

3）调整支座不平衡力。采用倒梁法计算时，求得的支座反力一般不等于柱实际传来的轴力。这是因为将基底反力视为直线分布及柱脚视为固定铰支座一般与事实不符，因此，若支座反力与相应的柱轴力相差较大（一般相差 20% 以上）时，应通过逐次调整来消除这种不平衡力。调整方法如下：将支座反力与柱轴力之差（正或负的）均匀分布在相应支座两侧各 $\frac{1}{3}$ 跨度范围内（对边支座的悬臂跨取全部，见图 4-15），作为调整荷载，再按调整荷载作用下的连续梁计算内力，最后与原算得的内力叠加。经调整后不平衡力将明显减小，一般调整 1~2 次即可。

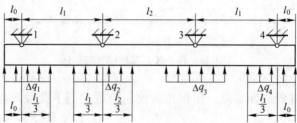

图 4-15　调整荷载计算简图

各柱脚的不平衡力为：

$$\Delta P_i = R_i - N_i \tag{4-47}$$

式中，R_i 为第 i 支座的支座反力；N_i 为第 i 柱的轴力。

均匀分布的调整荷载的计算公式如下。

①对边跨支座：

$$\Delta q_1 = \frac{\Delta P_1}{\left(l_0 + \dfrac{1}{3} l' \right)} \tag{4-48}$$

②对中间 i 支座：

$$\Delta q_i = \frac{\Delta P_i}{\left(\dfrac{1}{3} l_{i-1} + \dfrac{1}{3} l_i \right)} \tag{4-49}$$

式中，l_0 为边支座的悬臂跨长；l' 为边跨的跨长；l_{i-1}、l_i 分别为第 i 支座左、右跨长度；ΔP_1 为边支座不平衡力；ΔP_i 为中间 i 支座不平衡力。

（5）基础梁配筋计算。与一般的钢筋混凝土 T 形截面梁类似，即对跨中按 T 形、对支座按矩形截面计算。另外，应验算柱边处基础梁的受剪承载力；当柱荷载对单向条形基础有扭矩作用时，应进行抗扭计算。

以上为倒梁法计算步骤，静定分析法计算步骤除基础梁内力计算按静力平衡计算外，其他步骤与倒梁法一致。需要特别指出的是，静定分析法和倒梁法实际上代表了两种极端情况，且有诸多前提条件。因此，在对条形基础进行截面设计时，切不可拘泥于计算结果，而应结合实际情况和实践经验，在配筋时进行某些必要的调整。这一原则对下面将要讨论的其他梁板式基础也是适用的。

【例 4-2】 图 4-16 中的柱下条形基础，已选取基础埋深为 1.5m，修正后的地基承载力特征值为 156.4kPa，图中的柱荷载均为标准值，设计值可近似取为标准值的 1.35 倍。试确定基础底面尺寸，并计算基础梁的内力。

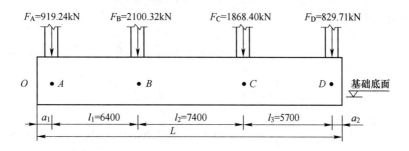

图 4-16 某柱下条形基础计算概图

解 （1）确定基础底面尺寸。

1）求荷载合力重心位置。设合力作用点与边柱 A 的距离为 x_c，据合力矩定理，以 A 点为参考点，则有：

$$x_c = \frac{\sum F_{ik} x_i}{\sum F_{ik}} = \frac{2100.32 \times 6.4 + 1868.4 \times 13.8 + 829.71 \times 19.5 - 0}{919.24 + 2100.32 + 1868.4 + 829.71} = 9.69(\mathrm{m})$$

2）确定基础梁的长度和外伸尺寸。基础梁两端外伸长度为 a_1、a_2，取边跨的 0.25 倍。可先选定 a_1，再按合力作用点与基底形心相重合的原则，确定 a_2 和 L。取：

$$a_1 = 6.4 \times 0.25 = 1.6(\mathrm{m})$$

$$L = 2(x_c + a_1) = 2 \times (9.69 + 1.6) = 22.58(\mathrm{m})$$

$$a_2 = 22.58 - 6.4 - 7.4 - 5.7 - 1.6 = 1.48(\mathrm{m})$$

按地基持力层的承载力确定基础梁的宽度 b 为：

$$b = \frac{\sum F_k}{L(f - 20d)} = \frac{919.24 + 2100.32 + 1868.4 + 829.71}{22.58 \times (156.4 - 20 \times 1.5)} = 2.0(\mathrm{m})$$

（2）基础梁的内力计算。基底的净反力为：

$$bp_j = \frac{\sum F_k}{L} = \frac{5717.7 \times 1.35}{22.58} = 341.85(\mathrm{kN} \cdot \mathrm{m})$$

1）按静定分析法计算。支座处剪力：

$$V_A^l = bp_j a_1 = 341.85 \times 1.6 = 546.96(\mathrm{kN})$$

$$V_A^T = V_A^l - F_A \cdot 1.35 = -694.01(\mathrm{kN})$$

$$\begin{aligned} V_B^l &= bp_j(a_1 + l_1) - F_A \cdot 1.35 \\ &= 341.85 \times (1.6 + 6.4) - 919.24 \times 1.35 \\ &= 1493.83(\mathrm{kN}) \end{aligned}$$

$$\begin{aligned} V_B^T &= V_B^l - F_B \cdot 1.35 \\ &= 1493.83 - 2100.32 \times 1.35 \\ &= -1341.60(\mathrm{kN}) \end{aligned}$$

同理可求得：

$$V_C^l = 1131.27\mathrm{kN} \quad V_C^T = -1334.37(\mathrm{kN})$$

$$V_D^l = 614.17\mathrm{kN} \quad V_D^T = -505.94(\mathrm{kN})$$

支座截面处弯矩为：

$$M_A = \frac{1}{2}bp_j a_1^2 = \frac{1}{2} \times 341.85 \times 1.6^2 = 437.57(\mathrm{kN} \cdot \mathrm{m})$$

$$\begin{aligned} M_B &= \frac{1}{2}bp_j(a_1 + l_1)^2 - F_A l_1 \cdot 1.35 \\ &= \frac{1}{2} \times 341.85 \times (1.6 + 6.4)^2 - 919.24 \times 6.4 \times 1.35 \\ &= 2996.97(\mathrm{kN} \cdot \mathrm{m}) \end{aligned}$$

同理可求得：

$$M_C = 2426.98\mathrm{kN} \cdot \mathrm{m}, \quad M_D = 374.39\mathrm{kN} \cdot \mathrm{m}$$

跨中截面处弯矩。按剪力 $V = 0$ 的条件，确定边跨中最大负弯矩的截面位置（至条形基础的左端点的距离为 x）：

$$x = \frac{F_A \cdot 1.35}{bp_j} = \frac{919.24 \times 1.35}{341.85} = 3.63 (\text{m})$$

$$M_{AB} = \frac{1}{2}bp_j x^2 - F_A(x - a_1) \cdot 1.35$$

$$= \frac{1}{2} \times 341.85 \times 3.63^2 - 919.24 \times (3.63 - 1.6) \times 1.35$$

$$= -266.86 (\text{kN} \cdot \text{m})$$

同理可求得：

$$M_{BC} = -364.37 (\text{kN} \cdot \text{m}), \ M_{CD} = -177.32 (\text{kN} \cdot \text{m})$$

内力图如图 4-17 所示。

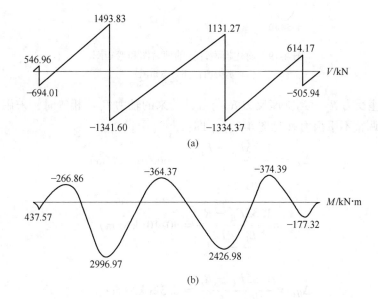

图 4-17　基础梁的剪力图和弯矩图

（a）剪力图；（b）弯矩图

2）按倒梁法计算。根据结构力学弯矩分配法原理，将基础梁简化成超静定的多跨、铰支连续梁模型，如图 4-18 所示，求出线刚度、转动刚度及分配系数，然后在节点上分配弯矩进行近似计算。取相应的脱离体计算制作两侧剪力，再按跨中剪力为零的条件计算跨中负弯矩。得到内力图如图 4-19 所示。

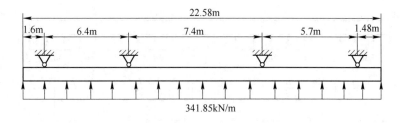

图 4-18　基础梁简化模型

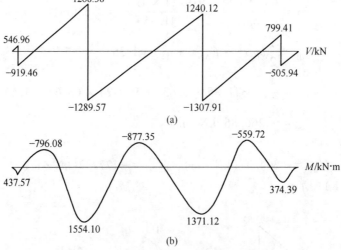

图 4-19 简化模型计算的剪力图和弯矩图

（a）剪力图；（b）弯矩图

计算各支座反力 R_i，当支座反力 R_i 与各柱传来的轴力 F_i 不相等时，采用"基底反力局部调整法"调整不平衡力（见图 4-20），即：

$$\Delta q_A = \frac{1.35 F_A - R_B}{a_1 + \frac{L_1}{3}} = -66.76(\mathrm{kN/m})$$

$$\Delta q_B = \frac{1.35 F_B - R_B}{\frac{L_1}{3} + \frac{L_2}{3}} = 40.10(\mathrm{kN/m})$$

$$\Delta q_C = \frac{1.35 F_C - R_C}{\frac{L_2}{3} + \frac{L_3}{3}} = 8.32(\mathrm{kN/m})$$

$$\Delta q_D = \frac{1.35 F_D - R_D}{\frac{L_3}{3} + a_2} = -7.83(\mathrm{kN/m})$$

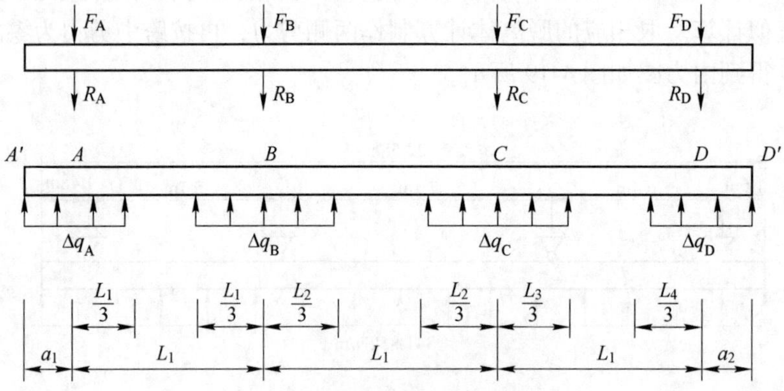

图 4-20 调整荷载计算简图

同样按照弯矩分配法进行内力计算，如图 4-21 所示。

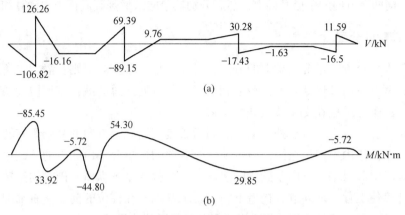

图 4-21 调整荷载计算的剪力图和弯矩图

(a) 剪力图；(b) 弯矩图

将两次计算结果叠加，并比较支座反力与柱荷载，若两者差别不大，可认为满足要求；若差别较大，则继续进行调整。

4.3.2.3 弹性地基梁法

当不满足按简化计算法计算的条件时，应按弹性地基梁法计算基础梁的内力。一般可以根据地基条件的复杂程度，分下列三种情况选择计算方法。

（1）对基础宽度不小于可压缩土层厚度 2 倍的薄压缩层地基，如地基的压缩性均匀，可按文克勒地基上梁的解析解计算（4.2.3 节），基床系数 k 可按式(4-36)或式(4-37)确定。

（2）当基础宽度满足情况(1)的要求，但地基沿基础纵向的压缩性不均匀时，可沿纵向将地基划分成若干段（每段内的地基较为均匀），每段分布按式(4-37)计算基床系数，然后按文克勒地基上梁的数值分析法计算。

（3）当基础宽度不满足情况(1)的要求，或应考虑邻近基础或地面堆载对所计算基础的沉降和内力的影响时，应采用非文克勒地基上梁的数值分析法进行迭代计算。

4.4 柱下交叉条形基础设计

柱下交叉基础设计

柱下交叉条形基础是由柱网下纵横两个方向的条形基础组成的一种空间结构，各柱位于两个方向基础梁的交叉节点处。与单向条形基础相比，交叉条形基础可以进一步扩大基础底面积以减小基底附加压力，同时该类基础的整体空间刚度增加，对调整地基不均匀沉降极为有利。因此，这类基础应用于地基土质均匀性差、承载力低的框架结构，其构造要求与柱下条形基础相同。

一般在初步确定交叉条形基础的基底面积时，可假定基底反力为直线分布。如果荷载的合力作用点对基底形心的偏心很小，可认为基底反力是均匀分布的。由此可求出基础底面的总面积，然后具体确定纵横向各条形基础的长度和底面宽度。

交叉条形基础的内力计算十分复杂。当上部结构整体刚度很大时，可将交叉条形基础视为倒置的两组连续梁，基底净反力作为连续梁上的荷载。如果基础的相对刚度较大，可认为基底反力为直线分布。目前在设计中一般采用简化计算法，即把交叉节点处的柱荷载按一定原则分配到纵横两个方向的条形基础上，然后分别按单向条形基础进行内力计算和配筋。

4.4.1　节点荷载的分配

节点荷载在两个方向条形基础上的分配，必须满足两条基本原则：静力平衡条件，即各节点分配给两个方向条形基础的荷载之和等于该节点处的总荷载；变形协调条件，即分离后两个方向的条形基础在交叉节点处的位移相等。

为了简化计算，设交叉节点处纵横梁之间为铰接。当一个方向的基础梁有转角时，在另一个方向的基础梁内不产生扭矩；节点上两个方向的弯矩分别由同向的基础梁承担，一个方向的弯矩不引起另一个方向基础梁的变形。这样就忽略了纵横基础梁的扭转。为了防止这种简化计算使工程出现问题，构造上一般要求基础梁在柱位的前后左右都配置封闭的抗扭箍筋（选用 $\phi 10 \sim 20mm$），并适当增加基础梁的纵向配筋量。

对于任一节点上作用的竖向荷载 P_i（见图 4-22），可分解为作用于 x、y 两个方向基础梁上的 P_{ix}、P_{iy}。由静力平衡条件可知：

$$P_i = P_{ix} + P_{iy} \tag{4-50}$$

对于变形协调条件，简化后，只要求 x、y 方向的基础在交叉节点处的竖向位移 w_{ix}、w_{iy} 相等，即：

$$w_{ix} = w_{iy} \tag{4-51}$$

实际上，用上述方程进行节点荷载分配时计算十分复杂。因此，为了简化计算，一般采用文克勒地基模型来计算 w_{ix} 和 w_{iy}，这样可忽略相邻荷载的影响使得计算大为简化。交叉条形基础的交叉节点可分为角柱、边柱和内柱三类，如图 4-23 所示。下面主要给出这三类节点荷载的分配计算公式。

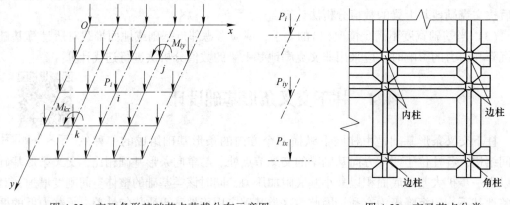

图 4-22　交叉条形基础节点荷载分布示意图　　　　图 4-23　交叉节点分类

4.4.1.1　角柱节点

常见的角柱节点类型主要有图 4-24 所示的三类。对于图 4-24(a) 所示的角柱节点，x、y 两个方向的基础梁均可视为外伸的半无限长梁，外伸长度分别为 l_x、l_y，故节点 i 的竖向位移为：

$$w_{ix} = \frac{P_{ix}}{2kb_xS_x}Z_x \tag{4-52}$$

$$w_{iy} = \frac{P_{iy}}{2kb_yS_y}Z_y \tag{4-53}$$

式中，b_x、b_y 分别为 x、y 方向基础底面的宽度；S_x、S_y 分别为 x、y 方向基础梁的特征长度，其计算公式分别为：

$$S_x = \frac{1}{\lambda_x} = \sqrt[4]{\frac{4EI_x}{kb_x}} \tag{4-54}$$

$$S_y = \frac{1}{\lambda_y} = \sqrt[4]{\frac{4EI_y}{kb_y}} \tag{4-55}$$

式中，λ_x、λ_y 分别为 x、y 方向基础梁的柔度特征值；k 为地基的基床系数；E 为基础材料的弹性模量；I_x、I_y 分别为 x、y 方向基础梁的截面惯性矩；Z_x（或 Z_y）为 $\lambda_x l_x$（或 $\lambda_y l_y$）的函数，可按式 $Z_x = 1 + \mathrm{e}^{-2\lambda_x l_x}(1 + 2\cos^2\lambda l_x - 2\cos\lambda l_x \sin\lambda l_x)$ 计算，或查表 4-2。

根据变形协调条件 $w_{ix} = w_{iy}$，由式 (4-52) 式 (4-53) 可得：

$$\frac{Z_x P_{ix}}{b_x S_x} = \frac{Z_y P_{iy}}{b_y S_y} \tag{4-56}$$

联立式 (4-56) 及静力平衡条件式 (4-50)，可得：

$$P_{ix} = \frac{Z_y b_x S_x}{Z_y b_x S_x + Z_x b_y S_y}P_i \tag{4-57}$$

$$P_{iy} = \frac{Z_x b_y S_y}{Z_y b_x S_x + Z_x b_y S_y}P_i \tag{4-58}$$

式 (4-57) 和式 (4-58) 即为交叉角柱节点荷载的分配计算公式。

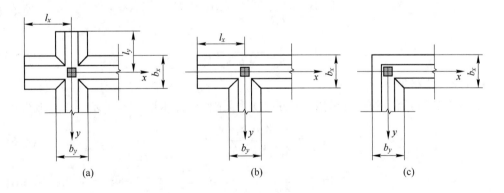

图 4-24 角柱节点

(a) 双向外伸；(b) 单向外伸；(c) 无外伸

表 4-2　Z_x 函数表

λx	Z_x	λx	Z_x	λx	Z_x
0	4.000	0.24	2.501	0.70	1.292
0.01	3.921	0.26	2.410	0.75	1.239
0.02	3.843	0.28	2.323	0.80	1.196
0.03	3.767	0.30	2.241	0.85	1.161
0.04	3.693	0.32	2.163	0.90	1.132
0.05	3.620	0.34	2.089	0.95	1.109
0.06	3.548	0.36	2.018	1.00	1.091
0.07	3.478	0.38	1.952	1.10	1.067
0.08	3.410	0.40	1.889	1.20	1.053
0.09	3.343	0.42	1.830	1.40	1.044
0.10	3.277	0.44	1.774	1.60	1.043
0.12	3.150	0.46	1.721	1.80	1.042
0.14	3.029	0.48	1.672	2.00	1.039
0.16	2.913	0.50	1.625	2.50	1.022
0.18	2.803	0.55	1.520	3.00	1.008
0.20	2.697	0.60	1.431	3.50	1.002
0.22	2.596	0.65	1.355	≥ 4.00	1.000

对于单向外伸的角柱节点［见图 4-24(b)］，$y = 0$，$Z_y = 4$，分配计算公式为：

$$P_{ix} = \frac{4b_x S_x}{4b_x S_x + Z_x b_y S_y} P_i \tag{4-59}$$

$$P_{iy} = \frac{Z_x b_y S_y}{4b_x S_x + Z_x b_y S_y} P_i \tag{4-60}$$

对于无外伸的角柱节点［见图 4-24(c)］，$Z_x = Z_y = 4$，分配计算公式为：

$$P_{ix} = \frac{b_x S_x}{b_x S_x + b_y S_y} P_i \tag{4-61}$$

$$P_{iy} = \frac{b_y S_y}{b_x S_x + b_y S_y} P_i \tag{4-62}$$

4.4.1.2　边柱节点

对于图 4-25(a)所示的边柱节点，x 方向视为无限长梁，即 $x = \infty$，$Z_x = 1$，故得：

$$P_{ix} = \frac{Z_y b_x S_x}{Z_y b_x S_x + b_y S_y} P_i \tag{4-63}$$

$$P_{iy} = \frac{b_y S_y}{Z_y b_x S_x + b_y S_y} P_i \tag{4-64}$$

对于图 4-25(b)所示的边柱节点，$Z_x = 1$，$Z_y = 4$，从而有：

$$P_{ix} = \frac{4b_x S_x}{4b_x S_x + b_y S_y} P_i \tag{4-65}$$

$$P_{iy} = \frac{b_y S_y}{4b_x S_x + b_y S_y} P_i \tag{4-66}$$

4.4.1.3 内柱节点

对于内柱节点(见图 4-26),$Z_x = Z_y = 1$,可得:

$$P_{ix} = \frac{b_x S_x}{b_x S_x + b_y S_y} P_i \tag{4-67}$$

$$P_{iy} = \frac{b_y S_y}{b_x S_x + b_y S_y} P_i \tag{4-68}$$

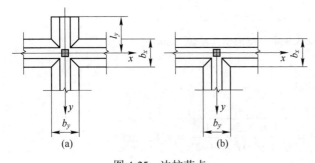

图 4-25 边柱节点

(a) 外伸边柱节点;(b) 无外伸边柱节点

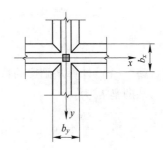

图 4-26 内柱节点

当交叉条形基础按纵横两向条形基础分别计算时,节点下的基底面积因重叠而被使用了两次。一般情况下,交叉处重叠面积之和可达交叉基础总面积的 20%~30%,从而使得基底平均反力减小,这样设计可能会造成偏于不安全的后果。对此,可通过加大节点荷载的方法加以平衡。调整后的节点竖向荷载为:

$$P'_{ix} = P_{ix} + \Delta P_{ix} = P_{ix} + \frac{P_{ix}}{P_i} \Delta A_i \Delta p \tag{4-69}$$

$$P'_{iy} = P_{iy} + \Delta P_{iy} = P_{iy} + \frac{P_{iy}}{P_i} \Delta A_i \Delta p \tag{4-70}$$

式中,ΔP_{ix}、ΔP_{iy} 为分别为节点 i 在 x、y 方向的荷载增量;ΔA_i 为节点 i 下的重叠面积;Δp 为基底净反力增量,其计算公式为:

$$\Delta p = \frac{\sum P_i}{A} - \frac{\sum P_i}{A + \sum \Delta A_i} = \frac{\sum \Delta A_i}{A} \frac{\sum P_i}{A + \sum \Delta A_i}$$

式中,A 为交叉条形基础基底总面积。

【例 4-3】 在图 4-27 所示的交叉条形基础简图中,已知节点竖向集中荷载 $P_1 = 1500kN$,$P_2 = 2100kN$,$P_3 = 2400kN$,$P_4 = 1700kN$,地基基床系数 $k = 4000kN/m^3$,基础梁 L_1 和 L_2 的抗弯刚度分别为 $EI_1 = 7.54 \times 10^5 kN \cdot m^2$,$EI_2 = 2.964 \times 10^5 kN \cdot m^2$。试对各节点荷载进行分配。

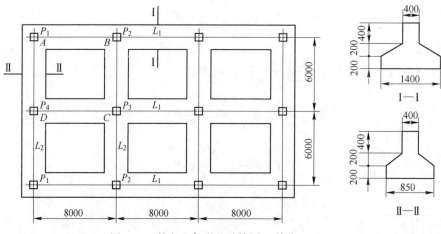

图 4-27　某交叉形基础简图（单位：mm）

解　（1）计算基础梁的特征长度。

基础梁 L_1 为：

$$S_1 = \frac{1}{\lambda_1} = \sqrt[4]{\frac{4EI_1}{kb_1}} = \sqrt[4]{\frac{4 \times 7.54 \times 10^5}{4 \times 10^3 \times 1.4}} = 4.82(\mathrm{m})$$

基础梁 L_2 为：

$$S_2 = \frac{1}{\lambda_2} = \sqrt[4]{\frac{4EI_2}{kb_2}} = \sqrt[4]{\frac{4 \times 2.964 \times 10^5}{4 \times 10^3 \times 0.85}} = 4.32(\mathrm{m})$$

（2）节点荷载分配。

1）角柱节点 A，由式(4-59)和式(4-60)可得：

$$P_{1x} = \frac{b_1 S_1}{b_1 S_1 + b_2 S_2} P_1 = \frac{1.4 \times 4.82}{1.4 \times 4.82 + 0.85 \times 4.32} \times 1500 = 971.4(\mathrm{kN})$$

$$P_{1y} = \frac{b_2 S_2}{b_1 S_1 + b_2 S_2} P_1 = P_1 - P_{1x} = 528.6(\mathrm{kN})$$

2）边柱节点 B，由式(4-63)和式(4-64)可得：

$$P_{2x} = \frac{4b_1 S_1}{4b_1 S_1 + b_2 S_2} P_2 = \frac{4 \times 1.4 \times 4.82}{4 \times 1.4 \times 4.82 + 0.85 \times 4.32} \times 2100 = 1848.5(\mathrm{kN})$$

$$P_{2y} = P_2 - P_{2x} = 251.5(\mathrm{kN})$$

同上，对于 D 节点有：

$$P_{4x} = \frac{b_1 S_1}{b_1 S_1 + 4b_2 S_2} P_4 = \frac{1.4 \times 4.82}{1.4 \times 4.82 + 4 \times 0.85 \times 4.32} \times 1700 = 535.2(\mathrm{kN})$$

$$P_{4y} = P_4 - P_{4x} = 1164.8(\mathrm{kN})$$

3）内柱节点，由式(4-65)和式(4-66)可得：

$$P_{3x} = \frac{b_1 S_1}{b_1 S_1 + b_2 S_2} P_3 = \frac{1.4 \times 4.82}{1.4 \times 4.82 + 0.85 \times 4.32} \times 2400 = 1554.2(\mathrm{kN})$$

$$P_{3y} = P_3 - P_{3x} = 845.8(\mathrm{kN})$$

4.4.2　设计计算

　　交叉基础各柱节点的荷载按上述方法分配到纵横两条形基础上后，便可按单向条形基础进行内力计算。例 4-3 是在已知基础底面尺寸的基础上进行的节点荷载分配，但是在实际工程中，基础底面尺寸往往是未知的，这时可先按一个主方向（一般为长向）分配节点荷载的大部分，初步确定该方向的基础宽度，另外一向逐一分配剩余荷载，并求解其基础宽度，然后设定基础梁的高度为 $\frac{1}{8} \sim \frac{1}{4}$ 柱距，从而初步确定基础的尺寸。根据初步确定的尺寸，再按上述方法对荷载进行分配，如果荷载分配较初设时差别很多，可反复调整几次，直至前后一致。事实上，这就是个基础优化设计的问题。

　　另外，柱下条形基础尚应验算柱边缘处基础梁的受剪承载力；当存在扭矩时，尚应作抗扭计算；当条形基础的混凝土强度等级小于柱的混凝土强度等级时，应验算柱下条形基础梁顶面的局部受压承载力。

⭐ 思政课堂

基础计算模型的选择与辩证唯物主义的矛盾论

　　条形基础的设计难点是如何描述地基对基础作用的反应，即确定基地反力与地基变形的关系。目前这类计算模型很多，各自的适用条件、精确度及计算难度也不同。如何选择合适的计算模型，是基础工程设计中的重要问题。

　　唯物辩证法认为，在复杂事物的发展过程中，存在着许多矛盾，其中必有一种矛盾，它的存在与发展，决定或影响着其他矛盾的存在与发展。这种在事物发展过程中处于支配地位、对事物发展起决定作用的矛盾就是主要矛盾；其他处于从属地位、对事物发展不起决定作用的矛盾则是次要矛盾。因而在进行条形基础计算模型时，应当把握主要矛盾，抓住关键问题，即根据不同的具体情况，抓住关键点，进行假设，选择合适的计算模型。

习　题

4-1　不同条形基础选择不同计算模型给我们什么启示？

4-2　某条形基础如图 4-28 所示，埋深 $d = 1.5$m。地基为软塑黏土，修正后的承载力特征值 $f_a = 130$kPa，图中柱荷载为荷载效应基本组合值，荷载效应标准组合值可近似取为基本组合值的 0.74 倍。试用静定分析法和倒梁法分别计算基础梁的内力。

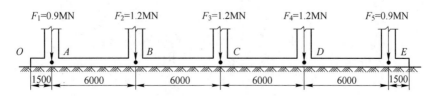

图 4-28　某条形基础概图

4-3 在图 4-29 所示的交叉条形基础简图中，已知节点竖向集中荷载 $P_1 = 1400$kN，$P_2 = 2200$kN，$P_3 = 2500$kN，$P_4 = 1800$kN，地基基床系数为 $k = 5000$kN/m³，基础梁 L_1 和 L_2 的抗弯刚度分别为 $EI_1 = 7.45 \times 10^5$kN·m²，$EI_2 = 2.86 \times 10^5$kN·m²。试对各节点荷载进行分配。

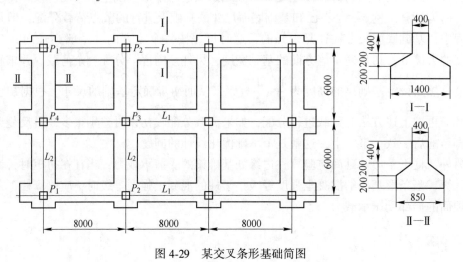

图 4-29　某交叉条形基础简图

5 筏形与箱形基础设计

学习导读

本章主要介绍筏形基础和箱形基础的基本原理及设计计算方法。通过本章学习，应了解筏形与箱形基础的设计原则；掌握筏形与箱形基础的内力计算方法；熟悉筏形与箱形基础的工程构造要求；能看懂并能简单绘制筏形与箱形基础施工图。本章重点是两类基础的内力计算。

在学习中思考：这两类基础与柱下条形基础内力计算模型有哪些异同呢？

5.1 筏形基础与箱形基础的类型和特点

筏形基础与箱形基础的类型和特点

在现代经济、科技和文化事业蓬勃发展的大城市，要求兴建一些能提供集约调控管理，有多种用途可配套互动，具备高水平、高质量、高效率的装备设施与应用功能的建筑物，而这种地区土地十分昂贵，因此需要建造占地少而有很高建筑面积的大型高层建筑物。这类建筑物上部结构的荷载很大，高耸复杂结构对地基沉降与不均匀变形较敏感，对抗震也有更高的标准，而且对建筑物地下空间还有更大更多的使用要求。显然，采用单独基础、条形基础均难以满足安全与使用要求，从而使更能适应需求的筏形基础（flat foundation）、箱形基础（box foundation）得到广泛应用。

作为大面积的钢筋混凝土基础，筏形基础不仅能减小基底压力、提高地基承载力，还具有较大的整体刚度和调节不均匀沉降的能力。根据构造不同，筏形基础可分为平板式和梁板式两种类型；根据上部结构类型不同，筏形基础又分为墙下筏基（应为无梁等厚的平板式）和柱下筏基。实际工程中，应根据地基土质、上部结构体系、柱距、荷载大小及施工条件等确定基础类型。

（1）平板式筏基。平板式筏基［见图 5-1（a）］是一块等厚的钢筋混凝土平板。墙下浅埋筏基适用于承重墙较密比较均匀的软弱地基上 6 层及 6 层以下整体刚度较好的民用建筑。柱下平板式筏基适用于柱荷载不大、柱距较小且较均匀的情况；当柱荷载较大、柱下区域有较大剪应力与弯曲应力集中的工程，可适当加大柱下的板厚［见图 5-1（b）］，尽管平板式筏

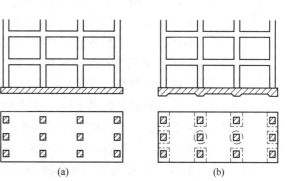

图 5-1 平板式筏基
（a）等厚平板型；（b）局部加厚型

基的混凝土用量较多，但是施工时不需要支模板、施工方便、建造速度快，因此常被采用。

（2）梁板式筏基。当柱网间距较大时，为了减小板厚，提高基础刚度，可加设肋梁（基础梁）而形成梁板式筏基，如图2-10（c）所示。梁板式筏基又分为单向肋和双向肋两种形式。单向肋是将两根或两根以上的柱下条形基础中间用底板将其联结成一个整体，以扩大基础的底面积并加强基础的整体刚度，如图5-2所示；双向肋是在纵横两个方向的柱下都布置肋梁，有时也可在柱网之间再布置次肋梁以减小底板的厚度，如图2-10（c）所示。另外，肋梁可朝上［见图5-3（a）］或朝下［见图5-3（b）］布置。肋梁朝上便于施工，但要架设空地坪；肋梁朝下需设地模，但地坪可自然形成。

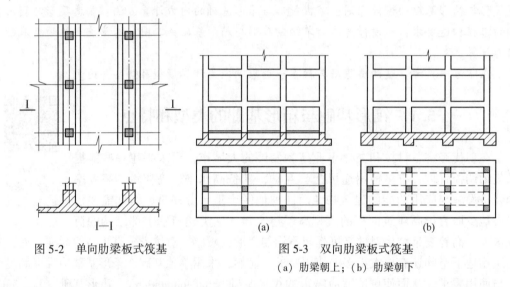

图5-2　单向肋梁板式筏基

图5-3　双向肋梁板式筏基
（a）肋梁朝上；（b）肋梁朝下

箱形基础（见图2-11）是高层建筑常用的基础形式之一。与筏形基础相比，箱形基础的刚度更大、整体性更好、调节不均匀沉降的能力更强。箱形基础的埋置深度较大，使建筑物的重心下移并嵌固其中，从而增强了建筑物的整体稳定性和抗震能力。因此，当荷载较大、地基较软弱，或是在抗震设防区修建高层建筑时，箱形基础应是优先考虑的一种基础类型。特别是对于软土地基上15层以下的建筑物，以及一般第四纪地层上30层以下的建筑物，有时直接采用箱形基础而不设置深基础。

筏形与箱形基础还可与桩基联合使用，构成桩筏或桩箱基础，以满足变形和承载力的要求。与一般基础相比较，筏形基础和箱形基础具有以下几个特点。

（1）基础面积大。基础面积大既可以减小基底压力，又能提高地基的承载力，因而容易承担上部结构的巨大荷载，满足地基承载力的要求；基础面积大，能降低建筑物高度与基础宽度的比值，增加地基的稳定性。根据国内外筏基和箱基的统计，高层建筑物的高宽比一般为6:1~8:1。同时也应注意到，基础面积越大，基底附加应力扩散的深度也越深，当地基深层处埋藏有压缩性较大的土层时，会引起较大的地基变形。

（2）基础埋置深。筏基与箱基用作高重建筑物基础时，通常需要埋置一定的深度，视地基土层性质和建筑物性质而定，一般最小埋深为3~5m，现代高层和超高层建筑物基础埋深已超过20m。加大基础埋深，由于补偿作用可以减少基底的附加应力，同时还可提高地基的承载力，易于满足地基承载力的要求。因而基础较深嵌固于地基中，对减小地基的变形，增加地基的稳定性和建筑物的抗震性能都是有利的。

（3）具有较大的刚度和整体性。通过上部结构、基础与地基的共同作用，能调整地基的不均匀变形。随着高重多层建筑的兴建，为了扩散分布荷载，为了与上部结构相联结共同工作，改善上部结构抗倾斜、抗震的稳定性，为了适应不断加大柱网间距，扩大地下室使用空间，要求加大基础的刚度，做成厚筏板基础或多层箱形基础。目前，3~5m 的厚筏板基础与 3~4 层箱形基础在工程上应用已不少见，其所创造与积累的经验，促进了筏基与箱基设计与施工的新发展。

（4）可与地下室建造相结合加大基础埋置深度，可提供利用基础之上的地下空间，以建造地下室的良好条件，筏板也可作为地下室的底板。现代化高层建筑对地下室的需求越来越高，使得箱基由于被纵横隔墙分割成狭小开间，而难以作为地下车库或活动场所，而筏形基础因为有平整的大筏板面可利用而深受欢迎。

（5）可与桩基联合使用建在软弱地基上，同时要严格控制不均匀沉降的建筑物，如软弱地基上的超高层建筑、高低层错落的建筑、对沉降及不均匀沉降反应敏感的高精度装备或设施等。当采用筏形或箱形基础，尽管采用了加大基底面积，增加基础刚度和加大埋深的措施，但只解决满足承载力要求；由于基础底面积的加大，地基受压层加深，地基仍可能产生较大的变形，不能满足这类建筑物的容许沉降与沉降差的要求。在这种情况下，可在筏基或箱基下打桩以减少沉降，即桩筏基础（见图 3-1 和图 3-2）或桩箱基础（见图 3-5）。根据上海地区高层建筑的经验，采用桩筏或桩箱基础，由于打了桩使得高层与超高层建筑物的最大沉降值都能控制在容许范围（150~200mm）之内，有相当多的高层建筑的沉降实测值，大多数在 20~30mm。上海金茂大厦高 420.5m，采用了桩筏基础，自 1998 年建成使用以来，实测最大沉降值为 88mm，并已趋稳定，足以证明桩基对于控制沉降有着显著作用。

（6）造价高、技术难度大。筏形与箱形基础体型大，需要花费大量钢材和混凝土，大体钢筋混凝土施工，需要精心控制质量与温度影响。大面积深开挖和基础深埋置带来了诸多土工问题的处理，使得造价要比一般基础贵得多。

5.2 筏形与箱形基础地基计算

5.2.1 基础埋置深度

箱形基础设计

在确定高层建筑的基础埋置深度时，应考虑建筑物的高度、体型，以及用途、地基土性质、荷载大小、水文地质条件、抗震设防烈度、相邻建筑基础和地下构筑物状况等因素，并应满足抗倾覆和抗滑移的要求。抗震设防区天然土质地基上的筏形和箱形基础，其埋深不应小于建筑物高度的 $\frac{1}{15}$，并不小于 3m。当桩与筏板或箱基底板连接的构造符合：桩顶嵌入箱基或筏基底板内的长度，对于大直径桩，不应小于 100mm，对中小直径的桩不应小于 50mm；桩的纵向钢筋锚入箱形基础或筏形基础底板内的长度不宜小于钢筋直径的 35 倍，对于抗拔桩基不应少于钢筋直径的 45 倍的要求时，桩箱或桩筏基础的埋置深度

（不计桩长）不应小于建筑物高度的 $\dfrac{1}{18}$。

5.2.2 确定基础底面尺寸

筏形和箱形基础的平面尺寸，应根据地基土的承载力、上部结构的布置及荷载分布等因素确定。设计时应尽量使柱荷载分布均匀，荷载合力点与基础形心重合。当仅为了满足地基承载力的要求而扩大基础底板面积时，扩大部位应设在建筑物的宽度方向。对单幢建筑物，在地基土比较均匀的条件下，基底平面形心宜与结构竖向永久荷载重心重合；当不能重合时，在荷载效应准永久组合下，偏心距 e 应符合：

$$e \leqslant 0.1\,\frac{W}{A} \tag{5-1}$$

式中，W 为与偏心距方向一致的基础底面边缘抵抗矩；A 为基础底面积。

这是因为在地基较均匀的条件下，建筑物的倾斜与 $\dfrac{e}{B}$（B 为基础宽度）的大小有关。在地基土条件相同的情况下，$\dfrac{e}{B}$ 越大，则倾斜越大。对于高层建筑来讲，由于重心高、重量大，当因荷载作用点与基底平面形心不重合而开始产生倾斜后，建筑物重力会对平面形心产生新的倾覆力矩增量，其又会引起新的倾斜增量，这种相互影响可能随着时间而增长，直至地基变形失稳为止。因此，规范规定采用式(5-1)来调整基底面积，减小基础偏心，避免其产生倾斜，保证建筑物的正常使用。

5.2.3 地基承载力验算

筏形和箱形基础基底压力应满足以下要求：
（1）当受轴心荷载作用时，

$$p_{k} \leqslant f_{a} \tag{5-2}$$

（2）当受偏心荷载作用时，

$$\begin{cases} p_{k} \leqslant f_{a} \\ p_{k\max} \leqslant 1.2f_{a} \end{cases} \tag{5-3}$$

式中，p_{k} 为相应于荷载效应标准组合时，基础底面处的平均压力值，按式(2-13)计算；$p_{k\max}$ 为相应于荷载效应标准组合时，基础底面边缘处的最大压力值，按式(2-15)计算；f_{a} 为修正后的地基承载力特征值。

对于非抗震设防的高层建筑筏形和箱形基础，尚应符合：

$$p_{k\min} > 0 \tag{5-4}$$

式中，$p_{k\min}$ 为相应于荷载效应标准组合时，基础底面边缘处的最小压力值，按式(2-15)计算。

对于抗震设防的建筑，筏形和箱形基础的基底压力除应满足式(5-2)和式(5-3)的要求外，还应按式(5-5)进行地基土的抗震承载力验算：

$$\begin{cases} p_{k} \leqslant f_{aE} \\ p_{k\max} \leqslant 1.2f_{a} \end{cases} \tag{5-5}$$

式中，f_{aE} 为调整后的地基抗震承载力，按式(2-21)确定；p_{k} 为地震作用效应标准组合的基础底面平均压力值；p_{kmax} 为地震作用效应标准组合的基底边缘处的最大压力值。

当在地震作用效应组合下基础底面的边缘最小压力出现零应力时，零应力区的面积不应超过基础底面面积的15%；对于高宽比大于4的高层建筑，在地震作用下基础底面不应出现零应力区。

如果存在软弱下卧层，还应进行软弱下卧层的承载力验算，验算方法与天然地基上的浅基础相同。如果偏心较大，将或不能满足承载力验算要求，为减少偏心距和扩大基底面积，可基础底板外伸悬挑。

5.2.4　地基变形计算

高层建筑箱形与筏形基础的地基变形计算值不应大于建筑物的地基变形允许值，建筑物的地基变形允许值应按地区经验确定，当无经验时应符合现行《建筑地基基础设计规范》（GB 50007—2011）的相关规定。由于高层建筑筏形和箱形基础的埋深一般都较大，因此在计算地基最终沉降量时，应适当考虑由于基坑开挖所引起的回弹变形。

《高层建筑筏形与箱形基础技术规范》（JGJ 6—2011）推荐了两种计算方法即压缩模量法和变形模量法。

5.2.4.1　压缩模量法

当采用土的压缩模量计算筏形和箱形基础的最终沉降量 s 时，其计算公式为：

$$s_1 = \Psi_c \sum_{i=1}^m \frac{p_c}{E_{ci}} (z_i \bar{a}_i - z_{i-1} \bar{a}_{i-1}) \tag{5-6}$$

$$s_2 = \Psi_s \sum_{i=1}^n \frac{p_0}{E_{si}} (z_i \bar{a}_i - z_{i-1} \bar{a}_{i-1}) \tag{5-7}$$

$$s = s_1 + s_2 \tag{5-8}$$

式中，s 为地基最终沉降量；s_1 为基坑底面以下地基土回弹再压缩引起的沉降量；s_2 基底附加应力引起的沉降量；Ψ_s 为沉降计算经验系数，按地区经验采用，当缺乏地区经验时，可按现行《建筑地基基础设计规范》（GB 50007—2011）的有关规定采用；m 为基础底面以下回弹影响深度范围内所划分的地基土层数；式中其余各符号的含义同式(2-27)和式(2-31)。

式(5-6)中的沉降计算深度应按地区经验确定，当无地区经验时可取基坑开挖深度；式（5-7）中的沉降计算深度按式(2-29)和式(2-30)确定。

5.2.4.2　变形模量法

当采用土的变形模量计算筏形和箱形基础的最终沉降量 s 时，其计算公式为：

$$s = p_k b \eta \sum_{i=1}^n \frac{\delta_i - \delta_{i-1}}{E_{0i}} \tag{5-9}$$

式中，p_k 为相应于荷载效应准永久组合时的基底压力平均值；b 为基础底面宽度；δ_i、δ_{i-1} 为与基础长宽比 $\frac{l}{b}$ 及基础底面至第 i 层和第 $i-1$ 层土底面的距离 z 有关的无量纲系数，可按《高层建筑筏形和箱形基础技术规范》（JGJ 6—2011）中的附录 C 确定；E_{0i} 为基础底面下第 i 层土的变形模量，通过试验或按地区经验确定；η 为修正系数，可按表5-1采用。

表 5-1　修正系数

m	$1<m\le0.5$	$0.5<m\le1$	$1<m\le2$	$2<m\le3$	$3<m\le5$	$5<m\le\infty$
η	1.00	0.95	0.90	0.80	0.75	0.70

注：$m=2\dfrac{z_n}{b}$，z_n 为沉降计算深度。

在进行沉降计算时，沉降计算深度 z_n 的计算公式为：

$$z_n = (z_m + \xi b)\beta \tag{5-10}$$

式中，z_m 为与基础长宽比有关的经验值，按表 5-2 确定；ξ 为折减系数，按表 5-2 确定；β 为调整系数，可按表 5-3 确定。

表 5-2　z_m 值和折减系数 ξ

l/b	<1	2	3	4	≥5
z_m	11.6	12.4	12.5	12.7	13.2
ξ	0.42	0.49	0.53	0.60	1.00

表 5-3　调整系数 β

土类	碎石	砂土	粉土	黏性土	软土
β	0.30	0.50	0.60	0.75	1.00

筏形和箱形基础的整体倾斜值，可根据荷载偏心、地基的不均匀性、相邻荷载的影响和地区经验进行计算。高层建筑箱形和筏形基础的地基应进行承载力和变形计算外，当基础埋深不符合 5.2.1 节的要求或地基土层不均匀时应进行基础的抗滑移和抗倾覆稳定性验算及地基的整体稳定性验算。

5.3　筏形基础设计

筏形基础的设计内容主要包括：确定筏形基础的埋深、筏板底面尺寸和厚度；地基承载力及变形验算；筏板及肋梁的内力和配筋计算；绘制施工图等。

5.3.1　筏形基础的构造要求

5.3.1.1　筏板厚度

梁板式筏基底板的厚度应符合受弯、受冲切和受剪切承载力的要求，且不应小于 400mm，板厚与最大双向板格的短边净跨之比不应小于 $\dfrac{1}{14}$，梁板式筏基梁的高跨比不宜小于 $\dfrac{1}{6}$。对于底板外挑的梁板式筏基（肋梁与底板同时挑出），外挑长度从基础梁外皮算起，横向不应大于 1200mm，纵向不应大于 800mm。

高层建筑平板式筏基的最小厚度不应小于 500mm，一般为 0.5~2.5m。当柱荷载较大，等厚度筏板的受冲切承载力不能满足要求时，可在柱下的筏板顶面增设柱墩或在柱下的筏板底面局部加板厚或采用抗冲切钢筋等措施,其底板外挑长度从柱外皮算起不应大于 2000mm。

多层建筑墙下平板式筏基的厚度一般不应小于 200mm,通常对于 5 层以下的民用建筑取其厚度不小于 250mm,6 层民用建筑取其厚度不小于 300mm。工程设计时,也可根据经验按每层 50mm 厚初步确定,但不得小于 250mm。筏板悬挑出墙外的长度,从轴线算起横向不应大于 1500mm,纵向不应大于 1000mm。如果采用不埋式筏形基础,四周必须设置连梁。

筏基外挑部分的截面可做成变厚度,但其边缘的厚度不应小于 200mm。

5.3.1.2 材料要求

筏基的混凝土强度等级不应低于 C30。当采用防水混凝土,防水混凝土的抗渗等级应按表 5-4 选用。对于重要建筑,宜采用自防水并设架空排水层。

表 5-4 防水混凝土抗渗等级

埋置深度 d/m	设计抗渗等级	埋置深度 d/m	设计抗渗等级
$d<10$	P6	$20 \leqslant d<30$	P10
$10 \leqslant d<20$	P8	$30 \leqslant d$	P12

考虑到整体弯曲的影响,梁板式筏基的底板和基础梁的配筋除满足计算要求外,纵横方向的底部支座钢筋尚应有 $\frac{1}{3}$ 贯通全跨,基础梁和底板的顶部跨中钢筋应按实际配筋全部连通,底板上下贯通钢筋的配筋率不应小于 0.15%。

考虑到整体弯曲的影响,平板式筏基柱下板带和跨中板带的底部钢筋应有 $\frac{1}{3}$ 贯通全跨,顶部钢筋应按实际配筋全部连通,上下贯通钢筋的配筋率均不应小于 0.15%。

当筏板的厚度大于 2000mm 时,应在板厚中间部位设置直径不小于 12mm,间距不大于 300mm 的双向钢筋网(配置在板的顶面和底面)。

筏形基础底板下应设混凝土垫层,厚度一般为 100mm。当有垫层时,钢筋的保护层厚度不应小于 35mm。

筏板边缘的外伸部分应上下配置钢筋。对无外伸肋梁的双向外伸部分应在板底布置放射状附加钢筋,附加钢筋直径与边跨主筋相同,间距不大于 200mm,一般为 5~7 根。

5.3.1.3 连接构造要求

地下室底层柱、剪力墙与梁板式筏基的基础梁连接的构造要求应符合下列规定。

(1)当交叉基础梁的宽度小于柱截面的边长时,交叉基础梁连接处应设置八字角,柱角和八字角之间的净距不应小于 50mm,如图 5-4(a)所示。

(2)当单向基础梁与柱连接,柱截面的边长大 400mm 时,可按图 5-4(b)和(c)采用;柱截面的边长不大于 400mm 时,可按图 5-4(d)采用。

(3)当基础梁与剪力墙连接时,基础梁边至剪力墙边的距离不应小于 50mm,如图 5-4(e)所示。

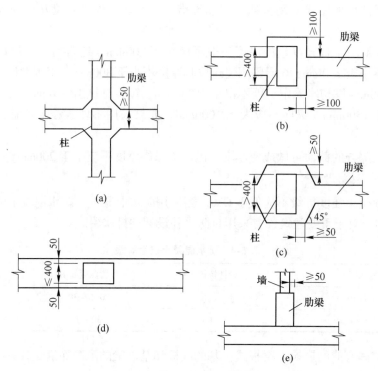

图 5-4 地下室底层柱、剪力墙与梁板式筏基的
基础梁连接的构造要求（单位：mm）

（a）交叉基础梁宽小于柱边长；（b）单向基础梁时柱边大于400mm（一）；（c）单向基础梁时柱边
大于400mm（二）；（d）单向基础梁时柱边小于400mm；（e）基础梁与剪力墙连接

另外，采用筏形基础的地下室，地下室钢筋混凝土外墙厚度不应小于250mm，内墙厚度不应小于200mm。墙体内应设置双面钢筋，水平钢筋的直径不应小于12mm，竖向钢筋的直径不应小于10mm，间距不应大于200mm。

5.3.2 筏形基础底板厚度

5.3.2.1 梁板式筏基底板厚度

梁板式筏基底板除计算正截面受弯承载力外，其厚度尚应满足受冲切承载力和受剪切承载力的要求。实际设计时，往往先初步设定一板厚，然后进行受冲切承载力和受剪切承载力验算。

底板受冲切承载力的计算公式为：

$$F_1 \leqslant 0.7\beta_{hp}f_t\mu_m h_0 \qquad (5-11)$$

式中，F_1 为作用在图 5-5 中阴影部分面积

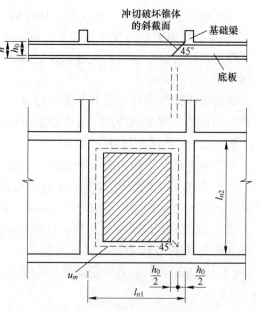

图 5-5 底板冲切计算示意图

上的地基土平均净反力设计值；f_t 为混凝土轴心抗拉强度设计值；h_0 为底板的有效高度；μ_m 为距基础梁边加处冲切临界截面的周长，如图 5-5 所示。

当底板区格为矩形双向板时，底板受冲切所需厚度 h_0 的计算公式为：

$$h_0 = \frac{(l_{n1} + l_{n2}) - \sqrt{(l_{n1} + l_{n2})^2 - \dfrac{4pl_{n1}l_{n2}}{p + 0.7\beta_{hp}f_t}}}{4} \tag{5-12}$$

式中，l_{n1}、l_{n2} 分别为计算板格的短边和长边的净长度；p 为相应于荷载效应基本组合的地基土平均净反力设计值；β_{hp} 为受冲切承载力截面高度影响系数，当厚度 h 不大于 800mm 时，取 1.0，当厚度 h 不小于 2000mm 时，取 0.9，其间按线性内插法取用。

梁板式筏基双向底板斜截面受剪承载力应符合：

$$V_s \leq 0.7\beta_{hs}f_t(l_{n2} - 2h_0)h_0 \tag{5-13}$$

式中，V_s 为相应于荷载效应基本组合时剪力设计值，即距梁边缘 h_0 处，作用在图 5-6 中阴影部分面积上的地基土平均净反力设计值；β_{hs} 为受剪切承载力截面高度影响系数，按 $\beta_{hs} = \left(\dfrac{800}{h_0}\right)^{\frac{1}{4}}$ 计算，当 $h_0 < 800$mm 时，取 $h_0 = 800$mm，当 $h_0 > 2000$ 时，取 $h_0 = 2000$mm。

当底板隔板为单向板时，其斜截面受剪承载力应按式（3-6）验算，其底板厚度不应小于 400mm。

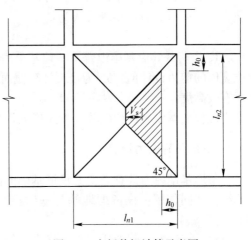

图 5-6 底板剪切计算示意图

5.3.2.2 平板式筏基底板厚度

平板式筏基的板厚应满足受冲切承载力和受剪切承载力的要求，计算时应考虑作用在冲切临界面重心上的不平衡弯矩产生的附加剪力。对基础边柱和角柱冲切验算时，其冲切力应分别乘以 1.1 和 1.2 的增大系数。距柱边当 $\dfrac{h_0}{2}$ 处冲切临界截面的最大剪应力 τ_{max} 应满足（见图 5-7）：

$$\tau_{max} = \frac{F_1}{\mu_m h_0} + \frac{\alpha_s M_{unb}c_{AB}}{I_s} \tag{5-14}$$

$$\tau_{max} \leq 0.7\left(0.4 + \frac{1.2}{\beta_s}\right)\beta_{hp}f_t \tag{5-15}$$

$$\alpha_s = 1 - \frac{1}{1 + \dfrac{2}{3}\sqrt{\dfrac{c_1}{c_2}}} \tag{5-16}$$

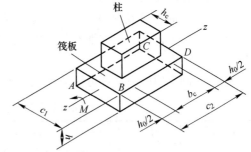

图 5-7 内桩冲切临界截面

式中，F_1 为相应于荷载效应基本组合时的集中力设计值，对内柱取轴力设计值减去筏板冲切破坏锥体内的地基反力设计值，对边柱和角柱，取轴力设计值减去筏板冲切临界截面范围内的地基反力设计值，地基反力值应扣除底板自重；μ_m 为距柱边 $\dfrac{h_0}{2}$ 处冲切临界截面的周长，按《建筑地基基础设计规范》（GB 50007—2011）中的附录 P 计算；M_{unb} 为作用在冲切临界截面重心上的不平衡弯矩设计值；c_{AB} 为沿弯矩作用方向，冲切临界截面重心至冲切临界截面最大剪应力点的距离，按《建筑地基基础设计规范》（GB 50007—2011）中的附录 P 计算；I_s 为冲切临界截面对其重心的极惯性矩，按《建筑地基基础设计规范》（GB 50007—2011）中的附录 P 计算；β_s 为柱截面长边与短边的比值，当 $\beta_s<2$ 时，取 2，当 β_s 大于 4 时，取 4；α_s 为不平衡弯矩通过冲切临界截面上的偏心剪力传递的分配系数；c_1 为与弯矩作用方向一致的冲切临界截面的边长，按《建筑地基基础设计规范》（GB 50007—2011）中的附录 P 计算；c_2 为垂直于 c_1 的冲切临界截面的边长，按《建筑地基基础设计规范》（GB 50007—2011）中的附录 P 计算。

平板式筏板除满足受冲切承载力外，尚应满足距内筒边缘或柱边缘 h_0 处筏板的受剪承载力。受剪承载力的验算公式为：

$$V_s \leqslant 0.7\beta_{hs} f_t b_w h_0 \tag{5-17}$$

式中，V_s 为荷载效应基本组合下，地基土净反力平均值产生的距内筒或柱边缘 h_0 处筏板单位宽度的剪力设计值；b_w 为筏板计算截面单位宽度；h_0 为距内筒或柱边缘 h_0 处筏板的截面有效高度。

当筏板变厚度时，尚应验算变厚度处筏板的受剪承载力。

5.3.3　筏形基础内力计算

与条形基础内力计算类似。筏形基础的内力计算也大致分为三类：考虑地基、基础与上部结构共同作用；仅考虑地基与基础相互作用（弹性地基梁板法）；不考虑共同作用（简化计算法）。

简化计算法亦称刚性法。它以静力平衡为基本条件，不考虑地基、基础与上部结构的共同作用。该方法假定基底反力呈直线分布，因此要求基础具有足够的相对刚度。

当地基土比较均匀、上部结构刚度较好、梁板式筏基梁的高跨比或平板式筏基板的厚跨比不小于 $\dfrac{1}{6}$，且相邻柱荷载及柱间距的变化不超过 20% 时，筏形基础可仅考虑局部弯曲作用，按倒楼盖法进行计算。计算时基底反力按直线分布，并应扣除底板自重及其上填土的自重。

当地基比较复杂、上部结构刚度较差，或柱荷载及柱间距变化较大（即不符合简化计算法条件）时，筏基内力应按弹性地基梁板法进行分析计算。此时，将筏基视为置于弹性地基上的梁板，并考虑地基与基础之间的相互作用，采用基床系数法或数值分析法等方法计算其内力。

筏形基础常用内力计算方法分类见表 5-5。

表 5-5　筏形基础常用内力计算方法分类

计算方法	主要方法	适　用　条　件	特　　点
简化计算法 （刚性法）	倒楼盖法 刚性板条法	柱荷载相对均匀（相邻柱荷载变化不超过 20%），柱距相对比较一致（相邻柱距变化不超过 20%），柱距小于 $\dfrac{1.75}{\lambda}$，或具有刚性上部结构	不考虑上部结构刚度作用；不考虑地基、基础之间的相互作用；假定地基反力呈直线分布

续表 5-5

计算方法	主要方法	适　用　条　件	特　点
弹性地基梁板法	基床系数法 数值分析法	不满足简化计算法条件	不考虑上部结构刚度作用；仅考虑地基与基础（梁板）的相互作用

下面将主要介绍简化计算法。

当采用简化计算法计算筏基内力时，基础底面的地基净反力的计算公式为：

$$\left.\begin{array}{r} p_{j\max} \\ p_{j\min} \end{array}\right\} = \frac{\sum N}{A} \pm \frac{\sum Ne_y}{W_x} \pm \frac{\sum Ne_x}{W_y} \tag{5-18}$$

式中，$p_{j\max}$、$p_{j\min}$ 分别为地基最大和最小净反力；$\sum N$ 为作用于筏形基础上的竖向荷载之和；e_x、e_y 分别为 $\sum N$ 在 x 方向和 y 方向上对基础形心的偏心距；W_x、W_y 分别为筏形基础底面对 x 轴和 y 轴的截面抵抗距；A 为筏基底面的面积。

在计算出地基净反力后，常采用倒楼盖法或刚性板条法（条带法）计算筏基的内力。

5.3.3.1　倒楼盖法

一般情况下，当上部结构刚度较大，筏板主要承受地基反力作用产生局部挠曲所引起的内力时，筏形基础可仅考虑局部弯曲作用，按倒楼盖法进行计算。

按倒楼盖法计算的梁板式筏基，其基础梁的内力可按连续梁分析，边跨跨中弯矩以及第一内支座的弯矩值应乘以 1.2 的系数；底板按连续双向板（单向板）计算。梁板式筏基的基础梁除满足正截面受弯及斜截面受剪承载力要求以外，尚应按现行《混凝土结构设计规范》（GB 50010—2010）的有关规定验算底层柱下基础梁顶面的局部受压承载力。

平板式筏基按无梁楼盖计算，即把底板沿纵横两个方向划分成若干柱下板带和跨中板带（见图 5-8），然后按柱下板带和跨中板带分别进行内力分析。应注意：柱下板带中，柱宽及其两侧各 0.5 倍板厚且不大于 $\frac{1}{4}$ 板跨的有效宽度范围内，其钢筋配置量不应小于柱下板带钢筋数量的一半，且应能承受部分不平衡弯矩 $\alpha_m M_{unb}$。M_{unb} 为作用在冲切临界截面重心上的不平衡弯矩，α_m 的计算公式为：

$$\alpha_m = 1 - \alpha_s \tag{5-19}$$

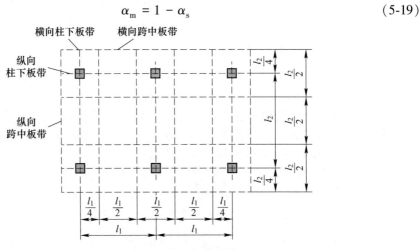

图 5-8　倒楼盖法筏基板带划分

式中，α_m 为不平衡弯矩通过弯曲来传递的分配系数；α_s 按式(5-7)计算。

另外，平板式筏基的顶面应满足底层柱下局部受压承载力要求。对抗震设防烈度为 9 度的高层建筑，验算柱下基础梁、筏板局部受压承载力时，应计入竖向地震作用对柱轴力的影响。

5.3.3.2   板条法

一般情况下，当上部结构刚度较差、筏板较厚，相对于地基可视为刚性板时，由于地基沉降，筏板将产生整体弯曲所引起的内力。这种情况下，进行内力分析时，应考虑筏板承担整体弯曲作用（整体弯曲是指上部结构与基础一起夸曲），可按板条法进行计算。

板条法是把筏基沿纵横两个方向划分成若干条带（板带），柱列中心线为各条带分界线，并忽略条带间剪力的静力不平衡情况，即假定各条带之间互不影响，这样每个条带可看作独立的柱下条形基础，然后按倒梁法或静定分析法计算其内力。其中，柱荷载在纵横条带之间的分配可参考交叉条形基础的荷载分配方法（详见第 4 章）。

由于板带下的净反力是按整个筏形基础计算得到的，因此其与板带上的柱荷载并不平衡，计算板带前需要将两者加以调整。步骤如下：先将筏形基础在 x、y 方向从跨中到跨中划分成若干条带（见图 5-9），而后取出每一条带进行分析。设某条带的宽度为 b，长度为 L，条带内柱的总荷载为 $\sum N$，条带内地地基净反力平均值为 $\overline{p_j}$，计算两者的平均值 $\overline{P}$ 为：

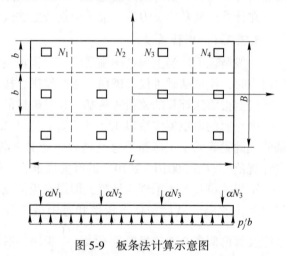

图 5-9   板条法计算示意图

$$\overline{P} = \frac{\sum N + \overline{p_j} bL}{2} \qquad (5\text{-}20)$$

计算柱荷载的修正系数 α，并按修正系数调整柱荷载，即：

$$\alpha = \frac{\overline{P}}{\sum N} \qquad (5\text{-}21)$$

调整基底平均净反力，调整值为：

$$\overline{p_j'} = \frac{\overline{P}}{bL} \qquad (5\text{-}22)$$

最后采用调整后的柱荷载及地基净反力，按独立的柱下条形基础计算基础内力。

当计算板带柱荷载 P_i 与相邻两柱荷载 P_{i-1}、P_{i+1} 变化超过 20% 时，可用三者的加权平均值 $P_{\min}$ 来代替该柱列荷载，其计算公式为：

$$P_{\min} = \frac{P_{i-1} + 2P_i + P_{i+1}}{4} \qquad (5\text{-}23)$$

在计算各条带弯矩值时，应注意各条带横截面上的弯矩并非沿条带横截面均匀分配，而是比较集中于各条带的柱下中心区域，计算时可将条带横截面上总弯矩的 $\frac{2}{3}$ 配给该条带的中心（$\frac{b}{2}$宽的柱下板带）上（见图 5-10），而该条带两侧宽为$\frac{b}{4}$的边缘条（跨中板带）则各承担$\frac{1}{6}$弯矩，为了保证板柱之间的弯矩传递，并使筏板在地震作用过程中能够处于弹性状态，保证柱根部能实现预期的塑性角，还应满足相应的构造要求。

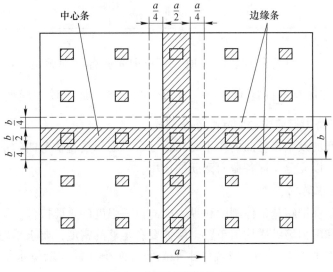

图 5-10　板条法弯矩分布图

5.4　箱形基础设计

箱形基础的设计内容主要包括：确定箱形基础的埋深和平面布置；地基承载力及变形验算，顶板、底板、内墙、外墙，以及洞口等构件的强度及配筋计算；绘制施工图等。

5.4.1　构造要求

5.4.1.1　箱基的高度

箱基的高度是指基底底面到顶板顶面的外包尺寸。箱基的高度应满足结构承载力和刚度的要求，其值不应小于箱基长度（不包括底板悬挑部分）的$\frac{1}{20}$，并不应小于 3m。

5.4.1.2　箱基的顶、底板

当考虑上部结构嵌固在箱基的顶板上或地下一层结构顶部时，箱基或地下一层结构顶板除满足正截面受弯承载力和斜截面受剪承载力要求外，其厚度尚不应小于 200mm。当箱基兼作人防地下室时，要考虑爆炸荷载及坍塌荷载的作用，所需厚度除应由计算确定外，且要大于 30cm。为了保证箱基具有足够的刚度，楼梯部位应予以加强。

箱基的底板厚度应根据实际受力情况、整体刚度及防水要求确定，底板厚度不应小于 300mm。底板除计算正截面受弯承载力外，应满足斜截面受剪承载力、底板受冲切承载力的要求。设计时，可参照表 5-6 初步确定底板厚度。

表 5-6　底板厚度参考值

基底平均压力/kPa	底板厚度/mm	基底平均压力/kPa	底板厚度/mm
150～200	$\dfrac{L}{14} \sim \dfrac{L}{10}$	300～400	$\dfrac{L}{8} \sim \dfrac{L}{6}$
200～300	$\dfrac{L}{10} \sim \dfrac{L}{8}$	400～500	$\dfrac{L}{7} \sim \dfrac{L}{5}$

注：L 为箱基底板中较大区格的短向净跨度。

当顶、底板仅按局部弯曲计算时，顶、底板钢筋配置量除满足局部弯曲的计算要求外，纵横方向的支座钢筋尚应有 $\dfrac{1}{3} \sim \dfrac{1}{2}$ 贯通全跨，且贯通钢筋的配筋率分别不应小于 0.15%、0.10%；跨中钢筋应按实际配筋全部连通。

当考虑局部弯曲及整体弯曲的作用时，应综合考虑承受整体弯曲的钢筋与局部弯曲的钢筋的配置部位，以充分发挥各截面钢筋的作用。

5.4.1.3　箱基的内、外墙

箱基的墙体是保证箱基整体刚度和纵、横向抗剪强度的重要构件。箱基的内、外墙应沿上部结构柱网和剪力墙纵横均匀布置。墙体要有足够的密度，要求平均每平方米基础面积上墙体长度不得小于 400mm，或墙体水平截面总面积（计算墙体水平截面积时，不扣除洞口部分）不得小于箱基外墙外包尺寸的水平投影面积的 $\dfrac{1}{10}$；对基础平面长宽比大于 4 的箱基，其纵墙水平截面面积不得小于箱基外墙外包尺寸水平投影面积的 $\dfrac{1}{18}$。墙的间距不应大于 10m。

墙身厚度应根据实际受力情况及防水要求确定。外墙厚度不应小于 250mm，内墙厚度不应小于 200mm。

墙体内应设置双面钢筋，竖向和水平钢筋的直径不应小于 10mm，间距不应大于 200mm。除上部为剪力墙外，内、外墙的墙顶处宜配置两根直径不小于 20mm 的通长构造钢筋。

5.4.1.4　箱基墙体开洞要求

箱基的墙体应尽量不开洞或少开洞，门洞应设在柱间居中部位，洞边至上层柱中心的水平距离不得小于 1.2m，洞口上过梁的高度不得小于层高的 $\dfrac{1}{5}$，洞口面积不得大于柱距与箱形基础全高乘积的 $\dfrac{1}{6}$。

在底层柱与箱形基础交界处，墙边与柱边或柱脚与八字角之间的净距不得小于 50mm（见图 5-11），并应验算底层柱下墙体的局部受压承载力，当不能满足要求时，应增加墙体的承压面积或采取其他措施。

5.4.1.5　箱基与预制柱的连接

当上部结构采用预制柱时，箱形基础顶部应预留杯口，如图 5-12 所示。对于两面或

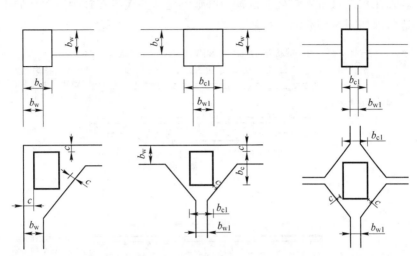

图 5-11 箱基的内、外墙与底层柱的连接尺寸

三面与顶板连接的杯口，其临空面的杯四壁顶部厚度应符合高杯口的要求，且不应小于 200mm；当四面与顶板连接时不应小于 150mm。杯口深度取 $\left(\dfrac{L}{2}+500\right)$ mm（L 为预制柱的长度），且不得小于 35 倍柱主筋的直径，杯口配筋按计算确定，并应符合构造要求。

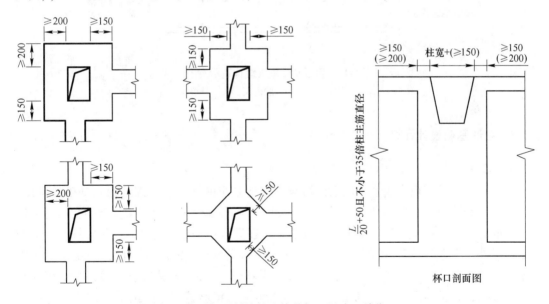

图 5-12 箱基与预制柱的连接处杯口尺寸（单位：mm）

对于柱下三面或四面有箱形基础墙的内柱，除四角钢筋直通基底外，其余钢筋伸入顶板底面以下的长度不应小于其直径的 40 倍。外柱、与剪力墙相连的柱及其他内柱应直通到基础底板的底面。

箱形基础的混凝土强度等级不应低于 C20；当采用防水混凝土时，且其抗渗等级不应小于 0.6MPa（其余同筏基）。箱基底板应设置混凝土垫层，厚度不小于 100mm。

　　箱形基础在相距 40m 左右处应设置一道施工缝，并应设在柱距三等分的中间范围内，施工缝构造要求如图 5-13 所示。

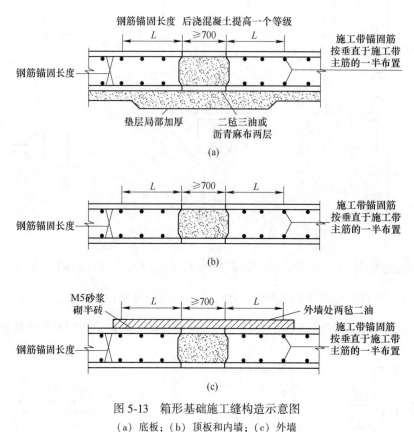

图 5-13　箱形基础施工缝构造示意图
（a）底板；（b）顶板和内墙；（c）外墙

5.4.2　箱形基础设计计算

5.4.2.1　基底反力

　　众所周知，基底反力受众多因素的影响，如地基土的性质、上部结构和基础的刚度、荷载的大小与分布、基础的埋深、尺寸及形状等。箱形基础是一个非常复杂的空间受力体系，要准确地确定箱基的基底反力仍十分困难。在进行箱基地基计算时，除应按 5.2 节的规定执行外，根据《高层建筑筏形与箱形基础技术规范》（JGJ 6—2011）规定：对于上部结构及其荷载比较均匀对称，基底底板悬挑不超过 0.8m，地基比较均匀，不受相邻建筑物的影响，并基本满足各项构造要求的单幢建筑物箱形基础，可按以下方法计算基底反力。

　　将基础底面划分成 40 个区格（纵向 8 格、横向 5 格，见图 5-14），第 i 区格基底反力 p_i 的计算公式为：

$$p_i = \frac{\sum P}{BL} \alpha_i \tag{5-24}$$

式中，$\sum P$ 为相应于荷载效应基本组合时上部结构竖向荷载加箱基重量和挑出部分台阶上的土重；B、L 分别为箱形基础的宽度和长度；α_i 为相应于 i 区格的基底反力系数，由表 5-7 确定。

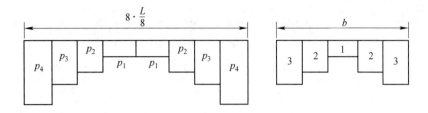

图 5-14 箱基整体弯曲计算示意图

表 5-7 箱形基础基底反力系数 α_i

适用范围	$\dfrac{L}{B}$	纵向 横向	4	3	2	1	1	2	3	4
黏性土地基	1	4	1.381	1.179	1.128	1.108	1.108	1.128	1.179	1.381
		3	1.179	0.952	0.898	0.879	0.879	0.898	0.952	1.179
		2	1.128	0.898	0.841	0.821	0.821	0.841	0.898	1.128
		1	1.108	0.879	0.821	0.800	0.800	0.821	0.879	1.108
		1	1.108	0.879	0.821	0.800	0.800	0.821	0.879	1.108
		2	1.128	0.898	0.841	0.821	0.821	0.841	0.898	1.128
		3	1.179	0.952	0.898	0.879	0.879	0.898	0.952	1.179
		4	1.381	1.179	1.128	1.108	1.108	1.128	1.179	1.381
	2~3	3	1.265	1.115	1.075	1.061	1.061	1.075	1.115	1.265
		2	1.073	0.904	0.865	0.853	0.853	0.865	0.904	1.073
		1	1.046	0.875	0.835	0.822	0.822	0.835	0.875	1.046
		2	1.073	0.904	0.865	0.853	0.853	0.865	0.904	1.073
		3	1.265	1.115	1.075	1.061	1.061	1.075	1.115	1.265
	4~5	3	1.229	1.042	1.014	1.003	1.003	1.014	1.042	1.229
		2	1.096	0.929	0.904	0.895	0.895	0.904	0.929	1.096
		1	1.081	0.918	0.893	0.884	0.884	0.893	0.918	1.082
		2	1.096	0.929	0.904	0.895	0.895	0.904	0.929	1.096
		3	1.229	1.042	1.014	1.003	1.003	1.014	1.042	1.229
	6~8	3	1.214	1.053	1.013	1.008	1.008	1.013	1.053	1.215
		2	1.083	0.939	0.903	0.899	0.899	0.903	0.939	1.083
		1	1.070	0.927	0.892	0.888	0.888	0.892	0.927	1.070
		2	1.083	0.939	0.903	0.899	0.899	0.903	0.939	1.083
		3	1.214	1.053	1.013	1.008	1.008	1.013	1.053	1.215

适用范围	$\dfrac{L}{B}$	纵向 横向	4	3	2	1	1	2	3	4
软土地基	—	3	0.906	0.966	0.814	0.738	0.738	0.814	0.966	0.906
		2	1.124	1.197	1.009	0.914	0.914	1.009	1.197	1.124
		1	1.235	1.314	1.109	1.006	1.006	1.109	1.314	1.235
		2	1.124	1.197	1.009	0.914	0.914	1.009	1.197	1.124
		3	0.906	0.966	0.814	0.738	0.738	0.814	0.966	0.906

注：1. L、B 包括底板悬挑部分；

　　 2. 若上部结构及其荷载略不对称时，应求出由于偏心产生纵横方向力矩所引起的不均匀反力，此反力按直线分布计算并与反力系数表计算的反力分布进行叠加。

5.4.2.2　荷载计算

作用于箱基的荷载主要有以下几项，如图 5-15 所示。

（1）地面堆载 q_x 产生的侧压力为：

$$\sigma_1 = q_x \tan^2\left(45° - \frac{\varphi}{2}\right) \tag{5-25}$$

（2）地下水位以上土的侧压力为：

$$\sigma_2 = \gamma H_1 \tan^2\left(45° - \frac{\varphi}{2}\right) \tag{5-26}$$

（3）浸入地下水位中 $H\text{-}H_1$ 高度土的侧压力为：

$$\sigma_3 = \gamma'(H - H_1)\tan^2\left(45° - \frac{\varphi}{2}\right) \tag{5-27}$$

（4）地下水产生的侧压力为：

$$\sigma_4 = \gamma_w(H - H_1) \tag{5-28}$$

（5）地基净反力为：

$$\sigma_5 = p_j + \gamma_w(H - H_1) \tag{5-29}$$

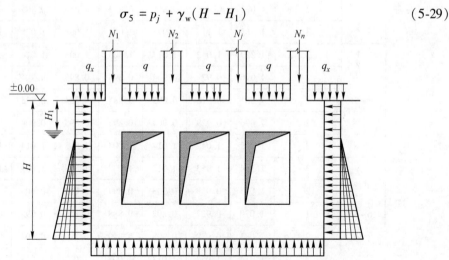

图 5-15　作用与箱基荷载示意图

顶板荷载 q 以及上部结构传来的集中力等。

式中，γ、γ_w、γ' 分别为土的重度、水的重度和土的浮重度；H_1、H 分别为地表到地下水面的深度和地表到箱形基础底面的高度。

5.4.2.3　内力计算

高层建筑箱形基础作为一个空间结构，在上部结构荷载、不均匀基底反力及箱基四周侧压力（土压力、水压力）共同作用下，产生整体弯曲。顶板、底板在荷载作用下会产生局部弯曲。因此，箱形基础内力分析时，应根据上部结构刚度强弱采用不同的计算方法。

A　局部弯曲引起的内力计算

当地基压缩层深度范围内的土层在竖向和水平方向较均匀，且上部结构为平立面布置较规则的剪力墙、框架、框架-剪力墙体系时，上部结构的刚度相当大，以至于箱基的整体弯曲小到可以忽略的程度，箱形基础的顶、底板可仅按局部弯曲计算，即：顶板以实际荷载（包括板自重）按普通楼盖计算；底板以直线分布的地基净反力（计入箱基自重后扣除底板自重所余的反力）按倒楼盖计算，底板与外墙的连接可根据墙对板的实际约束情况确定，与内墙的连接可视为刚接。同时，顶、底板应满足 5.4.1 节的构造要求。

B　整体弯曲引起的内力计算

对不符合上述要求的箱形基础，应同时考虑局部弯曲及整体弯曲的作用。地基反力可按式(5-23)确定。计算底板的局部弯矩时，考虑到底板周边与墙体连接产生的推力作用，以及实测结果表明基底反力有由纵横墙所分出的板格中部向四周墙下转移的现象，所以底板局部弯曲产生的弯矩应乘以 0.8 折减系数。

计算整体弯曲时应考虑上部结构与箱形基础的共同作用。对框架结构，箱形基础的自重应按均布荷载处理。计算时，一般将箱基视为一块空心厚板（见图 5-16），沿纵横方向分别进行单向受弯计算，即先将箱基沿纵向作为梁，用静定分析法计算出任一横截面的总弯矩和剪力，并假定它们沿截面均匀分布，再沿横向将箱基视为梁计算其弯矩和剪力。顶、底板在两个方向均处于受压或受拉状态，剪力分别由纵横墙承受。

显然，按照上述方法计算，荷载及基底反力均重复使用一次，从而使得计算出来的整体弯曲应力偏大；同时，按静定分析法计算内力也未考虑上部结构刚度的影响。对于后一种因素，可采用迈耶霍夫提出的"等代刚度梁法"——将两个方向计算的总弯矩进行折减。箱形基础承受的整体弯矩的计算公式为：

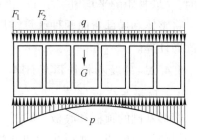

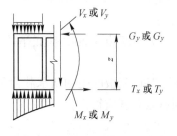

图 5-16　箱基整体弯曲计算示意图

$$M_F = \frac{E_F I_F}{E_F I_F + E_B I_B} M \tag{5-30}$$

$$E_B I_B = \sum_{i=1}^{n} \left[E_b I_{bi} \left(1 + \frac{K_{ui} + K_{li}}{2K_{bi} + K_{ui} + K_{li}} m^2 \right) \right] + E_w I_w \tag{5-31}$$

式中，M_F 为箱基承担的整体弯矩；M 为由整体弯曲产生的弯矩，可按静定梁分析或采用其他有效方法计算；$E_F I_F$ 为箱基的抗弯刚度；E_F 为箱基混凝土的弹性模量；I_F 为按工字形截面计算的箱基截面惯性矩，工字形截面的上、下翼缘宽度分别为箱基顶、底板的全宽，腹板厚度为箱基在弯曲方向的墙体厚度的总和；$E_B I_B$ 为上部结构的总折算刚度，按式(5-31)计算（见图 5-17）；E_B 为梁、柱的混凝土弹性模量；N 为建筑物层数，不大于 8 层时取实际层数，大于 8 层时取 $N=8$；m 为建筑物弯曲方向的节间数；E_w、I_w 分别为在弯曲方向与箱基相连的连续钢筋混凝土墙的弹性模量和惯性矩；b_w、h_w 分别为墙体的总厚度和高度；K_{ui}、K_{li}、K_{bi} 为第 i 层上柱、

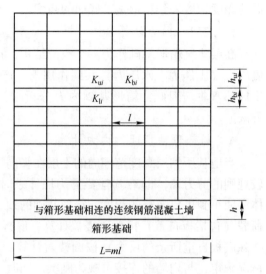

图 5-17　式(5-31)中符号示意

下柱和梁的线刚度；I_{ui}、I_{li}、I_{bi} 分别为第 i 层上柱、下柱和梁的截面惯性矩；h_{ui}、h_{li} 分别为上柱、下柱的高度；l 为上部结构弯曲方向的柱距。

式(5-31)适用于等柱距的框架结构。对柱距相差不超过 20% 的框架结构也可适用，此时，l 取柱距的平均值。

将整体和局部弯曲两种计算结果叠加，使得顶底板成为压弯或拉弯构件，最后据此进行配筋计算。

5.4.2.4　箱基构件强度计算

A　顶板与底板计算

箱形基础的顶板和底板，除了应根据荷载与跨度大小计算正截面受弯承载力外，还应进行斜截面受剪切、底板受冲切承载力验算。顶板、底板为矩形双向板时可按式(5-13)进行斜截面受剪切承载力验算，当为单向板时，其斜截面受剪承载力应符合：

$$V_s \leq 0.7\beta_{hs} f_t b_w h_0 \tag{5-32}$$

式中，V_s 为支座边缘处由基底平均净反力产生的剪力设计值；b_w 为底板计算截面单位宽度。

箱形基础底板的受冲切承载力可按式(5-11)计算。当底板区格为矩形双向板时，底板的截面有效高度应符合：

$$h_0 \geq \frac{(l_{n1} + l_{n2}) - \sqrt{(l_{n1} + l_{n2}) - \dfrac{4p_n l_{n1} l_{n2}}{p_n + 0.7\beta_{hp} f_t}}}{4} \tag{5-33}$$

式中，p_n 为扣除底板自重后的基底平均净反力设计值；基底反力系数按《高层建筑筏形与箱形基础技术规范》（JGJ 6—2011）中的附录 C 选用；其余符号含义同式(5-12)。

B 内墙与外墙

箱形基础的内、外墙，除与上部剪力墙连接外，各片墙的墙身的竖向受剪截面的计算公式为：

$$V \leqslant 0.25\beta_c f_c A \tag{5-34}$$

式中，V 为相应于荷载效应基本组合时，由柱根轴力传给各片墙的竖向剪力设计值，按相交的各片墙的刚度进行分配；β_c 为混凝土强度影响系数，对基础所采用的混凝土，一般为 1.0；A 为墙身竖向有效截面积；f_c 为混凝土轴心抗压强度设计值。

计算各片墙竖向剪力设计值时，可按地基反力系数表确定的地基反力按基础底板等角分线与板中分线所围区域传给对应的纵横基础墙（见图 5-18），并假设底层柱为支点，按连续梁计算基础墙上的各点竖向剪力。

对于承受水平荷载的内、外墙，尚需进行受弯计算，此时将墙身视为顶、底部固定的多跨连续板，作用于外墙上的水平荷载包括土压力、水压力和由于地面荷载引起的侧压力，土压力一般按静止土压力计算。

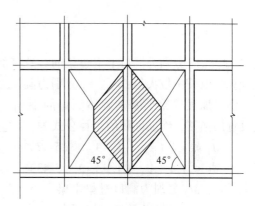

图 5-18 计算墙竖向剪力时 地基反力分配图

C 洞口

洞口过梁正截面抗弯承载力计算墙身开洞时，计算洞口处上、下过梁的纵向钢筋，应同时考虑整体弯曲和局部弯曲的作用，过梁截面的上、下钢筋，其弯矩设计值配置的计算公式如下。

（1）上梁弯矩：

$$M_1 = \mu V_b \frac{l}{2} + \frac{q_1 l^2}{12} \tag{5-35}$$

（2）上梁弯矩：

$$M_2 = (1 - \mu) V_b \frac{l}{2} + \frac{q_2 l^2}{12} \tag{5-36}$$

式中，V_b 为洞口中点处的剪力设计值；q_1、q_2 分别为作用在上下过梁上的均布荷载设计值；l 为洞口的净宽；μ 为剪力分配系数，其计算公式为：

$$\mu = \frac{1}{2}\left(\frac{b_1 h_1}{b_1 h_1 + b_2 h_2} + \frac{b_1 h_1^3}{b_1 h_1^3 + b_2 h_2^3}\right) \tag{5-37}$$

式中，h_1、h_2 分别为上、下过梁截面高度。

洞口过梁截面受剪承载力验算洞口上下过梁的截面，应分别符合以下要求。

（1）当 $\dfrac{h_i}{b} \leqslant 4$ 时（$i=1$，为上过梁，$i=2$，为下过梁），

$$V_1 < 0.25\beta_c f_c A_1 \tag{5-38}$$

（2）当 $\dfrac{h_i}{b} \geqslant 6$ 时（$i=1$，为上过梁，$i=2$，为下过梁），

$$V_2 < 0.25\beta_c f_c A_2 \tag{5-39}$$

（3）当 $4 < h_i < 6$ 时，按线性内插法确定，即：

$$V_1 = \mu V_b + \frac{q_1 l}{12} \tag{5-40}$$

$$V_2 = (1 - \mu)V_b + \frac{q_2 l}{12} \tag{5-41}$$

式中，A_1、A_2 分别为洞口上下过梁的有效截面积，可按图 5-19（a）和（b）中的阴影部分面积计算，取其中较大值；V_1、V_2 分别为洞口上下过梁的剪力。

洞口加强筋箱形基础墙体洞口周围应设置加强筋，钢筋面积的验算公式为：

$$M_1 \leqslant f_y h_1 (A_{s1} + 1.4 A_{s2}) \tag{5-42}$$

$$M_2 \leqslant f_y h_2 (A_{s1} + 1.4 A_{s2}) \tag{5-43}$$

式中，M_1、M_2 分别为洞口过梁上梁、下梁的弯矩；A_{s1} 为洞口每侧附加竖向钢筋总面积；A_{s2} 为洞角附加斜钢筋面积；f_y 为钢筋抗拉强度设计值。

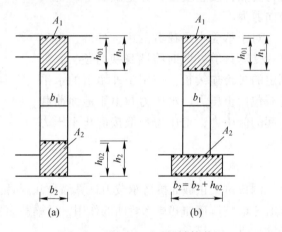

图 5-19　洞口上下过梁计算截面
（a）计算简图一；（b）计算简图二

洞口加强钢筋除应满足上述公式要求外，每侧附加钢筋面积应小于洞口宽度内被切断钢筋面积的一半，且不小于 $2\phi 14$，此钢筋应从洞口边缘处向外延长 40 倍的附加钢筋的直径。洞口四角落各加不小于 $2\phi 12$ 斜筋，长度不应小于 1.0m，如图 5-20 所示。

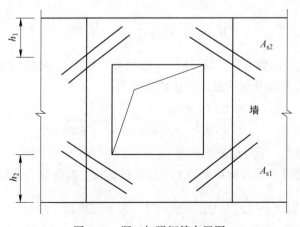

图 5-20　洞口加强钢筋布置图

5.4.3 地下室设计时应考虑的几个问题

5.4.3.1 地基基础的补偿性设计概念

在软弱地基上建造采用浅基础的高层建筑时，常常会遇到地基承载力不足或地基沉降不满足要求的情况，采用补偿性基础设计是解决这一问题的有效途径之一。只要把建筑物的基础或地下部分做成中空、封闭的形式，那么被挖去的土重就可以用来补偿上部结构的部分甚至全部重量，这样，即使地基极其软弱，地基的承定性和沉降也都很容易得到保证。按照上述原理进行的地基基础设计可称为补偿性基础设计，这样的基础称为补偿性基础。当基底实际平均压力 p（已扣除水的浮力）等于基底平面处土的自重应力 σ_c 时，可称为全补偿性基础；小于 σ_c，称超补偿的；大于 σ_c，称欠补偿的。箱形基础和具有地下室的筏形基础是常见的补偿性基础类型。

虽然补偿性基础设计使得基底附加压力 p_0 大为减小，由 p_0 产生的地基沉降自然也大大减小，甚至可以不予考虑。但是基础仍然存在沉降问题，因为在深基坑开挖过程中所产生的坑底回弹及随后修筑基础和上部结构的再加荷可能引起显著的沉降。可以说，任何补偿性基础，都不可避免有一定的沉降发生。

坑底的回弹是在开挖过程中连续、迅速发生的，因而无法完全避免。但如能减少应力的解除量（即减少膨胀），则再加荷时的随后沉降将显著减小，这是因为减小应力的解除，再压缩曲线的滞后程度也将相应减小。为了尽量减少应力的解除，可以设法用建筑物的重量不断地替换被挖除的土体重量，以保持地基内的应力状态不变。

基坑开挖时还需注意避免长时间浸水，开挖后应及时修建基础，因为应力的解除会导致土中黏土颗粒表面的结合水膜增厚，使土体体积膨胀、坑底隆起，结果将加剧基础的沉降。

5.4.3.2 地下室的抗浮设计

上述有关筏形基础和箱形基础的计算都是针对建筑物的使用阶段进行的。在地下堂板（箱形基础底板或筏板）完工后、上部结构底下几层完工前这一期间。如果可能出现下水位高出底板底标高很多的情况，那么就应对地下室的抗浮稳定性和底板强度进行验算。

A 地下室的抗浮稳定性验算

地下室的整体抗浮稳定安全系数 K_s 应符合：

$$K_s = \frac{G_k}{F_a} \geqslant 1.05 \tag{5-44}$$

式中，G_k 为建筑物自重及压重之和；F_a 为地下水对地下室的浮托力。

此外，还需考虑自重 G_k 与浮力 F_a。作用点是否基本重合，如果偏心过大，可能会出现地下室一侧上抬的情况。

当不能得到满足抗浮要求时，可以采用如下措施以提高地下室的抗浮稳定性：

（1）尽快施工上部结构，增大自重；

（2）在箱格内充水，在地下室底板上堆砂石等重物或在顶板上覆土，作为平衡浮力的临时措施；

（3）将底板沿地下室外墙向外延伸，利用其上的填土压力来平衡浮力；

（4）在底板下设置抗拔柱或抗拔锚杆，当基坑周围有支护桩（墙）时，可将其作为抗拔桩来加以利用；

（5）增大底板厚度。

B 底板强度验算

地下室在施工期间，须确保其底板在地下水浮力作用下具有足够的强度和刚度，并满足抗裂要求。地下室底板（这里特指筏形基础）在使用期间通常是按倒楼盖法进行内力分析的，但在施工期间，由于上部结构尚未建造，或上部结构已建造但其刚度尚未形成，底板的内力计算不能按倒楼盖法进行，因此应结合具体情况选择合适的计算简图。如果底板的截面尺寸过大或配筋过多，可考虑在底板下设置抗拔锚杆或抗拔桩以改变底板的受力状态。

5.4.3.3 后浇带的设置

地下室一般均属于大体积钢筋混凝土结构。为了避免大体积混凝土因收缩而开裂，当地下室长度超过40m时，应设置贯通顶、底板和内、外墙的后浇施工缝，缝宽不应小于800mm。在该缝处，钢筋必须贯通。

为减少高层建筑主楼与裙房间差异沉降所带来的不利影响，施工时通常在裙房一侧设置后浇带，后浇带的位置可以设在距主楼边柱的第二跨内，这样可以加大主楼基础的底面积，减小基底压力，同时基底压力仍基本呈线性分布。后浇带混凝土应根据实测沉降值，并在计算后期沉降差能满足设计要求后方可进行浇筑，后浇带的处理方法与施工缝相同。施工缝与后浇带的防水处理要与整片基础同时做好，并采取必要的保护措施，以防止施工时损坏。

📖 **思政课堂**

上海中心大厦筏板基础与民族自豪感

上海中心大厦是一座巨型高层地标式摩天大楼，其设计高度超过附近的上海环球金融中心。上海中心大厦总建筑面积57.8万平方米，建筑主体为地上127层，地下5层，总高为632m，结构高度为580m。上海中心大厦主楼61000m³大底板混凝土浇筑工作于2010年3月29日凌晨完成，如此大体积的底板浇筑工程在世界民用建筑领域内开创了先河。

上海中心大厦基础大底板浇筑施工的难点在于，主楼深基坑是全球少见的超深、超大、无横梁支撑的单体建筑基坑，其大底板是一块直径121m，厚6m的圆形钢筋混凝土平台，11200m²的面积相当于1.6个标准足球场大小，厚度则达到两层楼高，是世界民用建筑底板体积之最。作为632m高的摩天大楼的底板，它将和其下方的955根主楼桩基一起承载上海中心121层主楼的负载，被施工人员形象地称为"定海神座"。

能浇筑这样大体积的混凝土，还要保证它不开裂、强度均匀，这是当今世界上出了名的工程难题。那么，大体积底板的浇筑为什么这么难呢？主要是热胀冷缩的问题，混凝土从软变硬的过程中，会放出大量的热量。如果是在普通建筑中，混凝土的体积很小，热量就会随风飘散，对建筑安全构不成威胁。可是一个厚达6m的底板，热量无法散失，就会储存在混凝土内使得温度升高，最高甚至可以升到80℃，煎个鸡蛋只是分分钟的事情。

如果只是升温，问题还小；可温度升高之后，总要散发掉。表面的温度降低了，表面的混凝土收缩；里面的温度还很高，里面的混凝土还在膨胀。混凝土这种材料抗压不抗拉，能承千斤，却最怕人"拉"它。这一胀一缩，混凝土受了拉力，裂缝就产生了。有了裂缝，外界有害的二氧化碳、水分以及许许多多有害离子进入混凝土内部，这座建筑命不久矣！

为了控制这一问题，工程师们设计了复杂的浇筑步骤。技术的核心在于，要在 60h 内将整个底板浇筑完成。这意味着每秒钟就要有一头牛那么重的混凝土倾泻到底板上。过程中只要出现一处差错，都会导致整场"战役"的失败。为了"打赢这场仗"，上海市调动了全城80%的搅拌车，将混凝土从全城各处的搅拌站运往工地。在持续工作了60h后，史无前例的大底板浇筑成功，这是只有中国工程师才能做到的事情。

上海中心大厦大体积底板的浇筑成功，充分展示了我国土木工程的出色技术和组织能力。中华民族在几千年历史进程中创造了灿烂的文明，为人类文明进步作出卓越贡献。鸦片战争以后，由于西方列强的入侵和封建统治的腐败，中华民族陷入内忧外患的悲惨境地，经历了一段苦难屈辱的历史。经过百年奋斗，中华民族迎来了从站起来、富起来到强起来的伟大飞跃。

习　题

5-1 上海中心大厦筏形基础的成功你有什么感想？

5-2 什么是筏形基础，其主要特点和应用范围是什么？

5-3 简述筏形基础刚性板条法的计算步骤。

5-4 箱形基础的受力特点和适用范围是什么？

5-5 箱形基础地基变形计算方法有几种，各有什么特点？

6 沉井基础设计

学习导读

本章主要介绍沉井及沉井基础的基本概念、特点、沉井基础的类型、构造形式、适用范围、施工方法、设计计算方法等。通过本章学习，可以了解常见的沉井基本类型；了解沉井的优缺点，熟悉沉井基础的基本构造形式、施工工艺、沉井下沉过程中常见的工程问题及处理措施；重点掌握沉井基础的适用范围和沉井作为整体深基础的设计与施工计算及沉井施工与结构强度的计算。

在学习中思考：沉井基础在设计和施工中应注意哪些问题呢？

6.1 概　述

概述

沉井（caisson）是一种上下开口的筒形结构物，通常用混凝土或钢筋混凝土材料筑造，分数节制作。沉井一般在地面上制作，通过挖除井内土体的方法使之下沉到地面以下某一深度。施工时，先在场地上整平地面铺设中砂垫层，设支承枕木，制作第一节沉井，然后在井筒内挖土，使沉井失去支承下沉，边挖边排土边下沉，再逐节接长井筒。当井筒下沉达到设计标高后，用素混凝土封底，最后浇筑钢筋混凝土底板，构成地下结构物，或在井筒内用素混凝土或砂砾石填充，使其成为结构物的基础。沉井基础（caisson foundation）是上下敞口带刃脚的空心井筒状结构，依靠自重或配以助沉措施沉至设计标高处，以井筒作为结构的基础。

沉井基础的特点包括：沉井基础埋置深度大，整体性强，稳定性好，有较大的承载面积，能承受较大的垂直荷载和水平荷载。沉井施工时作为临时挡土、挡水围护结构，可在水下取土而无须井内加压，竣工时变为基础，避免基础过大沉降，施工工艺简单，在桥梁工程中广泛应用。沉井施工时对邻近建筑物影响较小，且内部空间可以利用，因而常用作工业建筑物，尤其是软土中地下建筑物的基础；还适用于污水泵站、矿山竖井、地下油库、盾构隧道、顶管的工作井和接收井等，深度越大沉井的优点越突出。

沉井基础的缺点主要包括：

（1）施工周期较长；

（2）粉细砂类土在抽水时易发生流沙现象，支撑困难，沉井易倾斜；

（3）沉井下沉过程中如果遇到大孤石、坚硬土层或井底岩层表面倾斜过大，施工困难加大。

6.1.1 沉井适用范围

考虑工程的经济合理性和施工可能性，一般在下列情况下优先采用沉井基础。

（1）上部结构荷载较大，而表层地基土承载力不足，做扩大基础开挖工作量大，支撑困难，但在较大深度处有较好的持力层，采用沉井基础与其他深基础相比较，经济上较为合理时。

（2）建筑场地狭小，邻近有建筑物、居住区，不允许放坡开挖，或地下管线密布，其他深基础形式受到限制时。

（3）地下水位较高，水源丰富，地基土层渗透性大，排水施工将引起邻近建筑物下沉，或江心、岸边的井式构筑物排水施工困难，易出现流沙现象时。

（4）山区河流中，虽然土质较好，但冲刷大，或河流中有较大卵石不便于基础施工时。

（5）岩层表面较平且覆盖层薄，但河水较深；采用扩大基础施工围堰有困难或临时围堰结合其他深基础与沉井基础相比较经济上合理时。

6.1.2　沉井分类

6.1.2.1　按工程场地分类

（1）陆地沉井。陆地沉井是指陆地上制作和下沉的沉井，这种沉井是在基础设计的位置上制作，然后挖土、靠沉井自重下沉。

（2）筑岛沉井。筑岛沉井是指当基础位于水流中时，河水较浅，需要先在水中砂石筑岛，岛面标高在水位 500mm 以上，然后在岛上筑井下沉。在河道中施工沉井时，如果河流不能断流，在河床水位不大于 3.0m、流速不大于 1.50m/s 时，可采用砂或砾石在水中筑岛，用草袋维护；若水深或流速较大时，可采用围堤防护筑岛，当水深较大（通常小于 15m）或流速较大时，应采用钢板桩围堰筑岛。

（3）浮运沉井。浮运沉井是指河水较深，筑岛困难或工程量大、不经济，或有碍于通航时，若河水流速不大，可在河岸上选场地制作沉井，浮运就位下沉的方法。大型浮运沉井可采用钢壳沉井，小型浮运沉井可采用钢筋混凝土沉井。

6.1.2.2　按沉井形状分类

A　按沉井平面形状分类

常用的有圆形、方形和矩形等，根据井孔的布置方式还可分为单孔、双孔及多孔沉井等，如图 6-1 所示。

（1）圆形沉井易于使用抓泥斗挖土，比其他类型沉井更能保证刃脚均匀支承在土层上，在下沉过程中容易控制方向，适用于下沉较深的沉井。圆形沉井承受水平侧压力（土压力、水压力等）的性能较好，井壁可比矩形沉井井壁薄一些，但它只适用于圆形或接近正方形截面的墩台。

（2）矩形沉井制作简单、易于布置，基础受力好，并且符合大多数墩台底部的平面形状。矩形沉井首节四角一般做成圆形，以减少角部应力集中、井壁阻力和取土清孔的困难。在水平侧压力作用下，矩形沉井井壁承受的弯矩较大，因此对于平面尺寸较大的沉井，为了改善受力状态，可在沉井中设隔墙变为双孔或多孔沉井，以增加其整体刚度。另外，当流水中阻水系数较大时，冲刷较严重。

（3）圆端沉井对于桥墩和河中心取水构筑物，可采用圆端沉井以减少阻水系数和对河床的冲刷。

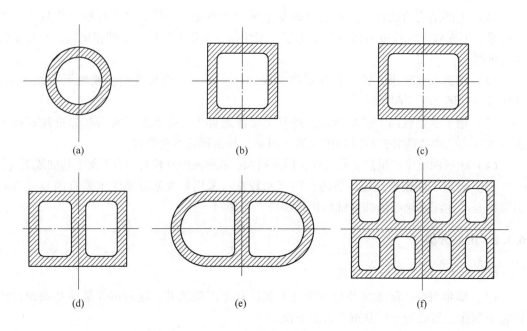

图 6-1　沉井平面图

（a）圆形单孔沉井；（b）方形单孔沉井；（c）矩形单孔沉井；
（d）矩形双孔沉井；（e）椭圆形双孔沉井；（f）矩形多孔沉井

B　按沉井剖面形状分类

沉井的剖面形状主要有柱形、阶梯形（台阶形）和锥形（倾斜形）等，如图 6-2 所示。

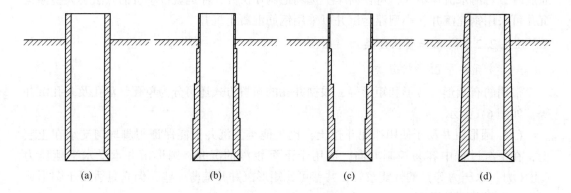

图 6-2　沉井剖面图

沉井剖面采用形式应根据沉井需要通过的土层性质和下沉深度确定。外墩圆柱形式的沉井 ［见图 6-2(a)］ 在下沉过程中不易倾斜，井壁接长较简单，模板可重复使用。故当土质较松软、沉井下沉深度不大时，可以采用此类沉井。台阶形井壁 ［见图 6-2(b) 和(c)］ 和倾斜形井壁 ［见图 6-2(d)］ 可以减少土与井壁之间的摩阻力，但施工工艺较复杂，消耗模板较多，同时沉井下沉过程中容易发生倾斜，因此常用于土质较密实、沉井下沉深度大、且要求在不太增加沉井本身重量的情况下沉至设计标高的情况。倾斜形沉井井壁斜面坡度（横/竖）一般为 $\frac{1}{20} \sim \frac{1}{50}$，台阶形井壁（与斜面坡度相当）的台阶宽度约 $100 \sim 200\text{mm}$。

6.1.2.3 按沉井材料分类

按沉井材料可分为素混凝土、钢筋混凝土、钢、竹、砖石沉井等。素混凝土的特点是抗压强度高，抗拉能力低，因此，混凝土沉井适用于圆形、小直径、下沉深度不大的软土层中。钢筋混凝土沉井的抗拉及抗压能力均较好，下沉深度可以很大。当下沉深度不很大时，井壁上部用混凝土，下部用钢筋混凝土建造的沉井，适用于各种类型、各种用途，特别是在桥梁工程中得到了较广泛的应用；当沉井平面尺寸较大时，可做成薄壁结构，沉井外壁隔墙可分段预制，工地拼接，做成装配式。钢沉井用钢板制作，横截面呈圆形，强度高自重小，采用压重和水冲沉至设计标高，易于拼接，适用于作浮运沉井用，但用钢量大，成本略高。因为沉井在下沉过程中受力较大而需要配置钢筋，竣工后，它承受的拉力很小，因此在我国南方产竹地区，可采用耐久性较差但抗拉能力好的竹筋代替部分钢筋，形成竹筋混凝土沉井，但在沉井分节接头处及刃脚处仍采用钢筋。用砖、条石或毛石砌筑而成的沉井，可就地取材，具有成本低、自重大的优点，但是整体性较差、强度低、易开裂，目前很少使用。

6.1.2.4 按沉井连续性分类

按沉井连续性可分为独立沉井和连续沉井。独立沉井为只有一节的沉井；连续沉井是有两节以上的沉井。两者的设计方法和施工工艺均有差别，适用于不同深度与不同直径的沉井基础。

6.2 沉井基础的构造

沉井一般由刃脚、井壁、内隔墙、井孔、凹槽、封底及顶盖等部分组成，如图 6-3 所示。

沉井基础的构造

6.2.1 沉井尺寸

6.2.1.1 沉井高度

沉井顶面和底面两个标高之差即为沉井的高度，应根据上部结构、水文地质情况、施工方法及各土层的承载力等，定出上部结构标高、沉井基础底面和埋置深度后确定。沉井高度较高时，为了便于施工，可分节制作，每节高度依据沉井全部高度、地基土情况和施工条件而定，一般不应超过 5m。若在松软土质中下沉，为了防止沉井过高、过重给制模、筑岛及抽垫下沉带来困难，底节沉井不应大于沉井宽度的 0.8 倍。如沉降高度在 8m 以下，地基土质情况和施工条件都许可时，沉井也可以一次浇筑成。

6.2.1.2 沉井平面尺寸

沉井基础的平面形状须与上部结构的形状相适应，同时还应满足使用要求。沉井基础的平面尺寸取决于上部结构的底面尺寸、地基的容许承载力及施工要求。同时，在水流冲刷大的河床上，应考虑阻水较小的截面形式。沉井顶面尺寸为上部建筑物底部尺寸加襟边

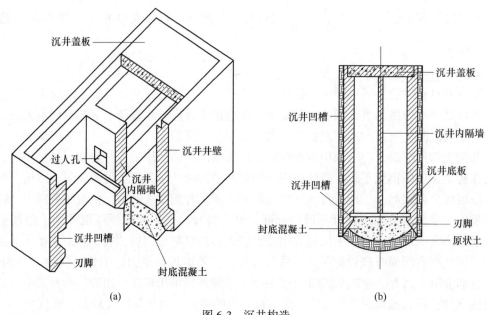

图 6-3　沉井构造

（a）轴侧图；（b）剖侧图

宽度，襟边宽度不应小于 0.2m，也不应小于沉井全高的 $\frac{1}{50}$，浮运沉井另加 0.2m。若施工中沉井顶面，尚需修筑围堰，设立模板，襟边宽度还需加大。沉井的井孔最小尺寸，应视取土机具而定，一般不应小于 2.5m。

6.2.2　沉井一般构造

6.2.2.1　沉井井壁

井壁是沉井的主要组成部分，必须有足够的强度抵抗侧压力，又要有足够自重克服井壁外侧与土体间的摩阻力和刃脚土的阻力，保证其顺利下沉。因此，井壁厚度不应小于 0.4m，一般取 0.8~1.5m，但钢筋混凝土薄壁浮运沉井和钢模薄壁浮运沉井不受此限制。钢筋混凝土沉井井壁配筋形式如图 6-4 所示。

6.2.2.2　沉井内隔墙

内隔墙将沉井分成多个井孔，加强了沉井的刚度。施工过程中井孔又可作为取土井，有利于掌握挖土位置以控制下沉速度和方向，防止或纠正沉井倾斜或偏移。内隔墙间距一般为 5~6m，厚度多为 0.5~1.2m。内隔墙底面要高出刃脚底面至少 0.50m，以免增加沉井下沉阻力。较大型的沉井由于使用要求不能设置内隔墙时，可在沉井底部增设底梁，构成框架以增加沉井的整体刚度。

6.2.2.3　沉井刃脚

刃脚在井壁下端，形如刀刃，下沉时刃脚切入土中。刃脚是沉井受力最集中部分，必须有足够强度，避免产生挠曲或破坏，如图 6-5 所示。刃脚底平面又称踏面，其宽度根据接触部位土层软硬程度、井壁自重及厚度确定，一般采用 10~20cm，刃脚向内倾角宜为 45°~60°。如需穿过坚硬土层或岩层时，踏面应用钢板或者角钢保护。

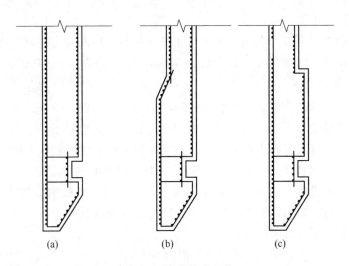

图 6-4 沉井井壁配筋

（a）不设台阶；（b）外设台阶；（c）内设台阶

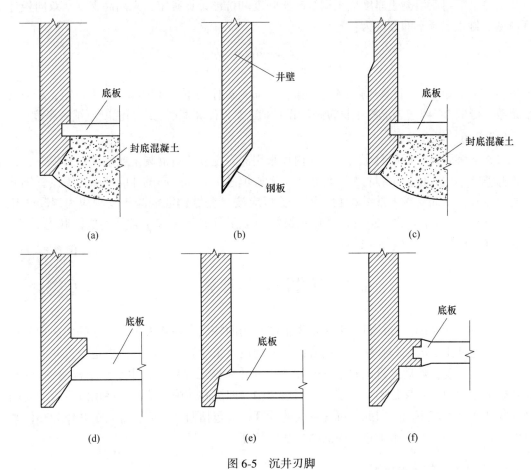

图 6-5 沉井刃脚

（a）带水封底刃脚；（b）钢板刃脚；（c）外壁台阶刃脚；（d）井壁凸缘刃脚；（e）壁端支承刃脚；（f）井壁局部加厚刃脚

6.2.2.4　沉井凹槽

凹槽位于刃脚内侧上方,以利于沉井封底时井壁与封底混凝土能有效连接,更好地将封底反力传递给井壁。凹槽高度一般为 0.8~1.0m,深度约为 0.15~0.30m。

6.2.2.5　沉井封底

沉井下沉到设计标高,地基经检验或处理符合设计要求后,应立即进行封底。常用的方法有干封法、湿封法和压浆法等。尽量采用干封底,水文地质条件不允许时可采用湿封底。沉井干封底时,封底混凝土厚度是保证钢筋混凝土底板能顺利施工所需的混凝土最小厚度,由计算确定,但其顶面应高出刃脚根部(即刃脚斜面的顶点处)不小于 0.5m。另外,应采取有效排水或降水措施,使得井底基本无水,便于底板钢筋绑扎和混凝土凝结。封底混凝土强度等级,非岩石地基不应低于 C25,岩石地基不应低于 C20。

对于不透水黏土层厚度需满足:

$$A\gamma'h + cuh \geqslant A\gamma_{w}h_{w} \tag{6-1}$$

式中,γ' 为土的有效重度;γ_{w} 为水的重度;h 为不透水黏土层厚度;c 为黏土的黏聚力;u 为沉井刃脚踏面内壁周长;h_{w} 为地下水位深度;A 为沉井底面积。

沉井水下封底混凝土厚度应根据混凝土强度和抗浮计算确定,采用简支支承双向板计算模型,封底混凝土的厚度为:

$$h_{t} = \sqrt{\frac{3.5KM_{tm}}{bf_{t}} + h_{0}} \tag{6-2}$$

式中,h_{t} 为封底混凝土计算厚度;M_{tm} 为最大均布荷载作用下封底混凝土最大弯矩;K 为安全系数,可取 2~4;f_{t} 为混凝土抗拉强度设计值;b 为计算宽度;h_{0} 为混凝土铺底厚度。

6.2.2.6　沉井顶盖

沉井下沉到设计标高封底后,井孔内可采用混凝土、片石混凝土或浆砌片石填充,也可根据需要不填充任何工程材料。但粗砂、砂砾填芯沉井和空心沉井的顶面均需设置钢筋混凝土盖板,从而支承上部结构物。沉井盖板应按《公路钢筋混凝土及预应力混凝土桥涵设计规范》(JTG 3362—2018)进行承载能力极限状态计算和正常使用极限状态计算;顶盖厚度一般较大,为 1.5~2.5m。

6.3　沉井设计与计算

沉井设计与计算

沉井属于深基础,设计时一般是根据上部结构的特点、荷载大小、当地的水文地质条件以及各地基土层的工程特性,并结合沉井的构造要求及施工方法,先拟定出沉井的平面尺寸及埋置深度,然后进行沉井基础的计算。沉井在施工完毕后,本身是结构物的基础,而在施工过程中,它又是挡土、挡水的围堰结构,即沉井在施工阶段和使用阶段所承受的外力及其作用状态不同。因此,沉井基础的计算一般包括两个方面:一是沉井作为整体基础的计算;二是沉井在施工过程中的结构强度计算。

6.3.1　沉井设计的一般原则

沉井结构上的作用可分为永久作用和可变作用两类。永久作用包括沉井结构自重、土的侧向压力、沉井筒内静水压力；可变作用包括沉井顶板和平台活荷载、地面活荷载、地下水压力（侧压力、浮力）、顶管压力、流水压力、融流冰块压力等。参照《给水排水工程钢筋混凝土沉井结构设计规程》（CECS 137—2015）（简称《沉井规程》）规定，沉井本身的结构设计按照工程一般结构设计原理，应当包含正常使用极限状态和承载能力极限状态。其中极限状态应该由下沉过程及使用过程中最不利工况决定。

（1）各类沉井结构构件均按承载能力极限状态计算。

（2）除刃脚外其他沉井结构构件在使用阶段均应进行正常使用极限状态验算。对轴心受拉或小偏心受拉的构件按短期效应组合进行抗裂度验算，对受弯构件和大偏心受拉构件应按长期效应组合进行裂缝宽度验算，对需要控制变形的结构构件应按长期效应组合进行变形验算。

（3）各种形式的沉井均应进行沉井下沉、下沉稳定性及抗浮稳定性验算，必要时应进行沉井结构的倾覆和滑移验算。

对于应用广泛的中小型沉井，其几何尺寸和下沉深度一般不超过30m，在其下沉过程中遇到的不利工况带来的附加影响一般不大，其承载力极限状态一般出现在使用过程中。对于在桥梁工程中应用的大型沉井，承载力极限状态一般出现在下沉阶段。

6.3.2　沉井作为整体基础的计算

沉井作为整体基础的计算，根据其埋置深度和受力情况可采用不同的计算方法。

当沉井埋置深度在地面以下不超过5m时，可按浅基础设计的规定，验算地基承载力、沉井稳定性（抗滑动、抗倾覆稳定性验算等）及其沉降量；当沉井埋置深度大于5m时，应作为深基础设计，对于建筑工程等以承受竖向荷载为主的建筑物，一般地基承载力应满足：

$$N + G \leq R_j + R_f \tag{6-3}$$

式中，N 为沉井顶面所受竖向力；G 为沉井自重（含井内填料和设备）；R_j 为沉井底部地基土的承载能力；R_f 为沉井侧壁的总侧阻力。

沉井底部地基土的承载能力 R_j 的计算公式为：

$$R_j = f_a A \tag{6-4}$$

式中，f_a 为刃脚标高处土的承载力特征值；A 为支撑面积。

沉井侧壁的总侧阻力 R_f 可假定沿深度呈梯形分布，距地面5m范围内按三角形分布，5m以下为常数（见图6-6），总摩阻力为：

$$R_f = u(h - 2.5)q_0 \tag{6-5}$$

式中，u 为沉井的周长；h 为沉井的入土深度；q_0 为单位面积摩阻力加权平均值，其计算公式为：

$$q = \frac{\sum (q_i h_i)}{\sum h_i} \tag{6-6}$$

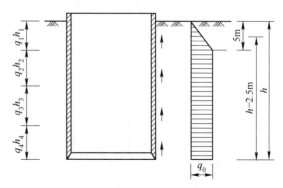

图6-6　井侧壁摩阻力分布

式中，h_i 为第 i 土层厚度；q_i 为第 i 土层井壁单位面积摩阻力，根据实际资料或查表 6-1 选用。

表 6-1   土与井壁摩阻力经验值

名　称	摩阻力/kPa	名　称	摩阻力/kPa
砂卵石	18~30	硬塑黏性土、粉土	25~50
砂砾石	15~20	流塑黏性土、粉土	10~12
砂土	12~25	软塑（可塑）黏性土、粉土	12~25
泥浆套	3~5	—	

注：泥浆套为灌注在井壁外侧的触变泥浆，是一种助沉材料。

对于桥梁墩台、水工结构物等承受水平力为主的构筑物，若基础埋置深度较深，验算地基承载力、变形及沉井稳定性时，需考虑井壁侧面土的弹性抗力约束作用、基底应力和基底截面弯矩，并根据基础底面的地质条件分为非岩石地基与岩土地基两种情况，计算时常做如下基本假定：

（1）地基土为弹性变形介质，水平向地基系数随深度成正比例增加（即 m 法）；

（2）不考虑基础与土之间的黏着力和摩阻力；

（3）沉井刚度与土刚度之比视为无限大，横向力作用下只能发生转动而无挠曲变形。

基于以上假定，沉井基础在横向外力作用下只能发生转动而无挠曲变形，可视为刚性桩来计算基础内力和土抗力。

6.3.2.1 非岩石地基沉井基础

当沉井基础受到水平力 F_H 和偏心竖向力 $F_V = \sum F + G$ 共同作用 ［见图 6-7(a)］ 时，可将其等效为距离基底作用高度为 λ 的水平力 F_H ［见图 6-7(b)］，即：

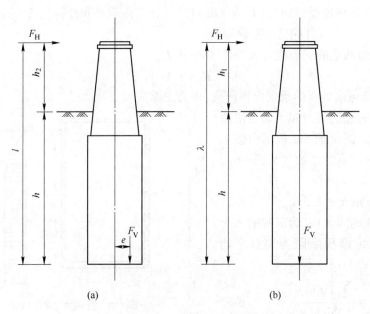

图 6-7   荷载作用情况
（a）水平力和偏心竖向力共同作用简图；（b）等效计算简图

$$\lambda = \frac{F_V e + F_H l}{F_H} = \frac{\sum M}{F_H} \tag{6-7}$$

式中，$\sum M$ 为对井底各力矩代数和。

在水平力作用下，沉井将围绕位于地面下 z_0 深度处的 A 点转动 ω 角（见图 6-8），地面下深度 z 处沉井基础产生的水平位移 Δx 和土的侧面水平压应力 σ_{zx} 分别为：

$$\Delta x = (z_0 - z)\tan\omega \tag{6-8}$$

$$\sigma_{zx} = \Delta x C_z = C_z (z_0 - z)\tan\omega \tag{6-9}$$

式中，z_0 为转动中心 A 离地面的距离；C_z 为深度 z 处水平的地基系数，其计算公式为：

$$C_z = mz \ (kN/m^4)$$

式中，m 为地基土的比例系数。

将 C_z 数值代入式(6-9)，得：

$$\sigma_{zx} = mz(z_0 - z)\tan\omega \tag{6-10}$$

考虑基础侧面水平压应力沿深度呈二次抛物线变化，基础底面处的竖向地基系数 C_0 不变，则基底压应力图形与基础竖向位移图形相似，即：

$$\sigma_{\frac{d}{2}} = C_0\delta_1 = C_0\frac{d}{2}\tan\omega \tag{6-11}$$

$$C_0 = m_0 d \quad (C \geqslant 10m_0)$$

式中，m_0 为基底处地基土的比例系数；d 为基底宽度或直径。

z_0 和 ω 两个未知数，可根据图 6-8 建立两个平衡方程式，即：

$$\sum x = 0, \ F_H - \int_0^h \sigma_{zx} b_1 z\,dz$$

$$= F_H - b_1 m\tan\omega \int_0^h z(z_0 - z)\,dz = 0 \tag{6-12}$$

$$\sum M = 0, \ F_H h_1 + \int_0^h \sigma_{zx} b_1 z\,dz - \sigma_{\frac{d}{2}} W_0 = 0 \tag{6-13}$$

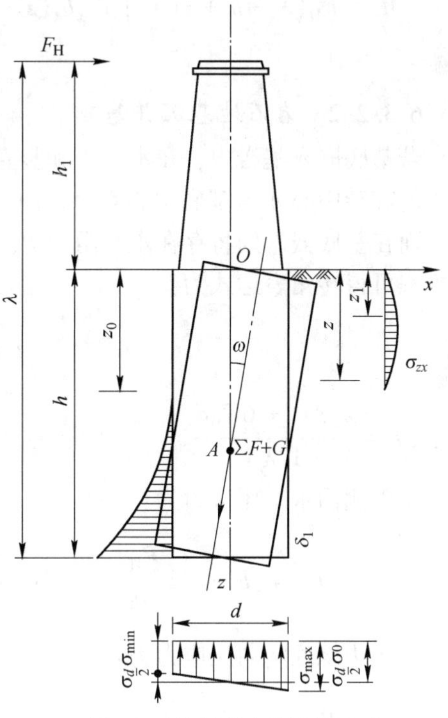

图 6-8 非岩石地基计算示意

式中，b_1 为基础计算宽度；W_0 为基础底面的边缘弹性抵抗拒。

由式(6-12)和式(6-13)可得：

$$z_0 = \frac{\beta b_1 h^2(4\lambda - h) + 6dW_0}{2\beta b_1 h(3\lambda - h)} \tag{6-14}$$

$$\tan\omega = \frac{6F_H}{Amh} \tag{6-15}$$

式中，$A = \dfrac{\beta b_1 h^3 + 18 W_0 d}{2\beta(3\lambda - h)}$；$\beta$ 为深度 h 处沉井侧面的水平地基系数与沉井底面的竖向地基系数的比值，$\beta = \dfrac{C_h}{C_0} = \dfrac{mh}{m_0 h}$。

基础侧面水平压应力为：

$$\sigma_{zx} = \frac{6F_H}{Ah} z(z_0 - z) \tag{6-16}$$

基底边缘处竖向压应力为：

$$\left.\begin{array}{r}\sigma_{max}\\[2pt]\sigma_{min}\end{array}\right\} = \frac{F_V}{A_0} \pm \frac{3F_H d}{A\beta} \tag{6-17}$$

式中，A_0 为基础底面积。

离地面或最大冲刷线以下 z 深度处基础截面上的弯矩（见图6-8）为：

$$M_z = F_H(\lambda - h + z) - \int_0^z \sigma_{zx} b_1(z - z_1)\,\mathrm{d}z = F_H(\lambda - h + z) - \frac{F_H b_1 z^3}{2hA}(2z_0 - z) \tag{6-18}$$

6.3.2.2　岩石地基沉井基础

若基底嵌入基岩内，在水平力和竖直偏心荷载作用下，可假定基底不产生水平位移，基础的旋转中心 A 与基底中心重合，即 $z_0 = h$，如图6-9所示。

而在基底嵌入处将存在水平阻力 P，该阻力对 A 点的力矩一般可忽略不计。取弯矩平衡方程可得转角表达式为：

$$\tan\omega = \frac{F_H}{mhD} \tag{6-19}$$

式中，$D = \dfrac{b_1\beta h^3 + 6W_0 d}{12\lambda\beta}$。

基础侧面水平压应力为：

$$\sigma_{zx} = (h - z)z\frac{F_H}{Dh} \tag{6-20}$$

基底边缘处竖向压应力为：

$$\left.\begin{array}{r}\sigma_{max}\\[2pt]\sigma_{min}\end{array}\right\} = \frac{F_H}{A_0} \pm \frac{F_H d}{2\beta D} \tag{6-21}$$

由 $\sum x = 0$ 可算得嵌入处未知水平阻力 F_R 为：

$$F_R = \int_0^h b_1\sigma_{zx}\,\mathrm{d}z - F_H = F_H\left(\frac{b_1 h^2}{6D} - 1\right) \tag{6-22}$$

地面以下 z 深度基础截面上的弯矩为：

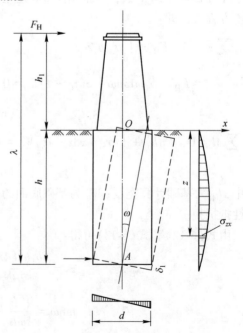

图6-9　基底嵌入基岩内计算

$$M_z = F_H(\lambda - h + z) - \frac{b_1 F_H z^3}{12Dh}(2h - z) \qquad (6\text{-}23)$$

此外，当基础仅受偏心竖向力 F_v 作用时，$\lambda \to \infty$，此时式(6-19)~式(6-23)均不能应用。此时，应以 $M = F_{ve}$ 代替式(6-13)中的 $F_H h_1$，同理可推得上述两种情况下相应的计算公式，详见现行《公路桥涵地基与基础设计规范》(JTG 3363—2019)。

6.3.2.3 沉井基础验算

（1）基底应力验算

要求满足计算所得的最大压应力 σ_{max}，不应超过沉井底面 h 深度处修正后的地基承载容许值 $[f_a]$，即：

$$\sigma_{max} \leqslant [f_a] \qquad (6\text{-}24)$$

（2）基础侧面水平压应力验算

要求满足计算所得基础侧面水平压应力 σ_{zx} 值小于沉井周围土的极限抗力值 $[\sigma_{zx}]$。计算时认为基础在外力作用下产生位移时，深度 z 处基础一侧产生主动土压力 E_a，而被挤压一侧受到被动土压力 E_p 作用。因此，基础侧面水平压应力验算公式为：

$$\sigma_{zx} \leqslant [\sigma_{zx}] = E_p - E_a \qquad (6\text{-}25)$$

由朗肯主动土压力理论可推得：

$$\sigma_{zx} \leqslant \frac{4}{\cos\varphi}(\gamma z \tan\varphi + c) \qquad (6\text{-}26)$$

式中，γ 为土的重度；φ 为土的内摩擦角；c 为土的黏聚力。

工程经验表明，最大的横向抗力大致在 $z = \dfrac{h}{3}$ 和 $z = h$ 处，以此代入式(6-26)，得：

$$\sigma_{\frac{hx}{3}} \leqslant \eta_1 \eta_2 \frac{4}{\cos\varphi}\left(\frac{\gamma h}{3}\tan\varphi + c\right) \qquad (6\text{-}27)$$

$$\sigma_{hx} \leqslant \eta_1 \eta_2 \frac{4}{\cos\varphi}(\gamma h \tan\varphi + c) \qquad (6\text{-}28)$$

式中，$\sigma_{\frac{hx}{3}}$、σ_{hx} 分别为 $z = \dfrac{h}{3}$ 和 $z = h$ 深度处土的水平压应力；η_1 为取决于上部结构形式的系数，一般取 $\eta_1 = 1$，当沉井用于超静定推力拱桥时，$\eta_1 = 0.7$；η_2 为考虑恒载产生的弯矩 M_g 全部荷载产生总弯矩 M 的影响系数，$\eta_2 = 1.0 \dfrac{M_g}{M}$。

沉井基础侧面水平压应力，如不满足考虑土的弹性抗力条件时，其偏心和稳定的设计条件，可按刚性基础进行计算。

6.3.2.4 墩台顶面水平位移

基础在水平力和力矩作用下，墩台顶水平位移 δ 由地面处水平位移 $z_0 \tan\omega$、地面至墩台顶 h_2 范围内水平位移 $h_2 \tan\omega$，以及台身弹性挠曲变形在 h_2 范围内引起的墩台顶水平位移 δ_0 三部分所组成，即：

$$\delta = (z_0 + h_2)\tan\omega + \delta_0 \qquad (6\text{-}29)$$

实际上，基础的刚度并非无穷大，对墩台顶的水平位移必有影响，故通常采用系数 K_1 和 K_2 来反映实际刚度对地面处水平位移及转角的影响，其值可由表6-2查取。另外，考虑到基础转角一般很小，可取 $\tan\omega \approx \omega$，即：

$$\delta = (z_0 K_1 + h_2 K_2)\omega + \delta_0 \qquad (6\text{-}30)$$

表 6-2 墩台顶水平位移修正系数

ah	系数	λ/h				
		1	2	3	4	∞
1.6	K_1	1.0	1.0	1.0	1.0	1.0
	K_2	1.0	1.1	1.1	1.1	1.1
1.8	K_1	1.0	1.1	1.1	1.1	1.1
	K_2	1.1	1.2	1.2	1.2	1.2
2.0	K_1	1.1	1.1	1.1	1.1	1.1
	K_2	1.2	1.3	1.4	1.4	1.4
2.2	K_1	1.1	1.2	1.2	1.2	1.2
	K_2	1.2	1.5	1.6	1.6	1.7
2.4	K_1	1.1	1.2	1.3	1.3	1.3
	K_2	1.3	1.8	1.9	1.9	2.0
2.6	K_1	1.2	1.3	1.4	1.4	1.4
	K_2	1.4	1.9	2.1	2.2	2.3

注：当 $ah < 1.6$ 时，取 $K_1 = K_2 = 1.0$，$a = \sqrt{\dfrac{mb_1}{EI}}$。

除应考虑基础沉降外，还需检验因地基变形和墩身弹性水平变形所引起的墩顶水平位移。现行规范规定墩顶水平位移 $\delta \leqslant 0.5\sqrt{L}$（$L$ 为邻跨中最小跨的跨度，单位为 m，当 $L < 25\text{m}$ 时，取 $L = 25\text{m}$）。

6.3.3 沉井施工过程计算

沉井从制作、拆垫下沉，直到竣工开通运营各个阶段，各部位都受到不同外力的作用，因此沉井结构强度需满足各阶段最不利情况的要求。计算时，根据各部分在施工阶段的最不利受力情况，得到相应的计算图式，算出截面内力，合理配筋，以保证沉井结构在各施工阶段的强度和稳定。

沉井的下沉过程十分复杂，若土体介质是均匀的且没有外界干扰及不均匀取土等因素，土中只做向下的下沉运动。在实际的施工过程中，由于沉井的规模大，施工现场存在不确定因素，受周围环境的影响使得沉井下沉变成一种复杂的空间运动。

6.3.3.1 沉降系数验算

沉井下沉的阻力主要是沉井外壁与土体的侧面摩阻力，刃脚踏面、隔墙下土体的正面阻力，如图 6-10 所示。实际工程中一般用稳定系数来确保沉井接高期间的稳定性，用下沉系数法来验算下沉条件。为保证沉井能顺利下沉，下沉系数应满足：

$$K = \frac{G - B}{T + R} \geqslant 1.05 \sim 1.25 \qquad (6\text{-}31)$$

式中，K 为沉井下沉系数；G 为沉井自重及附加荷载；B 为沉井下沉过程中地下水总浮力；R 为刃脚踏面及斜面下土的总反力；T 为土对井壁的总摩阻力。

若不能满足上述要求，可加大井壁厚度或调整取土井尺寸；增加荷载或射水助沉或采取泥浆套、空气幕等辅助措施。

沉井在淤泥等软弱地层下沉时，当下沉系数较大（一般大于1.5），或在下沉过程中遇到特别软弱的土层时，尚需计算沉降稳定系数，以防止突沉或下沉标高不能控制的情况发生。沉井下沉的稳定系数应满足：

$$K_1 = \frac{G - B}{T + R + P_1} \leq 1.0 \qquad (6\text{-}32)$$

式中，K_1 为沉井下沉稳定系数；P_1 为内隔墙或底梁下的地基反力。

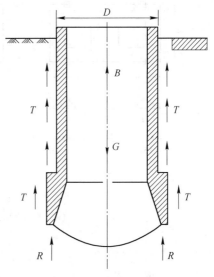

图 6-10 沉井下沉时受力

沉井首次接高时，为防止地基承载能力不足而初期就发生突沉，要求稳定系数小于1，一般取 0.8~0.9。当稳定系数大于1时地基的极限承载力较小，不足以承担沉井的重量，需要进行地基处理以提高地基土的承载力，为安全平稳的下沉做有效准备。

6.3.3.2 抗浮安全系数计算

当沉井沉至设计标高，并已完成封底及井内积水排出工作，而内部结构和设备尚未安装，应按可能出现的最高水位验算沉井的抗浮稳定性，即：

$$K' = \frac{G + T}{B'} \geq 1.05 \sim 1.1 \qquad (6\text{-}33)$$

式中，K' 为抗浮安全系数；B' 为按可能出现的最高水位计算封底后沉井所受总浮力。

6.3.3.3 沉井底节验算

由于施工方法不同，底节沉井在抽垫或排土下沉过程中刃脚支撑大不相同，沉井自重将导致井壁产生较大竖向挠曲应力，因此还应根据支承情况进行井壁的强度验算。若挠曲应力大于沉井材料纵向抗拉强度，应增加底节沉井高度或在井壁内放置水平钢筋，以防止沉井竖向开裂。

（1）排水挖土下沉时，沉井长宽比大于1.5，支点应设在长边上，支点间距可取0.7倍沉井长度 ［见图6-11(a)］，以使支撑处产生的负弯矩与长边中点处产生的正弯矩绝对值大致相等。

（2）不排水挖土下沉时，矩形或圆端形沉井，支点应设在长边中点上 ［见图6-11(b)］；还可将支点选在四个角点上 ［见图6-11(c)］。

6.3.3.4 沉井刃脚验算

沉井在下沉过程中，刃脚受力较为复杂，一般按竖向和水平向分别计算。竖向分析时，近似地将刃脚看作固定于刃脚根部井壁处的悬臂梁（见图6-12），由于刃脚内外侧作

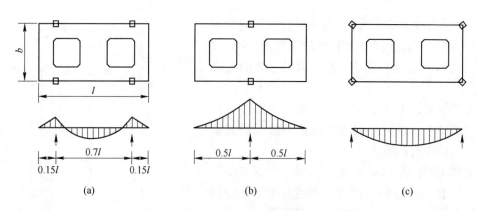

图 6-11　沉井底节弯矩图

（a）两端支承；（b）中点支承；（c）角点支承

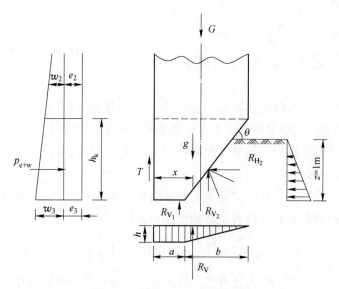

图 6-12　刃脚向外挠曲受力图

用力的不同可能发生向外或向内挠曲，在水平面上，视刃脚为一封闭的框架（见图6-13），在水、土压力作用下在水平面内发生弯曲变形。

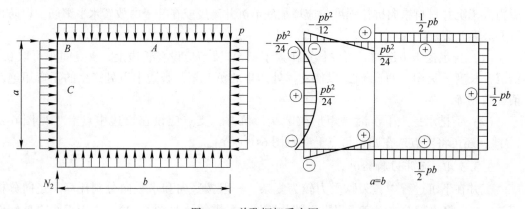

图 6-13　单孔框架受力图

根据悬臂梁及水平框架两者的变位关系及其相应的假定，刃脚悬臂分配系数 α 和水平框架分配系数 β 的表达式为：

$$\alpha = \frac{0.1L_1^4}{h_k^4 + 0.05L_1^4} \leqslant 1.0 \tag{6-34}$$

$$\beta = \frac{h_k^4}{h_k + 0.05L_2^4} \tag{6-35}$$

式中，L_1 为支撑于隔墙间井壁的最大计算跨度；h_k 为刃脚斜面部分高度；L_2 为支撑于隔墙间井壁的最小计算跨度。

当内隔墙底面高出刃脚底面大于 0.5m 时，全部水平力均由悬臂作用承担，即 $\alpha = 1.0$；刃脚不起水平框架作用，但仍需要按构造要求设置水平钢筋，使其能承受一定的正负弯矩。

外力经上述分配后，就可将刃脚受力情况按竖向与水平向两个方向分别计算。

A 刃脚竖向受力分析

一般取单位宽度井壁，将刃脚视为固定在井壁上的悬臂梁，分别按刃脚向外和向内挠曲两种最不利情况分析。

a 刃脚向外

刃脚向外挠曲计算沉井下沉过程中刃脚内侧切入土中深约 1.0m，接筑完上节沉井，且沉井上部露出地面或水面约一节沉井高度时处于最不利位置。此时，沉井因自重将导致刃脚斜面土体抵抗刃脚而向外挠曲（见图6-12），须计算在刃脚高度范围内的作用力。

外侧的土、水压力合力 p_{e+w} 的计算公式为：

$$p_{e+w} = \frac{p_{e_2+w_2} + p_{e_3+w_3}}{2}h_k \tag{6-36}$$

式中，$p_{e_2+w_2}$ 为作用在刃脚根部处的土、水压力强度之和，$p_{e_2+w_2} = e_2 + w_2$；$p_{e_3+w_3}$ 为刃脚底面处土、水压力强度之和，$p_{e_3+w_3} = e_3 + w_3$。

p_{e+w} 作用点距离刃脚根部距离 y 的计算公式为：

$$y = \frac{h_k(2p_{e_2+w_2} + p_{e_3+w_3})}{3(p_{e_2+w_2} + p_{e_3+w_3})}$$

地面下深度 h_y 处刃脚承受的土压力，按朗肯主动土压力公式计算。水压力计算应考虑施工情况和土质条件，为保证安全，一般要求由式(6-36)计算所得刃脚外侧土、水压力合力不得大于静水压力的70%，否则按静水压力的70%计算。

为保证安全，使刃脚下土反力最大，刃脚外侧的摩阻力 T_{min} 的计算公式为：

$$T_{min} = \min\{qh_k, 0.5E\} \tag{6-37}$$

式中，E 为刃脚外侧主动土压力合力，$E = \dfrac{(e_2 + e_3)h_k}{2}$。

土的竖向反力 R_V 的计算公式为：

$$R_V = G - T \tag{6-38}$$

式中，G 为沿井壁周长单位宽度上沉井的自重，水下部分应考虑水的浮力。

若将 R_V 分解为作用在踏面下土的竖向反力 R_{V_1} 和刃脚斜面下土的竖向反力 R_{V_2}，且

假定 R_{V_1} 为均匀分布强度 σ 的合力，R_{V_2} 为三角形分布强度 σ 的合力，则水平反力 R_H 呈三角形分布，如图 6-13 所示。

根据力的平衡条件推得各反力为：

$$R_{V_1} = \frac{2a}{2a+b}R_V \tag{6-39}$$

$$R_{V_2} = \frac{b}{2a+b}R_V \tag{6-40}$$

$$R_H = R_{V_2}\tan(\theta - \delta) \tag{6-41}$$

式中，a 为刃脚踏面宽度；b 为切入土中部分刃脚斜面的水平投影长度；θ 为刃脚斜面的倾角；δ 为土与刃脚斜面间的外摩擦角，一般可取 $\delta = \theta$。

刃脚单位宽度自重 g 的计算公式为：

$$g = \frac{t+a}{2}h_k\gamma_k \tag{6-42}$$

式中，t 为井壁厚度；γ_k 为钢筋混凝土刃脚的重度，不排水施工时应扣除浮力。

求出以上各力的数值、方向及作用点后，根据图 6-13 可求得各力对刃脚根部中心轴的力臂，从而求得总弯矩 M_0、竖向力 N_0 和剪力 Q，即：

$$M_0 = M_{e+w} + M_T + M_{R_V} + M_{R_H} + M_g \tag{6-43}$$
$$N_0 = R_V + T + g \tag{6-44}$$
$$Q = p_{e+w} + R_H \tag{6-45}$$

式中，M_{e+w} 为土水压力合力 p_{e+w} 对刃脚根部中心轴的弯矩；M_T 为刃脚底部外侧摩阻力 T 对刃脚根部中心轴的弯矩；M_{R_V} 为竖向反力 R_V 对刃脚根部中心轴的弯矩；M_{R_H} 为横向反力 R_H 对刃脚根部中心轴的弯矩，应按规定考虑分配系数；M_g 为刃脚自重 g 对刃脚根部中心轴的弯矩。

求得 M_0、N_0 和 Q 后，即可验算刃脚根部应力，并计算出刃脚内侧所需竖向钢筋用量。一般刃脚钢筋截面积不应少于刃脚根部截面积的 0.10%，且竖向钢筋应伸入根部 $0.5L_1$ 以上。

　b　刃脚向内

刃脚向内挠曲计算其最不利位置是沉井已下沉至设计标高，刃脚下土体挖空而尚未浇筑封底混凝土（见图 6-14），此时刃脚可视为根部固定在井壁上的悬臂梁，并以此计算最大弯矩。

作用在刃脚上的力包括刃脚外侧的土压力、水压力、摩阻力和刃脚本身的重力。各力的计算方法同前，但水压力计算应考虑实际施工情况。为保证安全，若不排水下沉时，井壁外侧水压力取静水压力的 100% 计算，井内水压力一般取 50%，但也可按施工中可能出现的水头差计算；若排水下沉时，对于透

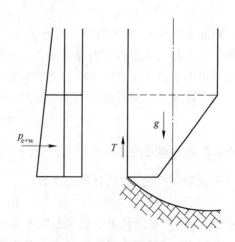

图 6-14　刃脚向内挠曲受力

水性不良的土取静水压力的 70%，透水土按 100% 计算。计算所得各水平外力同样应考虑刃脚悬臂分配系数 α。

根据刃脚上的作用力可计算对刃脚根部中心轴的弯矩、竖向力及剪力，以此求得刃脚外壁钢筋用量。其配筋构造要求与向外挠曲情况相同。

B　刃脚水平受力计算

当沉井下沉至设计标高，刃脚下土已挖空但未浇筑封底混凝土时，刃脚所受水平压力最大，处于最不利状态。此时可将刃脚视为水平框架（见图 6-13），作用于刃脚上的外力与计算刃脚向内挠曲时一样，但所有水平力应乘以水平框架分配系数 β，以此求得水平框架的控制内力，再配置框架所需水平钢筋。

框架内力可按一般结构力学方法计算，具体计算可根据不同沉井平面形式查阅有关手册进行。

6.3.3.5　沉井井壁验算

A　井壁竖向拉应力验算

沉井下沉过程中，刃脚下的土被挖空，若沉井上部被土体夹住，此时下部沉井处于悬挂状态，井壁可能在自重作用下被拉断，需要验算井壁的竖向拉应力。

拉应力大小与井壁摩阻力分布形式密切相关，一般近似假定沿沉井高度以倒三角形分布，如图 6-15 所示。

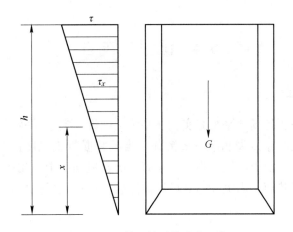

图 6-15　沉井悬吊时井壁摩阻力

距离刃脚底部 X 处井壁拉力的计算公式为：

$$S_x = \frac{Gx}{h} - \frac{Gx^2}{h^2} \tag{6-46}$$

拉应力取极大值时，$\dfrac{\mathrm{d}S_x}{\mathrm{d}x} = 0$，即 $\dfrac{\mathrm{d}S_x}{\mathrm{d}x} = \dfrac{G}{h} - 2\dfrac{Gx}{h^2} = 0$，可求得：

$$S_{\max} = \frac{G}{4}$$

B　井壁横向受力计算

沉井沉至设计标高，刃脚下的土掏空尚未封底时，井壁承受最大的土压力和水压力，应按水平框架内力分析。断面 *C-C* 上截取高度为井壁厚度的井壁作为研究对象,水平荷载有井壁段土压力、水压力(无须乘分配系数 β)及刃脚悬臂作用形成的水平剪力,如图 6-16 所示。采用泥浆润滑套的沉井,如果台阶以上泥浆压力大于土压力与水压力之和,井壁压力应按泥浆压力计算。

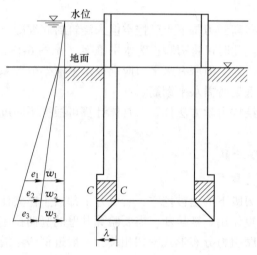

图 6-16　沉井井壁水平荷载

6.4　沉 井 施 工

沉井施工

6.4.1　旱地沉井施工

　　沉井施工时,需要将场地平整夯实,在基坑上铺设一定厚度砂层,在刃脚位置再铺设垫木,然后在垫木上制作刃脚和第一节沉井。当沉井混凝土强度达到设计强度的 70% 以上时,方可拆除垫木,挖土下沉。当一节井筒下沉至地面以上露出 1m 左右时,应当停止继续下沉工作,接长井筒。当沉井达到设计标高后,浇筑混凝土封底,沉井施工过程如图 6-17 所示。

6.4.2　水中沉井施工

6.4.2.1　水中筑岛

　　若水深小于 3m,流速不大于 1.5m/s,可采用砂或砾石在水中筑岛,如图 6-18(a)所示;若水深或流速较大,可采用围堰防护,如图 6-18(b)所示;当水深或流速更大时,可采用钢板桩围堰筑岛,如图 6-18(c)所示。岛面应高出最高施工水位 0.5m。围堰距井壁外缘距离 $b \geq H\tan\left(45° - \dfrac{\varphi}{2}\right)$,且 $b \geq 2m$(H 为筑岛高度,φ 为水中砂内摩擦角),其余施工工艺与旱地沉井施工相同。

6.4.2.2　浮运沉井

　　如果水深大于 10m,人工筑岛困难或者不经济,可采用浮运法施工。首先在岸边将沉

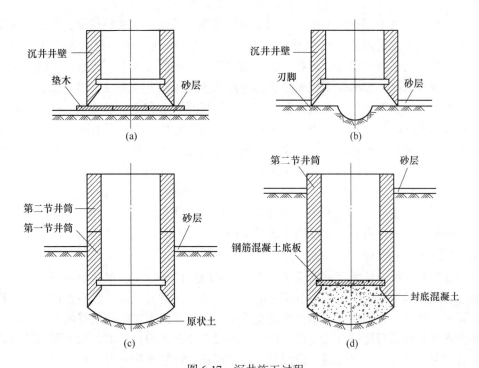

图 6-17 沉井施工过程

（a）第一节井筒制作；（b）挖土下沉；（c）沉井接长；（d）沉井封底

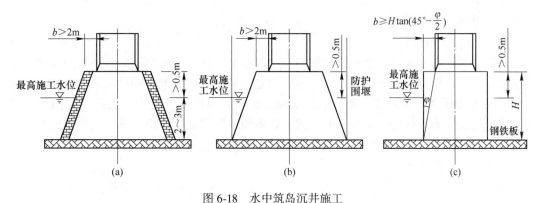

图 6-18 水中筑岛沉井施工

（a）无围堰筑岛；（b）有围堰筑岛；（c）钢板桩围堰筑岛

井形成空体结构，或采用浮船、钢气筒等措施使沉井能够浮于水面，然后通过滑道滑入水中，最终应用绳索牵引至设计桩位。在悬浮状态下可将水或混凝土注入空体中，使沉井沉至水底。若沉井基础设计高度较大，一节沉井不能沉至水底，可在悬浮状态下逐节接长下沉，施工过程中应始终保证沉井的稳定性。

6.4.3 沉井下沉

6.4.3.1 下沉施工

A 第一节沉井下沉

沉井下沉施工可分为排水下沉和不排水下沉。当沉井穿过的土层较稳定时，不会因排水而产生流沙时，可采用排水下沉。土的挖除可采用人工挖土或机械挖土，排水下沉常用人工挖土，适用于土层渗流量不大且排水不会产生涌土或流沙的情况。人工挖土可控性强，可使沉井均匀下沉并清除障碍物，但应采取措施保证施工安全。排水下沉时也可用机械挖土。不排水下沉一般都采用机械挖土，可用抓土斗或水力吸泥机，当土质较硬时，水力吸泥机需配合水枪射水将土冲击松散。水力吸泥机是将水和土一起吸出井外，因此需要经常向井内加水维持井内水位高出井外水位 1~2m，以免发生涌土或流沙现象。用抓斗抓泥可避免吸泥机吸砂时出现的翻砂现象，但抓斗无法到达刃脚和隔墙下的死角，使下部土体受力不均容易造成井体倾斜，其施工效率也会随施工深度增加而降低。

正常下沉时应从中间向刃脚处均匀对称挖土。对于排水挖土下沉的底节沉井，设计支撑位置处的土层应在分层取土的最后同时挖除。由数个井孔组成的沉井，应控制各井孔之间挖土面的高差，避免内隔墙底部在下沉时受到下面土层的顶托，防止倾斜的产生。

B　接高第二节沉井

第一节沉井下沉至顶面距离地面还有 1~2m 的时候停止挖土，保持第一节沉井位置竖直。第二节沉井的中轴线应与第一节沉井的中轴线重合，凿毛顶面，然后立模均匀对称地浇筑混凝土。接高沉井的模板，不得直接支撑在地上，应固定在已浇筑好的前一节的沉井上，并预防沉井接高后使模板及支撑与地面接触，以免沉井因自重增加而下沉，造成新浇筑的混凝土由于拉力而出现裂缝。待混凝土强度达到设计要求后方可进行拆模。

C　逐节下沉及接高

第二节沉井拆模后，按上述方法继续挖土下沉接高沉井。随着挖土下沉与接高，沉井入土深度越来越大。

D　加设井顶围堰

当沉井顶面需要下沉至水面或岛面下一定深度时，需在井顶筑围堰。围堰的尺寸略小于沉井，围堰的作用是防水和挡土，井顶围堰是临时性的，可由各种材料筑成，按所用材料的不同主要有草（麻）袋围堰、木笼围堰和钢板桩围堰三种类型。无论采取何种类型的围堰，与沉井的连接应采用合理的形式，以避免围堰因变形不协调或突变而造成严重漏水现象。若水深流急，临时性防水围堰高度大于 5.0m 时应采用钢板桩围堰。

E　地基检验和处理

沉井下沉至距离设计标高尚差 2m 左右时，须用调平与下沉同时进行的方式使沉井下沉到位，然后进行基底检验。检验基底处地基土质是否与设计相符，是否平整，是否需要对地基土进行必要的处理。如果是排水下沉的沉井，可直接进行检查；如果是不排水下沉的沉井，需由潜水工人检查或钻土取样鉴定。

6.4.3.2　沉井下沉工程问题处理

沉井下沉过程中，有时会发生偏斜、下沉速度过快或过慢等不正常情况，此时，应不急于继续施工，应仔细调查原因，调整挖土顺序和排除施工障碍，甚至借助吊车、卷扬机等起重设备进行纠偏。工程实践中经常遇到的问题如下。

（1）偏斜。沉井偏斜包括倾斜和位移两种。沉井偏斜经常发生在下沉不深时，主要原因如下。

1）土岛水下部分由于水流冲淘或板桩漏土，造成岛面一侧土体松软；井下平面土质软硬不均，使沉井下沉不均。

2）未按规定操作程序对称抽除垫木或未及时填砂夯实，下沉除土不均匀，井内底面高差过大。

3）排水下沉沉井内除土时大量翻砂，或刃脚下遇软土夹层，掏空过多，沉井突然下沉。

4）刃脚一侧或一角被障碍物搁住，未及时发现和处理；排水下沉时没有按设计要求设置支承点。

5）井内弃土堆压在沉井外一侧，或河床高低相差过大，偏侧土压使沉井产生水平位移。

为了随时检查沉井下沉状态，则需要在井壁外侧标尺，井壁中线处挂垂球，视野开阔处设置经纬仪观测沉井垂直度、水平度。大型沉井不便于设站观测时，可在井壁外侧隔一段距离设一竖直玻璃管，并用塑料管将底部连通，根据竖直玻璃管液面高差判断沉井水平偏差。

沉井在下沉过程中并非绝对平稳均匀下沉，而是呈现摇摆下沉特点。当沉井偏斜超过规范允许值时，一般可采用排土、压重、顶部施加水平力或刃脚增加支承等措施来纠偏。沉井倾斜可在高侧集中排土，添加重物，或用高压射水冲松土层，低侧回填砂石，必要时还可在沉井顶部施加水平力强制扶正。若沉井中心偏移先排土，使得井底中心向设计中心倾斜，然后在相反侧排土，使沉井恢复竖直状态，如此反复直至移至设计中心位置。若刃脚遭遇大孤石、树根等障碍物，宜人工挖除；也可用少量炸药进行松动爆破。同时，沉井下沉过程中挖出的土方，应及时外运，如果不能及时运走，应远离沉井井壁放置，须在四周均匀堆放，避免产生偏土压力引起沉井再次偏斜。

（2）突沉。在淤泥质松软土层沉井时，土层与井壁之间的侧阻力较小，沉井刃脚下土层挖除时，沉井支承作用大为减弱，如果排水过多、挖土太深，经常发生沉井突沉现象，造成沉井超沉或倾斜超出验收规范允许误差的要求，且易发生现场操作人员人身安全事故。因此，在下沉过程中，特别是接近设计标高时，要严防突沉现象的发生。

一般采用增大刃脚踏面宽度、刃脚四周均匀对称挖土等措施来提高刃脚阻力，或增加底内框架梁使之承受一部分土的反力，保持沉井均匀、缓慢下沉；还可在沉井外壁刃脚以上灌注泥浆，使井壁与土层之间的摩擦力均匀一致，有效避免沉井突然下沉。

（3）难沉。难沉是指当沉井由于开挖深度不足而出现正面阻力较大，或当刃脚遭遇障碍物、坚硬岩土层，或当井壁侧阻力超过沉井自重，井壁无减阻措施（或泥浆、空气幕破坏）等情况时，沉井发生下沉速度过慢或停沉等的现象。

难沉工程问题解决的主要技术措施包括增加压重和减少井壁侧阻两大类。增压重的方法有：

1）在沉井顶部堆放沙袋、钢轨或铁块等重物促使沉井下沉；

2）提前安装下节沉井，增加沉井整体重量；

3）不排水下沉时，井内抽水以减少浮力，促使沉井下沉。

减小井壁侧阻的方法有：

1）选用圆形、圆端形或阶梯形沉井，保持沉井外壁光滑；

2）利用井壁内埋设高压射水管射水、泥浆套或空气幕辅助下沉；

3）采用炸药起爆振动下沉。

（4）流沙。由于地质条件的限制，在粉砂、细砂层中下沉沉井时，由于粉砂、细砂层中动水压力过大，对土产生浮力，使土颗粒处于悬浮状态，土层易失去稳定出现流沙现象，可导致沉井井外砂土随着地下水大量涌入井内，井外地面大量坍塌，沉井倾斜严重，偏离设计位置。

一般来说，防止流沙危害的措施有：

1）采用排水下沉工艺发生流沙时，可向井内注水以减小水头梯度的大小，破坏产生流沙的条件；

2）条件允许时，可采用喷射井点降水、深井降水以降低井外水位，改变水头梯度的方向保持砂土层稳定，避免流沙危害的发生。

6.5 工程实例

6.5.1 工程概况

某公路桥桥墩基础，上部结构为等跨等截面悬链线双曲拱桥，下部结构为重力式墩及沉井基础，工程地质与水文地质条件如图 6-19 所示。沉井工程材料为 C20 混凝土，HRB335 钢筋。混凝土：轴心抗压强度设计值 f_{cd} = 9.20MPa，轴心抗拉强度设计值 f_{td} = 1.06MPa；钢筋：$f_{sd} = f'_{sd}$ = 280MPa。浮运法施工。试按《公路桥涵地基与基础设计规范》（JTG 3363—2019）与《公路钢筋混凝土及预应力混凝土桥涵设计规范》（JTG 3362—2018）设计该沉井基础。

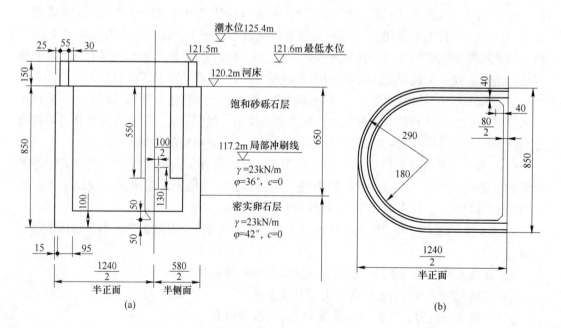

图 6-19 圆端形沉井地质剖面
（a）沉井剖面图；（b）沉井平面图

6.5.2 沉井高度及细部尺寸确定

A 沉井高度

沉井顶面在最低水位以下 0.10m，由图 6-19(a) 可知，沉井顶面标高为 121.6−0.10 = 121.5(m)。

按水文计算，最大冲刷深度 h_m = 120.2−117.2 = 3.0(m)，一般大、中桥基础埋深应大于等于 2.0m，故沉井高度 H = (121.5−120.2)+3.0+2.0 = 6.3(m)。

按地基承载力和土质条件，井底应进入密实的卵石层，并考虑 2.0m 的安全度，则 H = (121.5−120.2)+6.5+2.0 = 9.8(m)。

若取沉井高度 H = 10m，沉井顶面标高 121.5m，井底标高 111.5m。因潮水位高，第一节沉井高度不宜太小，取 8.5m，则第二节高 1.5m，第一节井顶标高 120m。

B 沉井平面尺寸

考虑到桥墩形式，采用两端为半圆形中间为矩形的沉井。圆端外半径为 2.9m，矩形长边为 6.6m，宽边为 5.8m，第一节井壁厚 t = 1.1m，第二节厚度 0.55m，隔墙厚度 δ = 0.8m，如图 6-19 所示。

刃脚踏面宽度 a = 0.15m，刃脚高 h_k = 1.0m，内倾角 $\tan\theta = \dfrac{1.0}{1.1-0.15} = 1.053$，求得 θ = 46.5° > 45°。

6.5.3 荷载计算

沉井自重计算见表 6-3，各力汇总见表 6-4。

表 6-3　沉井自重计算汇总

沉井部位	重度/kN·m⁻³	体积/m³	重力/kN
刃脚	25.00	18.18	454.50
第一节沉井井壁	24.50	230.72	5652.4
底节沉井隔墙	24.50	24.22	593.39
第二节沉井井壁	24.50	23.20	568.40
钢筋混凝土盖板	24.50	62.36	1527.82
井孔内填砂卵石	22.00	150.62	3313.64
封底混凝土	24.00	126.26	3030.24
沉井总重		15140.63kN	

表 6-4　各力汇总

名　称	数值/kN	对沉井底面形心轴的力臂/m	弯矩/kN·m
二孔上部结构恒载及墩身	P_1 = 25691.00	1.15	747.50
一孔活载（竖向力）	P_g = 650.00		
由制动力产生的竖向力	P_r = 32.40		
沉井总重	G = 15140.63	1.15	37.26
沉井浮力	G' = −6355.23		

名 称	数值/kN	对沉井底面形心轴的力臂/m	弯矩/kN·m
囊向力合计	$\Sigma P = 35158.86$		784.76
一孔活载（水平力）	$H_g = 815.10$	18.80	-15328.77
制动力	$H_r = 75.00$	18.80	-1410.45
水平力合计	$\Sigma P_H = 890.10$		-16739.22

6.5.4 沉井强度及稳定验算

6.5.4.1 基底应力验算

沉井井底埋深 $h = 117.2 - 111.5 = 5.7(\text{m})$，井底面积 $A_0 = 3.14 \times 2.92 + 6.6 \times 5.8 = 64.7(\text{m}^2)$，井宽 $d = 5.8\text{m}$，井底抵抗矩 $W_0 = \dfrac{\pi d^3}{32} + \dfrac{a^2 b}{6} = 56.1(\text{m}^3)$；竖向荷载 $\Sigma P = 35158.86\text{kN}$，水平荷载 $\Sigma P_H = 890.1\text{kN}$，弯矩 $\Sigma M = 15954.5\text{kN}\cdot\text{m}$。

又 $h < 10\text{m}$，故取 $C_0 < 10 m_0$，即 $\beta = \dfrac{C_h}{C_0} = \dfrac{m_h}{10 m_0} = 0.5$，$\lambda = \dfrac{M}{h} = 17.9\text{m}$，$b = \left(1 - 0.1\dfrac{a}{b}\right)(b + l) = 12.8(\text{m})$，故：

$$A = \frac{b_1 \beta h^3 + 18 d W_0}{2\beta(3\lambda - h)} = \frac{12.8 \times 0.5 \times 5.7^3 + 18 \times 5.8 \times 56.1}{2 \times 0.5 \times (3 \times 17.9 - 5.7)} = 146.7(\text{m}^2)$$

$$\left.\begin{array}{r}\sigma_{\max} \\ \sigma_{\min}\end{array}\right\} = \frac{N}{A_0} \pm \frac{3Hd}{A\beta} = \frac{35158.86}{64.7} \pm \frac{3 \times 890.1 \times 5.8}{146.7 \times 0.5} = \begin{array}{l}754.5(\text{kPa}) \\ 332.3(\text{kPa})\end{array}$$

井底地基土为密实砂卵石类土层，可取 $[f_{a0}] = 1000\text{kPa}$，$K_1 = 4$，$K_2 = 10$，土浮重度 $\gamma_1 = \gamma_2 = 13\text{kN/m}^3$，并考虑附加组合，承载力可提高 25%，故修正后的地基承载力容许值为：

$$\begin{aligned}[f_a] &= 1.25 \times \{[f_{a0}] + K_1 \gamma_1 (b - 2) + K_2 \gamma_2 (h - 3)\} \\ &= 1.25 \times [1000 + 4 \times 13 \times (5.8 - 2) + 10 \times 13 \times (5.7 - 3)] \\ &= 1935.8(\text{kPa}) > 754.5(\text{kPa})\end{aligned}$$

故满足要求。

6.5.4.2 基础侧向水平压应力验算

将以上计算参数代入式(6-14)得井身转动中心 A 离地面的距离，即：

$$z_0 = \frac{0.5 \times 12.8 \times 5.7^2 \times (4 \times 17.9 - 5.7) + 6 \times 5.8 \times 56.1}{2 \times 0.5 \times 12.8 \times 5.7 \times (3 \times 17.9 - 5.7)} = 4.5(\text{m})$$

根据式(6-16)可得基础侧向水平压应力为：

$$\sigma_{\frac{hx}{3}} = \frac{6 \times 890.1}{146.7 \times 5.7} \times \frac{5.7}{3} \times \left(4.5 - \frac{5.7}{3}\right) = 31.6(\text{kPa})$$

$$\sigma_{hx} = \frac{6 \times 890.1}{146.7 \times 5.7} \times 5.7 \times (4.5 - 5.7) = -43.7(\text{kPa})$$

若取抗剪强度指标甲 $\varphi_1 = 36°$，$\varphi_2 = 42°$，$c_1 = c_2 = 0$；系数 $\eta_1 = 0.7$，$\eta_2 = 1.0$（因 $M_g =$

0），则根据式（6-27）及式（6-28）得土体极限横向抗力为：

（1）$z = \dfrac{h}{3}$ 时，

$$\left[\sigma_{\frac{hx}{3}}\right] = 0.7 \times 1.0 \times \frac{4}{\cos 36°} \times \left(\frac{13 \times 5.7}{3}\tan 36° + 0\right) = 62.1(\text{kPa}) > 31.6\text{kPa}$$

（2）$z = h$ 时，

$$\left[\sigma_{hx}\right] = 0.7 \times 1.0 \times \frac{4}{\cos 42°} \times (13 \times 5.7 \times \tan 42° + 0) = 251.4(\text{kPa}) > 43.7\text{kPa}$$

均满足要求，计算时可以考虑沉井侧面土的弹性抗力。

6.5.4.3 沉井上浮验算

沉井封底后抽干井孔内水，验算沉井是否会上浮，则沉井自重为：

$$G = 454.5 + 5652.64 + 593.39 + 3030.24 = 9730.8(\text{kPa})$$

沉井浮力为：

$$G' = \left[549.96 + (3.14 \times 2.65^2 \times 6.36 + 6.6 \times 5.3 \times 6.36)\right] \times 10 = 9127.5(\text{kPa})$$

由于 $G > G'$，故沉井不会上浮。

6.5.4.4 沉井井壁受力验算

A 沉井井壁竖向拉力验算（未考虑浮力）

$$S_{max} = \frac{Q_1 + Q_2 + Q_3 + Q_4}{4} = 1817.2(\text{kN})$$

井壁受拉面积为：

$$A_1 = \frac{3.14 \times (5.8^2 - 3.6^2)}{4} + 6.6 \times 5.8 - 2.9 \times 3.6 \times 2 = 33.6(\text{m}^2)$$

混凝土拉应力为：

$$\sigma_h = \frac{S_{max}}{A_1} = 1817.2/33.6 = 54\ (\text{kPa}) < 0.8\ R_e^b = 1280(\text{kPa})$$

井壁内可按构造时要求布置竖向钢筋。

B 井壁横向受力计算

沉井沉至设计标高时，刃脚根部以上一段井壁承受的外力最大，它不仅承受本身范围内的水平力，还要承受刃脚作为悬臂传来的剪力，故处于最不利状态。

考虑潮水位时，单位宽度井壁上的水压力（见图 6-20）为：

$$w_1 = 127.6\text{kN/m}^2,\quad w_2 = 138.6\text{kN/m}^2,\quad w_3 = 148.6\text{kN/m}^2$$

单位宽度井壁上的土压力为：

$$e_1 = 17.2\text{kPa},\quad e_2 = 20.1\text{kPa},\quad e_3 = 22.6\text{kPa}$$

刃脚及刃脚根部以上 1.1m 井壁范围的外力为：

$$P = 0.5 \times (17.2 + 22.60 \times 1 + 127.60 + 148.6 \times 1) \times 2.1 = 331.79(\text{kN/m}) \qquad (\alpha = 1)$$

沉井各部分所受内力可按一般结构力学方法求得，井壁最不利受力位置在隔墙处，其弯矩 $M_1 = -744.3\text{kN} \cdot \text{m}$，轴向力 $N_2 = 779.7\text{kN}$。按素混凝土进行应力验算，则：

$$\left.\begin{array}{c}\sigma_{\max}\\\sigma_{\min}\end{array}\right\} = \frac{N}{A_0} \pm \frac{M_1}{W} = \frac{779.7}{1.1^2} \pm \frac{774.3}{\dfrac{1.1^3}{6}} = \begin{array}{l}4(\text{MPa}) < 9.20(\text{MPa})\\-2.7(\text{MPa}) < -1.06(\text{MPa})\end{array}$$

因此须配置受拉钢筋，钢筋截面积为 $A_{s_1} = 3.1 \times 10^3 (\text{mm}^2)$，选用 $9\varPhi22$；不需要设置受压钢筋，仅按构造要求布置 $9\varPhi14$，$A_{s_2} = 1.4 \times 10^3 (\text{mm}^2)$。

6.5.4.5 沉井刃脚受力验算

A   刃脚向外挠曲

经试算分析，最不利位置为刃脚下沉到标高 $120.2 - 8.7 + 8.7/2 = 115.85(\text{m})$ 处，刃脚切入土中 1m，第二节沉井已接上（见图 6-21），其悬臂作用分配系数为：

$$\alpha = \frac{0.1 \times 4.7^4}{1 + 0.05 \times 4.7^4} = 1.9 > 1.0,\ \text{取}\ \alpha = 1.0$$

刃脚侧土为砂卵石层，$\tau = 18\text{kPa}$，$\varphi_1 = 36°$。

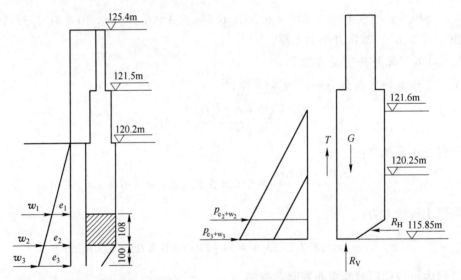

图 6-20 单位宽度井壁上的水（单位：cm）   图 6-21 刃脚位

（1）作用于刃脚的力（按低水位取单位宽度计算）：

$$w_2 = (121.6 - 115.85 - 1) \times 10 = 47.5\ (\text{kN/m})$$

$$w_3 = (121.6 - 115.85) \times 10 = 57.5(\text{kN/m})$$

$$e_2 = 13 \times (121.6 - 115.85 - 1) \times \tan^2\left(45° - \frac{36°}{2}\right) = 16(\text{kN/m})$$

$$e_3 = 13 \times (121.6 - 115.85) \times \tan^2\left(45° - \frac{36°}{2}\right) = 19.4\ (\text{kN/m})$$

为保证安全，刃脚外侧水压力取静水压力的 50%，则：

$$p_{e_2 + w_2} = 47.5 \times 0.5 + 16 = 39.8\ (\text{kN/m})$$

$$p_{e_3 + w_3} = 57.5 \times 0.5 + 19.4 = 48.2\ (\text{kN/m})$$

$$p_{e+w} = \frac{(p_{e_2+w_2} + p_{e_3+w_3})h_k}{2} = \frac{39.8 + 48.2}{2} = 44 \text{ (kN/m)}$$

若以静水压力的70%计算，则：

$$0.7\gamma_w hh_k = 0.7 \times 10 \times 5.25 \times 1 = 36.8 \text{ (kN/m)} < p_{e+w} = 44 \text{ (kN/m)}$$

故取 $p_{e+w} = 36.8 \text{kN/m}$。

刃脚摩阻力为：

$$T = \min\{0.5E, \ \tau h_k\} = \min\left\{0.5 \times \frac{16+19.4}{2}, \ 18 \times 1\right\} = 8.9(\text{kN})$$

单位宽沉井自重（不计沉井浮力及隔墙自重）为：

$$G_1 = \frac{0.15+1.1}{2} \times 1 \times 25 + 7.5 \times 1.1 \times 24.5 + 0.825 \times 24.5 = 238 \text{ (kN)}$$

刃脚踏面竖向反力为：

$$R_V = 238 - 11.3 \times 4.35 \times \frac{0.89}{2} = 216.1 \text{ (kN)}$$

刃脚斜面横向力（取 $\delta_2 = \varphi_1 = 36°$）为：

$$R_H = \frac{bR_V}{2a+b}\tan(\theta - \varphi_2) = \frac{216.1 \times 0.95}{2 \times 0.15 + 0.95} \times \tan(46.5° - 36°) = 30.4(\text{kN})$$

井壁自重 g 作用点至刃脚根部中心轴距离为：

$$x_1 = \frac{1.1^2 + 0.15 \times 1.1 - 2 \times 0.15^2}{6 \times (1.1+0.15)} = 0.18(\text{m})$$

刃脚踏面下反力合力为：

$$R_{V_1} = \frac{2 \times 0.15}{2 \times 0.15 + 0.95} \times 216.1 = 51.9(\text{kN})$$

刃脚斜面上反力合力为：

$$R_{V_2} = \frac{0.95}{2 \times 0.15 + 0.95} \times 216.1 = 164.2(\text{kN})$$

R_V 的作用点与井壁外侧的距离为：

$$x = \frac{1}{R_V}\left[R_{V1} + R_{V2}\left(a + \frac{b}{3}\right)\right] = 0.38(\text{m})$$

（2）各力对刃脚根部截面中心的弯矩（见图6-22）水压力及土压力引起的弯矩为：

$$M_{e+w} = 44 \times \frac{1}{3} \times \frac{2 \times 48.2 + 39.8}{48.2 + 39.8} = 22.7(\text{kN} \cdot \text{m})$$

刃脚侧面摩阻力引起的弯矩为：

$$M_T = 8.9 \times \frac{1.1}{2} = 4.9(\text{kN} \cdot \text{m})$$

反力 R_V 引起的弯矩为：

$$M_{R_V} = 216.1 \times \left(\frac{1.1}{2} - 0.38\right) = 36.7(\text{kN} \cdot \text{m})$$

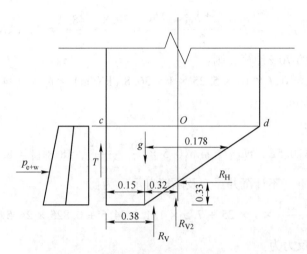

图 6-22　刃脚根部截面弯矩（单位：m）

刃脚斜面水平反力引起的弯矩为：
$$M_{R_H} = 30.4 \times (1 - 0.38) = 18.8 (kN \cdot m)$$

刃脚自重引起的弯矩为：
$$M_g = 0.625 \times 1 \times 25 \times \frac{0.38}{2} = 2.8 (kN \cdot m)$$

故总弯矩为：
$$M_0 = \sum M_i = -22.7 + 4.9 + 36.7 + 18.8 - 2.8 = 34.9 (kN \cdot m)$$

（3）刃脚根部处的应力验算刃脚根部轴力为：
$$N_0 = 216.1 - 0.625 \times 25 = 200.5 (kN)$$

面积 $A = 1.1 m^2$，抵抗矩 $W = 0.2 m^3$，则：
$$\sigma_h = \frac{N_0}{A} \pm \frac{M_0}{W} = \frac{200.5}{1.1} \pm \frac{34.9}{0.2} = \frac{0.36 (MPa)}{0.008 (MPa)} < 9 (MPa)$$

故按受力条件不需要设置钢筋，可按构造要求配筋。

B　刃脚向内挠曲（见图 6-23）

（1）作用于刃脚的力可求得作用于刃脚外侧的土、水压力（按潮水位计算）为：
$$w_2 = 85.5 kN/m, \quad w_3 = 95.5 kN/m$$
$$e_2 = 28.9 kN/m, \quad e_3 = 32.2 kN/m$$

故总土、水压力为 $p = 75.8 kN$。

P_{e+w} 力对刃脚根部形心轴的弯矩为：
$$M_{e+w} = 75.8 \times \frac{1}{3} \times \frac{2 \times (95.5 + 32.2) + 85.5 + 28.9}{95.5 + 32.2 + 85.5 + 28.9} = 38.6 (kN \cdot m)$$

此时刃脚摩阻力为：
$$T_1 = 10.7 kN < \tau h_k = 20 kN$$

其产生的弯矩为：

$$M_T = -10.7 \times \frac{1.1}{2} = -5.9(\text{kN} \cdot \text{m})$$

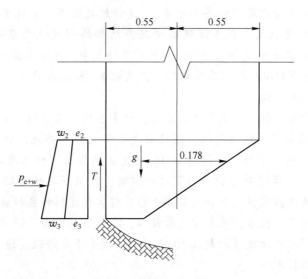

图 6-23 刃脚向内挠曲计算简图（单位：m）

所有各力对刃脚根部的弯矩 M、轴向力 N 及剪力 Q 分别为：

$$M = M_{e+w} + M_T + M_g = 38.6 - 5.9 + 2.78 = 35.5(\text{kN} \cdot \text{m})$$

$$N = T_1 - g = 10.68 - 15.63 = -4.95(\text{kN})$$

$$Q = P = 75.8\text{kN}$$

（2）刃脚根部截面应力验算弯曲应力为：

$$\sigma = \frac{N}{A} \pm \frac{M}{W} = \frac{-4.95}{1.1} \pm \frac{35.5}{0.2} = \begin{array}{l} 0.17(\text{MPa}) < 9.20(\text{MPa}) \\ -0.18(\text{MPa}) > -1.06(\text{MPa}) \end{array}$$

剪应力为：

$$\sigma_j = \frac{75.8}{1.1} = 0.07 \, (\text{MPa}) < 0.93(\text{MPa})$$

因此，刃脚外侧仅按构造要求配筋即可。

C 刃脚框架计算

由于 $\alpha = 1.0$，刃脚作为水平框架承受的水平力很小，故不需要验算，可按构造要求布置钢筋。如需验算，则与井壁水平框架计算方法相同。

⭐📖 **思政课堂**

世界第一井施工——科学技术是第一生产力

我国从 20 世纪 50 年代借鉴国外设计理论和经验，建成了从直径 2m 的集水井到五峰山长度 100m 的长江特大桥北锚碇沉井等数千座沉井，积累了丰富的工程经验。五峰山长江特大桥是中国第一座公铁两用悬索桥、世界首座高速铁路悬索桥，航道不设桥墩，一跨过江，按照一线铁路载荷相当于 6 车道高速公路推算，新建的特大桥相当于 32 车道的高速公路桥。五峰山长江特大桥北锚碇沉井长 100.7m、宽 72.1m、高 56m，建成后质量达 133 万吨，相当于 186 座法国巴黎埃菲尔铁塔质量，或 13 艘世界上最大航空母舰满载排水量之和，论体积和重量都是 "世界第一井"。这种超大沉井下沉施工国际上没有现成经验可供借鉴。沉井尺寸巨大，在下沉过程中沉井结构的刚度就会变得很小，如同一块 "海绵床垫"，下沉施工的难度和风险巨大。地质条件复杂，在距离沉井 136m 处，有一座 20 世纪 60 年代建设的 110kV 跨江高压电塔，距离沉井 180m 处是长江大堤，沉井吸泥下沉，极易造成周围地基沉降。

建设者通过多种创新技术方案和工艺方法，攻克多项施工难题，实现了特大沉井安全平稳下沉 56m 至设计标高，精准到位，成功解决了超大型沉井施工的世界级难题，为我国特大桥梁沉井施工积累了经验。沉井分 10 次浇筑混凝土，分三阶段下沉到位。采取 "十字槽开挖下沉法"，通过对刃脚开槽宽度的控制，控制下沉速度联合多家智囊团队研发了五峰山长江大桥北锚碇信息化施工监测平台，将实景建模和监控数据相融合指导后续施工，探索出数字化下沉技术。采用空气幕技术，减少下沉阻力，调节下沉的偏位，确保了五峰山大桥沉井下沉平面误差控制在 10cm 以内，远小于允许误差值 50cm。首次应用三维声呐探测立体成像技术。

由此可见，五峰山大桥沉井基础的顺利建成，离不开科技创新的支撑。科学技术是第一生产力，创新是引领发展的第一动力。现代科学技术的发展，使科学与生产的关系越来越密切，科学技术作为生产力，越来越显示出巨大的作用。现代科学技术正在经历着一场伟大的革命，科学为生产技术的进步开辟道路，决定它的发展方向。自然科学以空前的规模和速度，应用于生产，使社会物质生产的各个领域面貌一新。当代社会生产力的巨大发展，劳动生产率的大幅度提高，最主要的是靠科学、技术的力量。

习　题

6-1　你对我国建成世界第一井有什么感想？

6-2　沉井基础主要由哪几部分构成，各部分具体起什么作用？

6-3　沉井剖面形状有哪几种形式，特点如何？

6-4　沉井作为整体深基础时，设计计算应考虑哪些主要内容？

6-5　沉井在施工过程中应进行哪些验算？

7 挡土墙设计

学习导读

你是否想过路边的挡土墙是如何发挥作用的？本章主要介绍挡土墙的类型及重力式、悬臂式和扶壁式挡土墙的设计原理。通过本章学习，可以了解挡土墙的类型及适用条件，掌握不同类型挡土墙的计算方法及构造要求，主要包括挡土墙的抗滑移稳定性验算、抗倾覆稳定性验算、地基承载力验算和墙身强度验算等。

在学习中思考：挡土墙可能发生哪种破坏，挡土墙设计与浅基础设计有何异同？

7.1 概　　述

挡土墙简介

挡土墙（retaining wall）是用来支撑天然或人工填土边坡以保证土体稳定性的一种人工支挡结构物。挡土墙应用广泛，在工业与民用建筑、水利水电工程、铁道、公路、桥梁、港口及航道等各类工程中发挥着重要作用。在山区平整建筑场地时，为了保证场地边坡稳定，需要在每级台阶边缘处建造挡土墙［见图7-1(a)］，地下室外墙和室外地下人

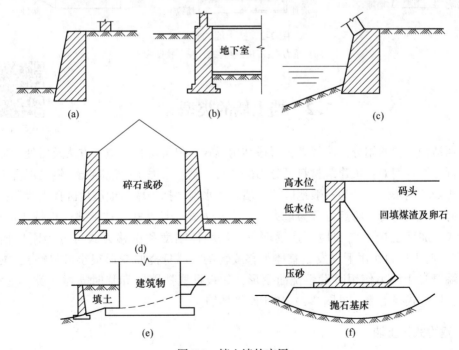

图 7-1　挡土墙的应用

(a) 地面高差挡土墙；(b) 地下室外墙；(c) 桥台；(d) 堆放散颗粒材料的挡土墙；(e) 支挡建筑物周围填土；(f) 码头岸墙

防通道的侧墙［见图7-1（b）］、桥梁工程的岸边桥台［见图7-1（c）］、散体材料堆场的侧墙［见图7-1（d）］也都是挡土墙。此外，支挡建筑物周围填土的支挡墙体［见图7-1（e）］及码头岸墙［见图7-1（f）］同样也是挡土墙。

随着我国经济建设的不断发展，我国大部分地区地质灾害的发育程度和破坏的可能性将不断增强，这已成为制约我国经济和社会发展的重要因素之一。挡土墙等支挡结构对保护人民群众的生命财产安全起到了重要的作用，工程技术人员应当充分重视挡土墙的设计与施工工作。

挡土墙的设计内容主要包括确定挡土墙的类型、材料、平面位置、长度、断面形式及尺寸（挡土墙的高度和宽度）。挡土墙的稳定性验算（包括抗倾覆稳定性验算、抗滑移稳定性验算、整体滑动稳定性验算、地基承载力验算、墙身材料强度验算等），同时应满足相关的构造和措施要求。本章将着重介绍重力式、悬臂式和扶壁式挡土墙设计中的相关问题。

挡土墙各部分的名称如图7-2所示。靠填土（或山体）一侧为墙背，外露一侧为墙面（也称墙胸），墙面与墙底的交线为墙趾，墙背与墙底的交线为墙踵，墙背与铅垂线的交角为墙背倾角 α。

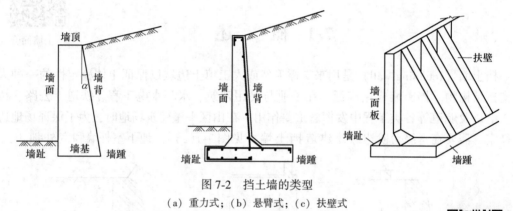

图 7-2　挡土墙的类型

（a）重力式；（b）悬臂式；（c）扶壁式

7.2　挡土墙的类型

重力式挡土墙设计

支挡结构类型的划分方法较多，可按结构形式、建筑材料、施工方法及所处的环境条件等进行分类。例如：按建筑材料可分为砖、石、钢、水泥土、混凝土、钢筋混凝土挡墙等；按所处环境条件可分为一般地区挡土墙、浸水地区挡土墙与地震地区挡土墙等；按断面的几何形状及其受力特点可分为重力式、半重力式、悬臂式、扶壁式、板桩式锚杆式、锚定板式、加筋土挡墙和地下连续墙等；按墙体刚度和位移方式可分为刚性挡土墙（墙体在侧向土压力作用下仅发生整体平移或转动，墙身挠曲变形很小可忽略）、柔性挡土墙（墙身受土压力作用时发生挠曲变形，如板桩式挡墙）和临时支撑三类。重力式、悬臂式和扶壁式挡土墙（见图7-2）属于刚性挡墙。

7.2.1　重力式挡土墙

重力式挡土墙靠自身重量维持其在土压力作用下的稳定，是我国目前常用的一种挡土墙类型。重力式挡土墙一般用砖或片（块）石砌筑，在石料缺乏的地区也可用混凝土修建，并且一般不配钢筋或只在局部范围内配以少量的钢筋。该类挡墙常做成简单的梯形断面，如图 7-2 所示。尽管重力式挡土墙的圬工量较大，但其形式简单，可就地取材，施工方便，经济效果好，适应性较强，故在我国土木工程各领域中得到广泛应用。

由于重力式挡土墙靠自重维持平衡稳定，且墙体本身的抗弯能力较差，因此这类挡土墙的断面、体积和重量都偏大，在软弱地基上修建往往受到承载力的限制。另外，如果挡土墙太高，耗费材料多，也不经济。因此，重力式挡土墙一般适用于高度小于 8m、地层稳定、开挖土石方时不会危及相邻建筑物的地段；对变形要求严格的边坡和开挖土石方危及边坡稳定的边坡不应采用。当地基较好，挡土墙高度不大，本地又有可用石料时，应首选重力式挡土墙。

重力式挡土墙按墙背的坡度可分为俯斜 [见图 7-3(a)]、垂直 [见图 7-3(b)] 和仰斜 [见图 7-3(c)] 三种形式。墙背向外侧倾斜时，为俯斜墙背（$\alpha > 0°$）；墙背铅垂时，为垂直墙背（$\alpha = 0°$）；墙背向填土一侧倾斜时，为仰斜墙背（$\alpha < 0°$）。如果墙背具有单一坡度，称为直线形墙背；若多于一个坡度，则称为折线形墙背 [见图 7-3(d)]。从受力角度考虑，仰斜式墙背承受的主动压力最小，墙身断面较为经济，设计时应优先采用。但当墙高 $H = 8 \sim 12m$ 时，应用衡重式 [见图 7-3(e)]。衡重式挡土墙的主要稳定条件仍凭借墙身自重，但是衡重台上的填土使得全墙重心后移，从而增加了墙身的稳定性，并且这种形式的挡墙墙面胸坡很陡，下墙的墙背仰斜，所以能在一定程度上减小墙体高度和开挖工作量，避免过分牵动山体的稳定，有时还可利用台后净空拦截落石。不过由于基底面积较小，对地基承载力要求较高，衡重式挡土墙应设置在坚实的地基上。

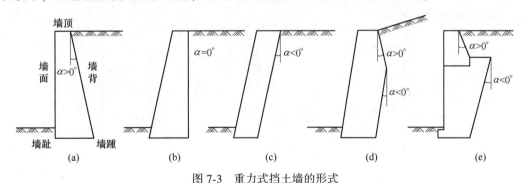

图 7-3　重力式挡土墙的形式
（a）俯斜；（b）垂直；（c）仰斜；（d）折线形；（e）衡重式

7.2.2　悬臂式挡土墙

悬臂式挡土墙采用钢筋混凝土建造，由立臂、墙趾悬臂和墙踵悬臂三个悬臂板组成。这类挡土墙的稳定主要靠墙踵底板上的土重维持，墙体内的拉应力主要由钢筋承担。与重力式挡土墙相比，悬臂式挡土墙具有较好的抗弯和抗剪性能，能够承担较大的土压力，墙身断面可以做得较薄。因此，这类挡墙适用于墙高 6m 左右（一般不大于 6m），地基承载力较低或缺乏当地材料的地区以及比较重要的工程。另外，在市政工程以及厂矿贮库中也广泛应用这类挡土墙。

7.2.3　扶壁式挡土墙

当墙身较高时，若采用悬臂式挡土墙，则立臂产生的挠度和下部承受的弯矩都较大，用钢量也增加。因此，为了增强悬臂式挡土墙中立臂的抗弯性能，常沿墙的纵向每隔一定距离（$0.3 \sim 0.6$）H 设一道扶壁，故称为扶壁式挡土墙。这类挡土墙的稳定主要靠扶壁间填土的土重维持，适用于石料缺乏地区或土质填方边坡，高度不宜超过 $10\mathrm{m}$，当墙高大于 $6\mathrm{m}$ 时，较悬臂式挡土墙经济。

总体来说，悬臂式和扶壁式挡土墙自重轻，圬工省，适用于墙高较大的情况，但需使用一定数量的钢材，经济效果相对较好。

7.2.4　板桩式挡土墙

板桩式挡土墙通过在桩间设置挡土板等结构来稳定土体，主要由桩、锚栓及墙面板（挡土板）等部分组成。它的稳定一是靠桩底端有一定入土深度后的被动土压力，二是靠板桩顶附近使板桩保持垂直的锚栓。根据工程所处条件的不同，锚栓可以是锚杆，也可以是带有锚定板的钢拉杆。设有锚栓的板桩，由锚栓承受其大部分水平土压力。板桩式挡土墙按板桩材料可分为钢板桩、钢筋混凝土板桩和木板桩，工程中一般采用钢板桩或钢筋混凝土板桩。板桩式挡土墙可用于永久性支挡，也可作为临时性支撑，且适用于承载力较低的软基。在具备施工机械的条件下，可以加快施工速度，降低工程造价。因此，此类挡墙在国内大型开挖工程如地下铁道明挖工程、高层建筑基础施工、岸壁码头、船坞防冲刷工程中得到广泛应用。根据其结构形式，板桩式挡土墙可分为悬臂式、锚定式和内支撑式三类，如图 7-4 所示。

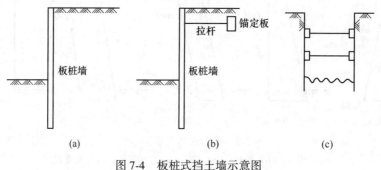

图 7-4　板桩式挡土墙示意图
（a）悬臂式；（b）锚定式；（c）内支撑式

一般悬臂式板桩挡土墙（板桩上部无支撑）适用于墙高较低的情况；而锚定式板桩挡土墙（板桩上部有支撑）应用比较广泛；内支撑板桩挡土墙多用于较小的开挖工程；木板桩多用于临时开挖的低墙；钢、钢筋混凝土板桩则应用于永久性工程。

7.2.5　锚定式挡土墙

锚定式挡土墙通常包括锚杆式和锚定板式两种。

锚杆式挡土墙主要由钢筋混凝土墙面（肋柱和面板）和水平或倾斜的锚杆组成，是一种适用于原状岩土层的轻型支挡结构，如图 7-5(a) 所示。锚杆的一端与肋柱连接，另一端被锚固在稳定的岩土层中。墙后侧压力由面板传给肋柱，再由肋柱传给锚杆使之受拉，如果锚杆的强度及锚杆与岩土层之间的锚固力（即锚杆的抗拔力）足够大，便可维持岩土层稳定。它适用于墙高较大、石料缺乏或挖基困难地区，具有锚固条件的路基挡土墙，一般多用于岩质路堑地段。锚杆式挡土墙的结构形式有肋柱式、板肋式、无肋柱式或格构式等，可根据具体的地质条件和工程情况选用。

锚定板式挡土墙由墙面系（预制的钢筋混凝土肋柱和挡土板拼装或直接用钢筋混凝土板拼装）、钢拉杆、锚定板和填料共同组成，是一种适用于填土的轻型挡土结构，如图 7-5(b) 所示。它主要依靠埋置在填料中的锚定板所提供的抗拔力维持墙体的稳定。锚定式挡土墙可采用肋柱式和无肋柱式结构，它主要适用于石料缺乏地区，一般地区路肩地段或路堤地段，不适用于路堑挡土墙。

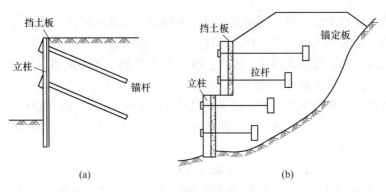

图 7-5 锚定式挡土墙

（a）锚杆式挡土墙；（b）锚定板式挡土墙

锚定式挡土墙的特点主要有构件断面小，工程量省，不受地基承载力的限制，构件可预制，有利于实现结构轻型化和施工机械化。

7.2.6 加筋土挡土墙

加筋土挡土墙由填土、拉筋及墙面板三部分组成，如图 7-6 所示。在垂直于墙面的方向，按一定间隔和高度水平放置拉筋材料，然后填土压实，通过填土与拉筋之间的摩擦作用稳定土体。拉筋材料通常为镀锌薄钢带、钢筋混凝土带、聚丙烯土工带等。墙面板一般用混凝土预制，也可采用半圆形铝板。

加筋土挡土墙属柔性结构，对地基变形适应性大，可以做得较高。它对地基承载力要求低，可在软弱地基上建造。另外，这类挡土墙结构简单，施工方便，占地面积小，造价较低，与其他类型的挡土墙相比，可节省投资 30%~70%，经济效益显著。

加筋土挡土墙一般适用于支挡填土工程，在公路、铁路、码头、煤矿等工程中应用较多，

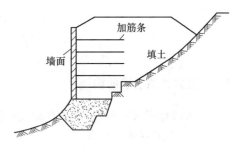

图 7-6 加筋土挡土墙

对于Ⅰ、Ⅱ级铁路可用于一般地区、地震区的路肩、路堤地段。在8度以上地区和具有强烈腐蚀的环境中不宜使用。

各类挡土墙的适用范围取决于墙趾地形、工程地质、水文地质、建筑材料、墙的用途、施工方法、技术经济条件及当地的经验等因素。挡土墙类型的选择应根据支挡填土或土体求得稳定平衡的需要，研究荷载的大小和方向、基础埋置的深度、地形地质条件、与既有建筑物平顺衔接、容许的不均匀沉降、可能的地震作用、墙壁的外观、环保的特殊要求、施工的难易和工程造价，综合比较后确定。

7.3 重力式挡土墙

7.3.1 重力式挡土墙的选型

一般的重力式挡土墙按墙背倾斜方向可分为仰斜、垂直和俯斜三种形式，如图7-3所示。对这三种形式的挡土墙，采用相同的计算方法和指标进行分析，其主动土压力以仰斜墙最小，垂直墙居中，俯斜墙最大。因此，就墙背所受的土压力而言，仰斜式较为合理，设计时应优先考虑，其次是垂直式。

对于挖方而言，因为仰斜墙背可以和开挖的临时边坡紧密贴合，而俯斜式则必须在墙背回填土，因此仰斜比俯斜合理。对于填方而言，仰斜墙背填土的夯实较俯斜式困难，此时俯斜墙背与垂直墙背较为合理。

墙前地势较为平坦时，采用仰斜墙较为合理，如图7-7(a)所示。墙前地势较陡时，采用垂直墙背较为合理，如图7-7(b)所示。如采用仰斜墙背，墙面坡较缓，会使墙身加高，砌筑工程量增加［见图7-7(c)］，而采用俯斜墙背则会使墙背承受的土压力增大。

总之，选择墙背形式应根据使用要求、受力情况、地形地貌和施工条件综合考虑确定。

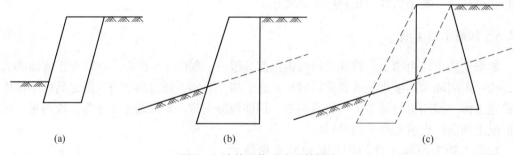

图 7-7　墙前地势对选型的影响
(a) 仰斜墙；(b) 垂直墙；(c) 俯斜墙

7.3.2 重力式挡土墙的构造

挡土墙的构造必须满足强度和稳定性的要求，同时应考虑就地取材、结构合理、断面经济、施工养护方便与安全等。

常用的重力式挡土墙一般由墙身、基础、排水设施和伸缩缝等部分组成。

7.3.2.1　墙身构造

（1）挡土墙的高度。通常情况下，挡土墙的高度是由墙后被支挡的岩体呈水平时墙顶的高程要求确定的。有时对长度很大的挡土墙，也可使墙顶低于土体顶面并用斜坡连接，以节省工程量。另外，重力式挡土墙的高度一般小于8m（对于高度大于8m的挡土墙，采用桩锚体系挡土结构，其稳定性、安全性和土地利用率等方面，较重力式挡土墙好，且造价较低），路肩、路堤和土质路堑挡土墙高度不宜大于10m，石质路堑不应大于12m。

（2）墙背坡度。重力式挡土墙墙背坡度应根据地质地形条件、墙体稳定性及施工条件确定。仰斜式挡土墙墙背坡度一般不应缓于1∶0.25（高宽比），为了方便施工，墙面宜尽量与墙背平行，如图7-8(a)所示。

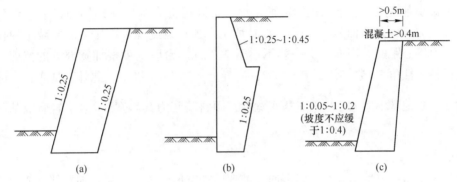

图 7-8　重力式挡土墙墙身构造尺寸

在地面横坡陡峻时，俯斜式挡土墙可采用陡直墙面，以减小墙高。墙背也可做成台阶形，以增加墙背与填料间的摩擦力。

衡重式挡土墙在上下墙之间设衡重台，并采用陡直墙面［见图7-8(b)］上墙俯斜墙背的坡度多采用1∶0.25～1∶0.45，下墙仰斜墙背的坡度在1∶0.25左右，上下墙的墙高比一般采用2∶3。

（3）墙面坡度。墙面坡度应根据墙前地面坡度确定，对于墙前地面坡度较陡时，墙面坡度取1∶0.05～1∶0.2，如图7-8(c)所示；矮墙可采用陡直墙面；当墙前地面坡度平缓时，墙面坡度取1∶0.2～1∶0.35较为经济；垂直式挡土墙墙面坡度不应缓于1∶0.4，以减少墙体材料。

（4）墙顶、墙底最小宽度。重力式挡土墙自身尺寸较大，对于浆砌块、条石挡墙的墙顶宽度均不应小于0.5m，干砌挡土墙不应小于0.6m；素混凝土挡土墙墙顶宽度不应小于0.3m，钢筋混凝土挡土墙墙顶宽度不宜小于0.2m，通常顶宽约为$\frac{H}{12}$（H为墙高）。

重力式挡土墙底宽由地基承载力和整体稳定性确定。初定挡土墙底宽约为$\left(\frac{1}{3}\sim\frac{1}{2}\right)H$，挡土墙底面为卵石、碎石时取最小值，墙底为黏性土时取高值。在选定了墙高、墙背及坡度、墙顶宽度，初定墙底宽度后，最终墙底宽度应根据计算确定。

（5）墙身材料。块石、条石应经过挑选，在力学性质、颗粒大小和新鲜程度等方面要求一致，强度等级应不低于MU30，不应有过分破碎、风化外壳或严重的裂缝。混凝土的强度等级应不低于C15。

挡土墙应采用水泥砂浆，只有在特殊条件下才采用水泥石灰砂浆、水泥黏土砂浆和石灰砂浆等。在选择砂浆强度等级时，除应满足墙身强度所需的砂浆强度等级外，还应符合有关构造要求，在9度地震区，砂浆强度等级应比计算结果提高一级。

（6）护栏。为保证交通及挡土墙附属建筑物环境的安全，在地形险峻地段或高度、长度较大的路肩墙的墙顶应设置护栏。对于护栏内侧边缘距路面边缘的最小宽度，二级、三级公路不小于0.75m，四级公路不小于0.5m。

7.3.2.2　基础

A　基础类型

绝大多数挡土墙都直接修筑在天然地基上。当地基承载力不足、地形平坦而墙身较高时，为了减小基底压力、增加抗倾覆稳定性，常采用扩大基础（即用加设墙趾台阶的方法来解决）以加大承压面积，如图7-9(a)所示。加宽宽度视基底压力需要减小的程度和加宽后合力偏心距的大小而定，一般不小于200mm。台阶高度按加宽部分的抗剪、抗弯和基础材料刚性角 β（浆砌片石 $\beta \leqslant 35°$，混凝土 $\beta \leqslant 45°$）确定。此外，基底合力的偏心距，对于土质地基不应大于 $\frac{b}{6}$（b 基底宽度，倾斜基底为其斜宽）；对于岩质地基不应大于 $\frac{b}{4}$。

当基底压力超过地基承载力过多时，需要的加宽值较大，为避免加宽部分的台阶过高可采用钢筋混凝土底板［见图7-9(b)］，其厚度由剪力和主拉应力控制。

地基为软弱土层（如淤泥、软黏土等）时，可采用砂砾、碎石、矿渣或灰土等材料换填，以扩散基底压力，使之均匀地传递到下卧土层中，如图7-9(c)所示。一般换填深度 h_2 与基础埋置深度 h_1 之和不应超过5m。

当挡土墙修筑在陡坡上，而且地基为完整、稳固、对基础不产生侧压力的坚硬岩石时，可设置台阶基础［见图7-9(d)］，以减少基坑开挖和节省圬工。分台高一般为1m左右，台宽视地形和地质情况而定，不应小于0.5m，高宽比不应大于2∶1，最下一个台阶的底宽应满足偏心距的有关规定，不应小于1.5～2.0m。

如地基有短段缺口（如深沟等）或挖基困难（如需水下施工等），可采用拱形基础、桩基础或沉井基础。

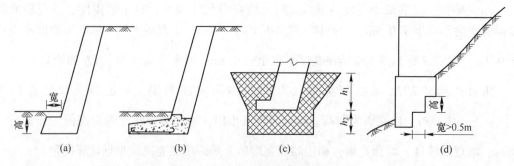

图7-9　重力式挡土墙的基础形式
（a）扩大基础（墙趾台阶）；（b）钢筋混凝土；（c）换填基础；（d）台阶基础

B 基底逆坡

在墙体稳定验算中，倾覆稳定较易满足，而抗滑移稳定较难满足。为了增加墙身的抗滑移稳定性，重力式挡土墙可在基底设置逆坡，如图 7-10 所示。对于土质地基，基底逆坡坡度不宜大于 1：10；对于岩质地基，基底逆坡坡度不应大于 1：5。基底倾斜，会使基底承载力减少，因此需将地基承载力特征值折减。当基底逆坡为 1：10 时，折减系数为 0.9；当基底逆坡为 1：5 时，折减系数为 0.8。

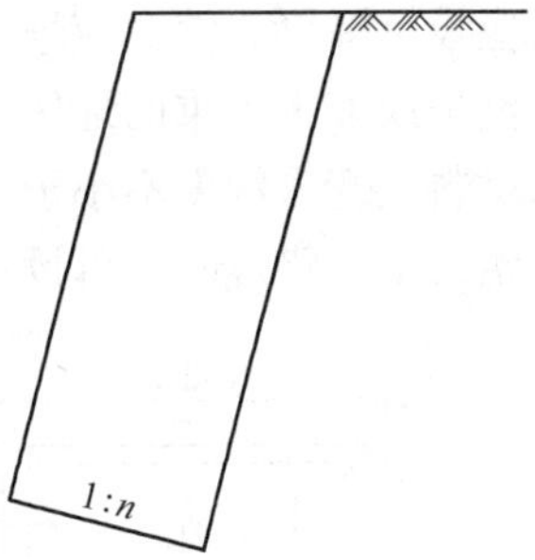

C 基础埋置深度

重力式挡土墙的基础埋置深度，应根据持力层和软弱下卧层的地基承载力、冻结深度、水流冲刷情况和岩石风化程度等因素确定，并从坡脚排水沟底算起，如基底倾斜，则按最浅的墙趾处计算。在特强冻胀、强冻胀地区应考虑冻胀的影响。

（1）土质地基：基础埋深一般情况下不应小于 1m；当受水流冲刷时，应在冲刷线以下至少 1m；当地基受冻胀影响时，应在冻结线以下不小于 0.25m，但当冻深超过 1m 时，不应小于 1.25m，还应将基底至冻结线下 0.25m 深度范围内的地基土换填为非冻胀土。

（2）碎石、砾石和砂类地基：基础埋深不应小于 1m，不考虑冻胀影响。

（3）岩石地基：岩质地基，基础埋置深度不应小于 0.3m；若基底为风化岩层时，除应将其全部清除外，一般应加挖并将基底埋于未风化的岩层内 0.15~0.25m；当风化层较厚，难以全部清除时，可根据地基的风化程度及其承载力将基底埋入风化层中；在软质岩层地基上，基础埋深不应小于 1.0m。

（4）基地建筑在大于 5% 纵向斜坡上的挡土墙，基底应做成台阶形。基础位于横向斜坡地面上时，墙趾埋入地面的深度和距地表的水平距离应满足表 7-1 的要求。

图 7-10　墙底逆坡坡度

表 7-1　挡土墙基础嵌入层尺寸

岩基层种类	最小埋置深度 h/m	距地表水平距离 L/m	嵌入岩坡示意图
较完整的坚硬岩石	0.25	0.25~0.5	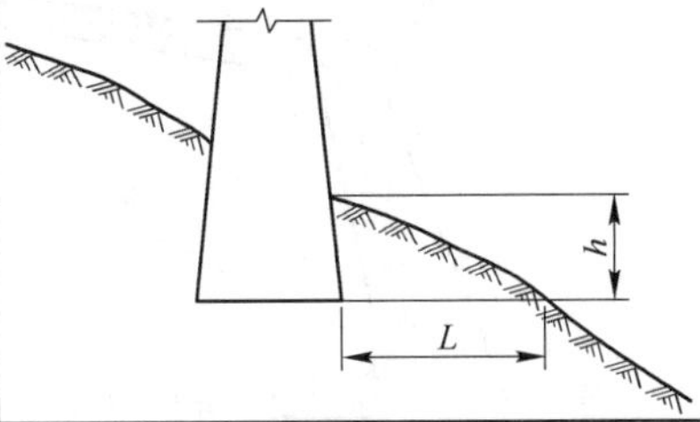
一般硬质岩石	0.6	0.6~1.5	
软质岩石	1.0	1.0~2.0	
土质	≥1.0	1.5~2.5	

7.3.2.3 沉降缝与伸缩缝

由于墙后土压力及地基压缩性的差异，为防止因地基不均匀沉降而导致墙身开裂，应根据地基、墙高、墙身断面的变化情况设置沉降缝。为了防止圬工砌体因收缩硬化和温度变化产生过大拉应力而使墙体拉裂，应设置伸缩缝。设计时，一般将沉降缝与伸缩缝合并设置。

重力式挡土墙的伸缩缝间距，对条石、块石挡土墙沿路线方向每隔 20~25m 设置一道

（见图 7-11），对素混凝土挡土墙每隔 10~15m 设置一道。在地基性状和挡土墙高度变化处应设沉降缝，缝宽应采用 20~30mm，缝内一般用胶泥填塞，但在渗水量较大而填料又易流失或冻害严重的地区，缝内沿墙的前、后、顶三边宜填塞沥青麻筋或其他有弹性的防水材料，塞入深度不小于 1.5m。在挡土墙拐角处，应适当加强构造措施。当墙后为岩石路堑或填石路堤时，可设置空缝。干砌挡土墙可不设伸缩缝和沉降缝。

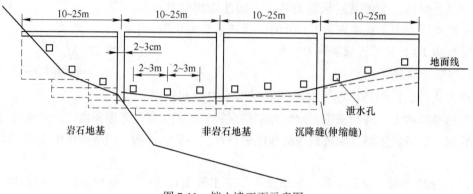

图 7-11　挡土墙正面示意图

7.3.2.4　排水设施

重力式挡土墙建成使用期间，如有大量流水渗入墙后土体中，不仅使土体的含水量增加、抗剪强度降低，还会导致墙体承受的侧压力增大，影响挡土墙的稳定性，甚至造成挡墙倒塌。因此，设计挡土墙时必须考虑排水问题，采取一定的排水措施以便及时疏干墙后土体，防止由墙后积水而使墙身承受额外的静水压力的情况。排水设施主要有如下几种。

（1）截水沟。凡墙后有较大的面积或山坡，则应在填土顶面、离挡土墙适当的距离设截水沟，截住地表水。截水沟的剖面尺寸应根据暴雨集水面积计算确定，并应采用混凝土衬砌。截水沟纵向设适当坡度，出口应远离挡土墙，如图 7-12（a）所示。

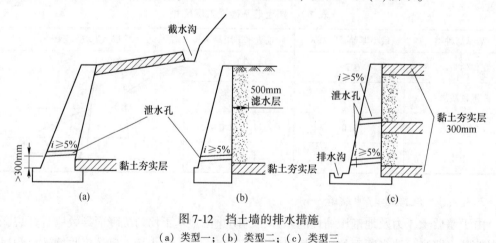

图 7-12　挡土墙的排水措施
（a）类型一；（b）类型二；（c）类型三

（2）泄水孔。对于可以向坡外排水的挡土墙，通常在墙体上布置适当数量的泄水孔，如图 7-12 所示。沿墙高和长度方向按上下、左右每隔 2~3m 交错设置，泄水孔一般用 50mm×100mm、100mm×100mm、150mm×200mm 的矩形孔或直径为 50~100mm 的圆孔。

孔眼上下错开布置，最下一排泄水孔应高于地面 0.2m，在浸水地区挡土墙的最下一排泄水孔在常水位以上 0.3m，以免倒灌。泄水孔向外倾斜坡度不宜小于 5%。

（3）黏土夯实隔水层。在墙后地面、墙前地面、泄水孔进水口的底部都应铺设 300mm 厚的黏土夯实隔水层（见图 7-12），防止积水下渗不利于墙体稳定。

（4）反滤层、散水和排水沟。泄水孔的进水一侧应设反滤层（滤水层），以免泥沙淤塞。反滤层材料应优先采用土工合成材料、无砂混凝土块或其他新型材料，也可用易渗水的粗粒材料（卵石、碎石、块石等）覆盖，如图 7-12（b）所示。墙前亦应做散水、排水沟，避免墙前水渗入地基，如图 7-12（c）所示。对不能向坡外排水的边坡应在墙背填土体中设置足够的排水暗沟，为防止地下水浸入，在填土层下修建盲沟及集水管，以收集和排出地下水。

7.3.2.5　防水层

一般情况下挡土墙背可不设防水层，但片石砌筑挡土墙需用比砌墙身高一级但不小于 M5 的水泥砂浆勾平缝。为防止水渗入墙身形成冻害及水对墙身的腐蚀，在严寒地区或有侵蚀水作用时，常在临水面涂以防水层。

（1）石砌挡土墙：先抹一层 M5 水泥砂浆（2cm 厚），再涂以热沥青（2~3mm）。

（2）混凝土挡土墙：涂抹两层热沥青（厚 2~3mm）。

（3）钢筋混凝土挡土墙：常用石棉沥青及沥青浸制麻布各两层防护，或加厚混凝土保护层。

7.3.2.6　墙后填土的选择

选择质量好的填料以及保证填土的密实度是挡土墙施工的两个关键问题。根据重力式挡土墙稳定验算及提高稳定性措施的分析，希望作用在墙上的土压力数值越小越好，因为土压力小不仅有利于挡土墙的稳定性，还可以减小墙体断面尺寸、节省工程量并降低造价。根据土压力理论进行分析，为了使作用在挡土墙上的土压力最小，应该选择抗剪强度高、性质稳定、透水性好的粗颗粒材料作填料，例如卵石、砾石、粗砂、中砂等，并要求这些材料含泥量小。如果施工质量得到保证，填料的内摩擦力大，对挡土墙产生的主动土压力就较小。

在工程上，实际的回填土往往含有黏性土，这时应适当混入碎石，以便夯实和提高其抗剪强度。对于重要的、高度较大的挡土墙，用黏性土作回填土料是不合适的，因为黏性土遇水体积会膨胀，干燥时又会收缩，性质不稳定，由于交错膨胀与收缩可在挡土墙上产生较大的侧应力，这种侧应力在设计中是无法考虑的，因此会使挡土墙遭到破坏。

不能用的回填土为淤泥、耕植土、成块的硬黏土和膨胀性黏土。回填土中还不应夹杂有大的冻结土块、木块和其他杂物，因为这类土产生的土压力大，对挡土墙的稳定极为不利。

填土的压实质量是重力式挡土墙施工中的关键问题，填土时应注意分层夯实。

7.3.2.7　挡土墙的砌筑方法与质量

挡土墙基础若置于岩层上，应将岩层表面风化部分清除。条石挡土墙多采用一顺一丁的砌筑方法，上下错缝，也有少数采用全顺全顶相互交替的做法。毛石挡土墙，应尽量采用石块自然形状，保证各轮顶顺交替、上下错缝地砌筑。砌料应紧靠基坑侧壁，并与岩层结成整体，待砌浆强度达到 70% 以上时，方可进行墙后填土。在松散坡基层地段修筑挡土墙，不应整段开挖，以免在墙完工前，土体滑下；应采用跳槽间隔分段开挖方式，施工前应先做好地面排水。采用毛石砌筑的挡土墙，除应尽量采用自然形状石块，保证各层丁顺交替，上下错缝的砌法外，还要保证砂浆水灰比严格符合规范要求、填缝紧密、灰浆饱满，确保每一块石料安稳砌正，墙体稳固。

7.3.3　重力式挡土墙的计算

7.3.3.1　挡土墙的荷载

挡土墙的设计计算应根据使用过程中可能出现的荷载，按承载力极限状态和正常使用极限状态进行荷载效应组合，并取最不利组合进行设计。截面尺寸一般按试算法确定，即先根据挡土墙的工程地质条件、填土性质以及墙身材料和施工条件等凭经验初步拟定截面尺寸。然后进行验算。如不满足要求，则修改截面尺寸或采取其他措施。

根据《建筑地基基础设计规范》（GB 50007—2011），挡土墙基底面积及埋深按地基承载力确定，传至基础底面的荷载效应应按正常使用极限状态下荷载效应的标准组合。土体自重、墙体自重均按实际的重力密度计算，在地下水位以下时应扣去水的浮力，相应的抗力应采用地基承载力特征值。

计算挡土墙的土压力应采用承载能力极限状态荷载效应基本组合，但荷载效应组合设计值荷载分项系数均为 1.0；但在计算挡土墙内力、确定配筋和验算材料强度时，上部结构传来的荷载效应组合和相应的基底反力，应按承载能力极限状态下荷载效应的基本组合，采用相应的荷载系数，即永久荷载对结构不利时分项系数取 1.35，对结构有利时取 1.0。

此外，在挡土墙设计中，波浪力、冰压力和冻胀力不应同时计算。当墙身有泄水孔、墙后回填渗水的砂土时，墙前、后水位接近平衡。填料浸水后，受到水的减重作用，计算时应计入墙身浸水的上浮力及填料的减重作用。但应注意墙前、后水位的急剧变化，将会引起较大的动水压力作用。

7.3.3.2　重力式挡土墙的计算

重力式挡土墙计算时按平面应变问题考虑，一般沿墙延伸方向截取单位长度进行计算。计算内容主要包括侧压力计算（土压力、水压力）、抗滑移稳定性验算、抗倾覆稳定性验算、整体滑动稳定性验算、地基承载力验算和墙身强度验算。其中，作用在墙背上的主动土压力，可按库仑理论计算；挡墙背垂直、光滑、土体表面水平时，也可按朗肯理论计算；当挡土墙后破裂面以内有较陡的稳定岩石坡面时，应视有限范围填土情况计算主动土压力；当地下水形成渗流时，尚应计算动水压力作用。另外，当墙背俯斜度较大、土体中出现第二破裂面时，应按第二破裂面法计算土压力（参见 7.4.2.2 节）。

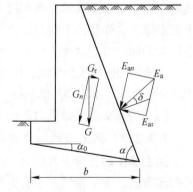

图 7-13　挡土墙抗滑移稳定验算

A　挡土墙抗滑移稳定性验算

在土压力的作用下，挡土墙可能沿基础底面发生滑动。图 7-13 所示为一基底倾斜的挡土墙，在挡土墙上作

用有自重 G 和主动土压力合力 E_a，现将其分别分解为平行及垂直于基底的分力 G_τ、G_n、$E_{a\tau}$、E_{an}。要保证挡土墙在土压力作用下不发生滑动，且有足够的安全储备，抗滑安全系数 K_s（抗滑力与滑动力之比）应满足：

$$K_s = \frac{(G_n + E_{an})\mu}{E_{a\tau} - G_\tau} \geq 1.3 \tag{7-1}$$

$$G_n = G\cos\alpha_0$$

$$G_\tau = G\sin\alpha_0$$

$$E_{an} = E_a\cos(\alpha - \alpha_0 - \delta)$$

$$E_{a\tau} = E_a\sin(\alpha - \alpha_0 - \delta)$$

式中，G 为挡土墙每延米自重；α_0 为挡土墙基底与水平面的夹角；α 为挡土墙墙背与水平面的夹角；δ 为土对挡土墙墙背的摩擦角，可按表 7-2 选用；μ 为土对挡土墙基底的摩擦系数，由试验确定，也可按表 7-3 选用；E_a 为挡土墙每延米主动土压力。

表 7-2　土对挡土墙墙背的摩擦角 δ

挡土墙情况	摩擦角 $\delta/(°)$	挡土墙情况	摩擦角 $\delta/(°)$
墙背平滑，排水不良	$(0 \sim 0.33)\varphi_k$	墙背很粗糙，排水良好	$(0.50 \sim 0.67)\varphi_k$
墙背粗糙，排水良好	$(0.33 \sim 0.50)\varphi_k$	墙背与填土间不可能滑动	$(0.67 \sim 1.00)\varphi_k$

注：代为墙背填土的内摩擦角标准值。

表 7-3　土对挡土墙基底的摩擦系

土的类别		摩擦系数 μ	土的类别	摩擦系数 μ
黏性土	可塑	$0.25 \sim 0.30$	中砂、粗砂、砾砂	$0.40 \sim 0.50$
	硬塑	$0.30 \sim 0.35$	碎石土	$0.40 \sim 0.60$
	坚硬	$0.35 \sim 0.45$	软质岩	$0.40 \sim 0.60$
粉土		$0.30 \sim 0.40$	表面粗糙的硬质岩	$0.65 \sim 0.75$

注：1. 对易风化的软质岩和塑性指数 $I_p > 22$ 的黏性土，基底摩擦系数应通过试验确定；

　　2. 对碎石土，基底摩擦系数可根据其密实程度、填充物状况、风化程度等确定。

当挡土墙抗滑稳定性不满足要求时，可采取以下措施处理。

（1）增大挡土墙断面尺寸，以加大 G 值，但工程量也会相应增大。

（2）墙基底面换成砂、石垫层，以提高 μ 值。

（3）墙底做成逆坡［见图 7-14(a)］，以便利用滑动面上部分反力来抗滑，这是比较经济而有效的措施。

（4）将基础底面做成锯齿状［见图 7-14(b)］或在墙底做凸榫［见图 7-14(c)］，以增加抗滑移能力。

（5）在软土地基上，其他方法无效或不经济时，可在墙踵后加拖板［见图 7-14(d)］，利用拖板上的土重来抗滑。拖板与挡土墙之间应用钢筋连接，但钢筋易生锈，必须做好防锈处理。

　　B　挡土墙抗倾覆稳定性验算

从挡土墙破坏的宏观调查来看，其破坏大部分是倾覆。图 7-15 为一基底倾斜的挡土

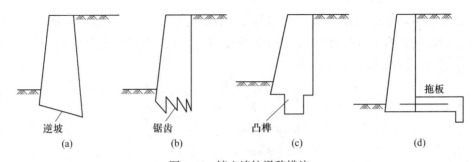

图 7-14 挡土墙抗滑移措施

（a）逆坡墙底；（b）锯齿墙底；（c）凸榫墙底；（d）拖板墙底

墙受力图，设在挡土墙自重 G 和主动土压力合力 E_a 作用下，可能绕墙趾倾覆，抗倾覆力矩与倾覆力矩之比为抗倾覆安全系数 K_t，K_t 应符合：

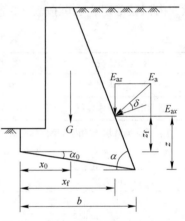

$$K_t = \frac{Gx_0 + E_{az}x_f}{E_{ax}z_f} \geqslant 1.6 \qquad (7\text{-}2)$$

$$E_{ax} = E_a \sin(\alpha - \delta)$$

$$E_{az} = E_a \cos(\alpha - \delta)$$

$$z_f = z - b\tan\alpha_0$$

$$x_f = b - z\cot\alpha$$

式中，E_{ax}、E_{az} 分别为主动土压力 E_a 的水平和垂直分量；G 为挡土墙每延米自重；x_0 为挡土墙重心离墙趾的水平距离；x_f 为主动土压力合力的竖向分力 E_{az} 距墙趾的水平距离；z_f 为主动土压力合力作用点距墙趾的高度；α_0 为挡土墙底面与水平面的夹角；α 为挡土墙的墙背与水平面的夹角；δ 为主动土压力合力与墙背法线的

图 7-15 挡土墙抗倾覆验算示意图

夹角；b 为基底的水平投影宽度；z 为土压力作用点离墙踵的高度。

对于建在软弱地基上的挡土墙，在倾覆力矩作用下墙趾底面地基可能产生局部冲切破坏，地基反力合力作用点内移，导致抗倾覆安全系数降低，有时甚至会沿圆弧滑动而发生整体破坏，因此验算时应注意土的压缩性。

若验算结果不能满足式（7-2）要求时，可采取下列措施加以解决。

（1）修改挡土墙尺寸，增大挡土墙断面尺寸和减小墙面坡度，这样增大 G 及力臂，抗倾覆力矩增大，但工程量也相应增大，且墙面坡度受地形条件限制。

（2）加长加高墙趾。x_0 增大，抗倾覆力矩增大，但墙趾过长，会导致墙趾端部弯矩、剪力较大，易产生拉裂、拉断或剪切破坏，需要配置钢筋。

（3）将墙背做成仰斜式，以减少侧向土压力。仰斜式一般用于挖方护坡，若为填方护坡，采用仰斜式会给施工带来不便。

（4）改变墙背做法，如在直立墙背上做卸荷台［见图 7-16（a）］，形如牛腿。由于卸荷台以上土体的作用增加了挡土墙的自重，使得抗倾覆力矩增大。同时由于卸荷台上的土压力不能传递到卸荷台以下，土压力呈两个小三角形，减小了侧向土压力使倾覆力矩降低，如图 7-16（b）所示。因此，设置卸荷台可增加墙体的抗倾覆稳定性。卸荷台适用于钢筋混凝土挡土墙，不宜于浆砌石挡土墙。

C 挡土墙地基承载力验算

重力式挡土墙的地基承载力验算与浅基础的地基承载力验算基本相同，除应满足 2.4.3 节（持力层、软弱下卧层及地震区地基承载力验算）中的要求外，基底的合力偏心距不应大于 0.25 倍的基础宽度。

如图 7-17(a) 所示，垂直作用于基底的合力为：

$$E_n = E\cos(\alpha - \alpha_0 - \theta - \delta) \quad (7-3)$$

$$E = \sqrt{G^2 + E_a^2 + 2GE_a\cos(\alpha - \delta)}$$

$$\tan\theta = \frac{G\sin(\alpha - \delta)}{E_a + G\cos(\alpha - \delta)\delta}$$

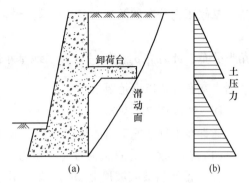

图 7-16 有卸荷台的挡土墙
(a) 挡土墙剖面图；(b) 土压力强度图

式中，E 为挡土墙重力 G 与土压力 E_a 的合力；θ 为 E_a 与 E 之间的夹角；其他符号意义同式 (7-2)。

由合力力矩与各分力力矩之和相等可知，垂直基底合力对墙趾 O 的力臂 c 为：

$$c = \frac{Gx_0 + E_{az}x_f - E_{ax}z_f}{E_n} \quad (7-4)$$

则作用于基底的合力偏心距 e [见图 7-17(b)] 为：

$$e = \frac{b'}{2} - c \quad (7-5)$$

$$b' = \frac{b}{\cos\alpha_0} \quad (7-6)$$

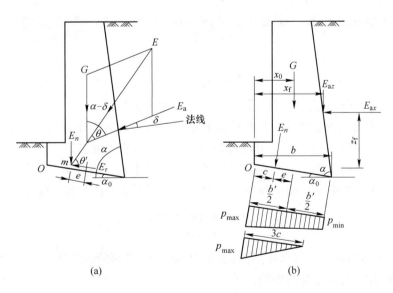

图 7-17 挡土墙的地基承载力验算
(a) 重力式挡土墙受力分析；(b) 合力偏心距的计算简图

基底压力分布如图 7-17(b) 所示，当 $e \leqslant \dfrac{b'}{6}$ 时为梯形或三角形分布；当 $e > \dfrac{b'}{6}$ 时为三角形分布，此时力 $p_{kmax} = \dfrac{2E_n}{3c}$。当地基承载力不满足要求时，可通过设置墙趾台阶等方法增大基底面积以满足要求。

D 整体稳定验算

通常在下列情况下可能会发生挡土墙连同地基一起滑动的整体失稳破坏：

（1）挡土墙承受的侧压力（土压力、水压力等）或倾覆力矩很大；

（2）位于斜坡或坡顶上的挡土墙，由于荷载作用或环境因素影响，造成整个或部分边坡失稳；

（3）地基中存在软弱夹层、土层下面有倾斜的岩层面、隐伏的破碎或断裂带等，整体稳定验算可根据岩土条件采用圆弧滑动法（土质地基）或平面滑动法（岩质地基）。

挡土墙的整体稳定问题主要有图 7-18 所示的几种情况。

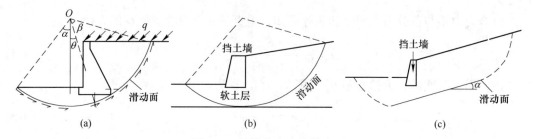

图 7-18 整体稳定验算滑动面

(a) 墙与地基一起滑动；(b) 滑动面位于土层深处；(c) 滑动面沿软弱结构面

（1）挡土墙连同地基一起滑动 ［见图 7-18(a)］，此时可按圆弧滑动法验算，应满足：

$$K_s = \frac{M_R}{M_s} \geqslant 1.2 \tag{7-7}$$

式中，K_s 为稳定安全系数；M_R 为抗滑力矩；M_s 为滑动力矩。

（2）当挡土墙周围土体及地基都比较软弱时，滑动可能发生在地基持力层之中或贯入软土层深处 ［见图 7-18(b)］，此时可按圆弧滑动法验算，并满足式(7-7)的要求。

（3）当挡土墙位于超固结坚硬黏土层或岩质地基上时，滑动破坏可能会沿着近乎水平面的软弱结构面发生 ［见图 7-18(c)］，此时可按圆弧滑动法验算，应满足：

$$K_s = \frac{\gamma V\cos\alpha\tan\varphi + Ac}{\gamma V\sin\alpha} \geqslant 1.3 \tag{7-8}$$

式中，γ 为岩土体的重度；c 为结构面的黏聚力；φ 为结构面的内摩擦角；A 为结构面的面积；V 为岩体的体积；α 为结构面的倾角。

E 墙身强度验算

为了保证墙身强度，应取墙身薄弱面进行验算（如截面转折处、急剧变化处等）。对于一般地区的挡土墙，可选取基底、基础顶面、$\frac{1}{2}$墙高处、上下墙（凸形及衡重式墙）交界处等一两个截面（见图7-19）进行验算，并满足以下要求。

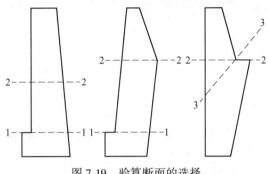

图7-19　验算断面的选择

a　抗压验算

墙身受压承载力的计算公式为：

$$N \leqslant \varphi f A \tag{7-9}$$

式中，N 为荷载设计值产生的轴向力；A 为墙体单位长度的水平截面面积；f 为砌体抗压强度设计值；φ 为高厚比 β 和轴向力的偏心距 e 对受压构件承载力的影响系数，可按现行《砌体结构设计规范》（GB 50003—2011）中的附录 D 采用或按下列公式计算。

（1）当 $\beta \leqslant 3$ 时，

$$\varphi = \frac{1}{1 + 12\left(\dfrac{e}{h}\right)^2} \tag{7-10}$$

（2）当 $\beta > 3$ 时，

$$\varphi = \frac{1}{1 + 12\left[\dfrac{e}{h} + \sqrt{\dfrac{1}{12}\left(\dfrac{1}{\varphi_0} - 1\right)}\right]^2} \tag{7-11}$$

$$\varphi_0 = \frac{1}{1 + \alpha\beta^2} \tag{7-12}$$

式中，φ_0 为轴心受压稳定系数；h 为矩形截面的轴向力偏心方向的边长；e 为按荷载标准值计算的轴向力偏心距，$e \leqslant 0.6y$；y 为截面重心到轴向力所在方向截面边缘的距离；α 为与砂浆强度等级有关的系数，当砂浆强度等级大于或等于 M5 时取 0.0015，当砂浆强度等级等于 M2.5 时取 0.002，当砂浆强度等级等于 0 时取 0.009；β 为构件的高厚比，对于矩形截面，$\beta = \dfrac{\gamma_\beta H_0}{h}$；$H_0$ 为受压构件的计算高度；γ_β 为不同砌体材料的高厚比修正系数，如烧结普通砖取 1.0，混凝土取 1.1，料石或毛石取 1.5。

当 $0.7y \leqslant e \leqslant 0.95y$ 时，除按上述进行验算外，还应按正常使用极限状态验算，即：

$$N_k \leqslant \frac{f_{tk}A}{\dfrac{Ae}{W} - 1} \tag{7-13}$$

式中，N_k 为轴向力标准值；f_{tk} 为砌体抗拉强度标准值；W 为截面抵抗矩。

当 $e \geq 0.95y$ 时，其验算公式为：

$$N \leq \frac{f_t A}{\dfrac{Ae}{W} - 1} \tag{7-14}$$

式中，f_t 为砌体抗拉强度设计值。

　　b　抗剪验算

挡墙受剪承载力的验算公式为：

$$V \leq (f_v + 0.18\sigma_k)A \tag{7-15}$$

式中，V 为剪力设计值；f_v 为砌体抗剪强度设计值；σ_k 为恒荷载标准值产生的平均压应力，但仰斜式挡土墙不考虑其影响。

【例 7-1】　设计一浆砌块石挡土墙，如图 7-20 所示，墙高 $H = 5\mathrm{m}$，墙背仰斜 $\alpha = 70°$，与填土摩擦角 $\delta = 20°$，填土面倾斜 $\beta = 10°$，填土为中砂，重度 $\gamma = 18.5\mathrm{kN/m^3}$，内摩擦角 $\varphi = 30°$，黏聚力 $c = 0$；基底摩擦系数 $\mu = 0.6$，地基承载力特征值 $f_a = 200\mathrm{kPa}$；采用 MU20 毛石、混合砂浆 M2.5，毛石砌体的抗压强度设计值 $f = 0.47\mathrm{MPa}$，浆砌块石挡土墙重度 $\gamma_s = 22\mathrm{kN/m^3}$。试设计挡土墙的尺寸。

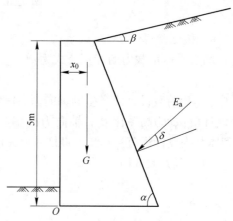

图 7-20　某挡土墙概图

　　解：（1）挡土墙断面尺寸的选择。

顶宽不应小于 0.5m，且 $b_0 = \dfrac{H}{10} = \dfrac{5}{10} = 0.5\,(\mathrm{m})$，取 $b_0 = 1\mathrm{m}$。

　　底宽 $b = b_0 + H\cot\alpha = 1 + 5 \times \cot70° = 2.82\,(\mathrm{m})$，取 $b = 3\mathrm{m}$，如图 7-21 所示。

　　（2）按库仑理论计算作用在墙上的主动土压力。

　　已知 $\varphi = 30°$，$\delta = 20°$，$\beta = 10°$，$\alpha = 70°$，由公式计算或查表得主动土压力系数 $K_a = 0.568$，则主动土压力为：

$$E_a = \frac{1}{2}\gamma H^2 K_a = \frac{1}{2} \times 18.5 \times 5^2 \times 0.568 = 131.35\,(\mathrm{kN/m})$$

土压力作用点距墙趾的距离为：

$$z_f = z = \frac{H}{3} = \frac{5}{3} = 1.67\,(\mathrm{m})$$

$$x_f = b - z\cot\alpha = 3 - 1.67 \times \cot70° = 2.39\,(\mathrm{m})$$

　　（3）求每延米墙体自重及重心位置。挡土墙的断面分成一个矩阵和一个三角形，其重量分别为：

$$G_1 = 1 \times 5 \times 22 = 110\,(\mathrm{kN/m})$$

$$G_2 = \frac{1}{2} \times 2 \times 5 \times 22 = 110\,(\mathrm{kN/m})$$

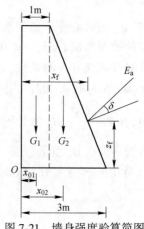

图 7-21　墙身强度验算简图

G_1 和 G_2 作用点距墙趾 O 点的水平距离为:

$$x_{01} = \frac{1}{2} \times 1 = 0.5 \ (\text{m})$$

$$x_{02} = 1 + \frac{1}{3} \times 2 = 1.67 (\text{m})$$

(4) 抗倾覆稳定验算:

$$K_t = \frac{G_1 x_{01} + G_2 x_{02} + E_{az} x_f}{E_{ax} z_f}$$

$$= \frac{110 \times 0.5 + 110 \times 1.67 + 131.35 \times \cos(70° - 20°) \times 2.39}{131.35 \times \sin(70° - 20°) \times 1.67} = 2.62 > 1.6$$

(满足要求)

(5) 抗滑稳定验算:

$$K_s = \frac{(G_1 + G_2 + E_{an})\mu}{E_{a\tau}}$$

$$= \frac{[110 + 110 + 131.35 \times \cos(70° - 0° - 20°)] \times 0.6}{131.35 \times \sin(70° - 0° - 20°)} = 1.82 > 1.3(满足要求)$$

(6) 挡土墙的地基承载力验算。合力作用点距墙趾 O 点的水平距离为:

$$x_0 = \frac{G_1 x_{01} + G_2 x_{02} + E_{az} x_f - E_{ax} z_f}{G_1 + G_2 + E_{az}}$$

$$= \frac{110 \times 0.5 + 110 \times 1.67 + 131.35 \times \cos(70° - 20°) \times 2.39 - 131.35 \times \sin(70° - 20°) \times 1.67}{110 + 110 + 131.35 \times \cos(70° - 20°)}$$

$$= 0.895 (\text{m})$$

偏心距为:

$$e = \frac{b}{2} - x_0 = \frac{3}{2} - 0.895 = 0.605 (\text{m}) > \frac{b}{6} = 0.5 (\text{m})$$

$$p_{max} = \frac{2E_n}{3c} = \frac{2(G_1 + G_2 + E_{az})}{3x_0}$$

$$= \frac{2 \times [110 + 110 + 131.35 \times \cos(70° - 20°)]}{3 \times 0.895}$$

$$= 226.764 \ (\text{kPa}) < 1.2f_a = 1.2 \times 200 = 240 \ (\text{kPa})(满足要求)$$

(7) 墙身强度验算。经验算亦满足要求,验算过程略。

从而确定墙顶宽度为 1m,墙底宽度为 3m,挡土墙断面尺寸如图 7-21 所示。

7.4　悬臂式挡土墙

7.4.1　悬臂式挡土墙的构造

7.4.1.1　立臂

悬臂式挡土墙是由立臂、墙趾板和墙踵板三部分组成的。为便于施工，立臂内侧（即墙背）应做成竖直面，外侧（即墙面）可做成1:0.02~1:0.05的斜坡，具体坡度值将根据立臂的强度和刚度要求确定。当挡土墙墙高不大时，立臂可做成等厚度。墙顶宽度不应小于20cm；当墙较高时，宜在立臂下部将截面加宽。

7.4.1.2　墙趾板和墙踵板

墙趾板和墙踵板一般水平设置，底面水平，顶面则自与立臂连接处向两侧倾斜。当墙身受抗滑稳定控制时，多采用凸榫基础。

墙踵板长度由墙身抗滑稳定验算确定，并具有一定的刚度。靠近立臂处厚度一般取为墙高的$\frac{1}{12}$~$\frac{1}{10}$，且不应小于30cm。

墙趾板的长度应根据全墙的倾覆稳定、基底应力（即地基承载力）和偏心距等条件来确定，其厚度与墙踵板相同。通常底板的宽度由墙的整体稳定性决定，一般可取墙高的0.6~0.8倍。当墙后地下水位较高且地基为承载力很小的软弱地基时，底板宽度可能会增大到1倍墙高或者更大。

7.4.1.3　凸榫

为提高挡土墙抗滑稳定的能力，底板可设置凸榫，如图7-14(c)所示。凸榫的高度，应根据凸榫前土体的被动土压力能够满足全墙的抗滑稳定要求而定。凸榫的厚度除了满足混凝土的抗剪和抗弯要求以外，为了便于施工，还不应小于30cm。

另外，伸缩缝的间距不应大于20m。沉降缝、泄水孔的设置应符合重力式挡土墙的相关要求。墙身混凝土强度等级不宜低于C30，受力钢筋直径不应小于12mm。墙后填土应在墙身混凝土强度达到设计强度的70%时方可进行，填料应分层夯实，反滤层应在填筑过程中及时施工。

7.4.2　悬臂式挡土墙设计

悬臂式挡土墙的设计计算主要包括侧压力计算、确定墙身断面尺寸、钢筋混凝土结构设计、裂缝宽度验算、稳定性验算等。

一般通过试算法确定墙身的断面尺寸，即先拟定截面的试算尺寸，计算作用其上的侧压力，通过全部稳定验算来最终确定墙踵板和墙趾板的长度。

钢筋混凝土结构设计主要是对已初步拟定的墙身断面尺寸进行内力和配筋计算。在配筋设计时，可能会调整断面尺寸，特别是墙身的厚度。一般情况下这种墙身厚度的调整对整体稳定影响不大，可不再进行全墙的稳定验算。

稳定性验算主要包括抗滑、抗倾覆、地基稳定性验算等内容，裂缝最大宽度验算应满足相关规范的要求。另外，悬臂式挡土墙按平面应变问题考虑，即沿墙长度方向取一延米进行设计计算。

7.4.2.1　墙身截面尺寸的拟定

根据上节的构造要求，也可以参考以往成功的设计，初步拟定试算的墙身截面尺寸，墙高是 H 根据工程需要确定的，墙顶宽可选用 20cm。墙背取竖直面，墙面取 $1:0.02\sim 1:0.05$ 斜度的倾斜面，从而定出立臂的截面尺寸。

底板在与立臂相接处厚度为 $\left(\dfrac{1}{12}\sim\dfrac{1}{10}\right)H$，而墙趾板与墙踵板端部厚度不小于 $20\sim 30cm$；其宽度 B 可近似取 $(0.6\sim 0.8)H$，当遇到地下水位高或软弱地基时，B 值应增大。墙踵板及墙趾板的具体长度将由全墙的稳定条件试算确定。

（1）墙踵板长度。墙踵板长度的计算公式为：

$$K_s = \frac{\mu \sum G}{E_{ax}} \geqslant 1.3 \tag{7-16}$$

设有凸榫时，

$$K_s = \frac{\mu \sum G}{E_{ax}} \geqslant 1.0 \tag{7-17}$$

式中，K_s 为滑动稳定安全系数；μ 为基底（墙底）摩擦系数；$\sum G$ 为墙身自重、墙踵板以上第二破裂面与墙背之间的土体自重力和土压力的竖向分量之和，一般情况下忽略墙趾板上的土体重力；E_{ax} 为主动土压力水平分力。

（2）墙趾板长度。墙趾板的长度，根据全墙抗倾覆稳定系数公式，基底合力偏心距 e 限制和基底地基承载力等要求来确定。

7.4.2.2　土压力计算

悬臂式挡土墙的侧向土压力按库仑理论计算时，应按第二破裂面法进行计算。当第二破裂面不能形成时，可用墙踵下缘与墙顶内缘的连线或通过墙踵的竖直面作为假想墙背进行计算，取其中最不利状态的侧向压力作为设计控制值。计算挡土墙实际墙背和墙踵板的土压力时，可不计填料与墙板之间的摩擦力。如图 7-22 所示，用墙踵下缘与立板上边缘连线 AB 作为假想墙背，按库仑理论计算 ［见图 7-22（a）］，此时，δ 值应取土的内摩擦角 φ、ρ 应为假想墙背的倾角，计算 $\sum G$ 时，要求计入墙背与假想墙背之间的土体自重。用

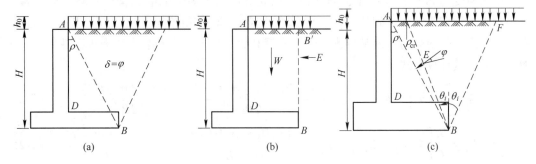

图 7-22　土压力计算示意图

（a）按库仑理论计算；（b）按朗肯理论计算；（c）按第二破裂面理论计算

过墙踵的竖直面 BB' 作为假想墙背，按朗肯理论计算［见图 7-22(b)］，并计入墙体与假想墙背之间的土体自重。当墙踵下边缘与立板上边缘连线的倾角大于临界角 ρ_{cr} 时，在墙后填土中将会出现第二破裂面，应按第二破裂面理论计算［见图 7-22(c)，图中 $\theta_i =$ $45° - \dfrac{\varphi}{2}$］。稳定计算时应计入第二破裂面与墙背之间的土体作用。

7.4.2.3 墙身内力计算

悬臂式挡土墙各部分均应按悬臂梁计算。

A 立臂的内力

立臂作为固定在墙底板上的悬臂梁，主要承受墙后的主动土压力与地下水压力，可不考虑挡土墙前土的作用。立臂较薄自重小而略去不计，立臂按受弯构件计算。各截面的剪力、弯矩的计算公式为（见图 7-23）：

$$Q_{1z} = \frac{\gamma z(2h_0 + z)K_a}{2} \tag{7-18}$$

$$M_{1z} = \frac{\gamma z^2(3h_0 + z)K_a}{6} \tag{7-19}$$

式中，Q_{1z} 为距墙顶 z 处立臂的剪力；M_{1z} 为距墙顶 z 处立臂的弯矩；z 为计算截面到墙顶的距离；γ 为填土的重度；h_0 为列车、汽车等活载的等代换算土柱高；K_a 为主动土压力系数。

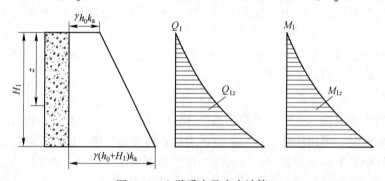

图 7-23 立臂受力及内力计算

B 墙踵板的内力

墙踵板受力如图 7-24 所示，墙踵板按以立臂底端为固定端的悬臂梁计算。墙踵板上作用有假想墙背与墙背之间的土体（含其上的列车、汽车等活载）的重量、墙踵板自重、主动土压力的竖向分力、地基反力、地下水浮托力、板上水重和静水压力等荷载作用。无地下水时，其计算公式为：

$$Q_{2x} = B_x \left[\sigma_{y2} + h_1 \gamma_k - \sigma_2 + \frac{(\gamma_1 H_1 - \sigma_{y2} + \sigma_{y1})B_x}{2B_3} - \frac{(\sigma_1 - \sigma_2)B_x}{2B} \right] \tag{7-20}$$

$$M_{2x} = \frac{B_x^2}{6} \left[3(\sigma_{y2} + h_1 \gamma_k - \sigma_2) + \frac{(\gamma_1 H_1 - \sigma_{y2} + \sigma_{y1})B_x}{B_3} - \frac{(\sigma_1 - \sigma_2)B_x}{B} \right] \tag{7-21}$$

式中，Q_{2x} 为距墙踵端部为截面的剪力；M_{2x} 为距墙踵端部为 B_x 截面的弯矩；B_x 为计算截面到墙踵的距离；h_1 为墙踵板的厚度；γ_k 为钢筋混凝土的重度；σ_{y1}、σ_{y2} 分别为在墙顶、墙踵处的竖直土压力；σ_1、σ_2 分别为在墙趾、墙踵处地基压力；B_3 为墙踵板长度；B 为墙底板长度。

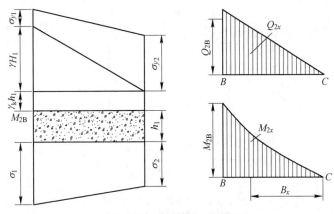

图 7-24　墙踵板内力计算

C　墙趾板内力计算

墙趾板也是按立臂底端为固定端的悬臂梁计算。墙趾板受力如图 7-25 所示。各截面的剪力和弯矩为：

$$Q_{3x} = B_x \left[\sigma_1 - \gamma_k h_p - \gamma(h - h_p) - \frac{(\sigma_1 - \sigma_2)B_x}{2B} \right] \tag{7-22}$$

$$M_{3x} = \frac{B_x^2}{6} \left\{ 3 \left[\sigma_1 - \gamma_k h_p - \gamma(h - h_p) \right] - \frac{(\sigma_1 - \sigma_2)B_x}{B} \right\} \sqrt{b^2 - 4ac} \tag{7-23}$$

式中，Q_{3x}、M_{3x} 分别为每延米墙趾板距墙趾为 B_x 截面的剪力和弯矩；B_x 为计算截面到墙趾端的距离；h_p 为墙趾板的平均厚度；h 为墙趾板的埋置深度。

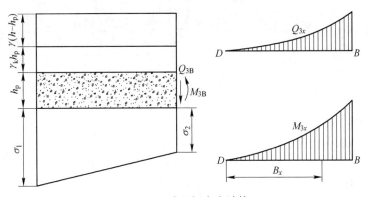

图 7-25　墙趾板内力计算

【例 7-2】　设计一面无石料地区挡土墙。墙背填土与墙前地面高差为 2.4m，填土表面水平，上有均布标准荷载 $p_k = 10\text{kN/m}^2$，修正后的地基承载力特征值为 120kPa，填土的标准容重 $\gamma_t = 171\text{kN/m}^3$，内摩擦力 $\varphi = 30°$，底板与地基摩擦系数 $f = 0.45$，由于采用钢筋混凝土挡土墙，墙背竖直且光滑，可假定墙背与填土之间的摩擦角 $\delta = 0°$。试设计挡土墙。

解　（1）截面选择。由于是缺石地区，选择钢筋混凝土挡墙。墙高低于 6m，选择悬臂式挡土墙。尺寸按悬臂式挡土墙规定初步拟定，如图 7-26 所示。

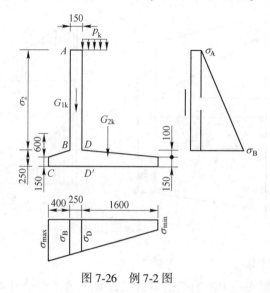

图 7-26　例 7-2 图

（2）荷载计算。

1）土压力计算。由于地面水平，墙背竖直且光滑，土压力选用朗肯理论公式计算，即

$$K_a = \tan^2\left(45° - \frac{\varphi}{2}\right) = \frac{1}{3}$$

地面受活荷载 p_k 的作用，采用换算土柱高 $H_0 = \dfrac{p_k}{\gamma_t}$，地面处水平压力为：

$$\sigma_A = \gamma_t H_0 K_a = 17 \times \frac{10}{17} \times \frac{1}{3} = 3.33(\text{kPa})$$

悬臂底 B 点水平压力为：

$$\sigma_B = \gamma_t\left(\frac{p_k}{\gamma_t} + 3\right)K_a = 17 \times \left(\frac{10}{17} + 3\right) \times \frac{1}{3} = 20.33(\text{kPa})$$

底板 C 点水平压力为：

$$\sigma_C = \gamma_t\left(\frac{p_k}{\gamma_t} + 3 + 0.25\right)K_a = 17 \times \left(\frac{10}{17} + 3 + 0.25\right) \times \frac{1}{3} = 21.75(\text{kPa})$$

土压力合力为：

$$E_{x1} = \sigma_A \times 3 = 10(\text{kN/m})$$

$$z_{f1} = \frac{3}{2} + 0.25 = 1.75(\text{m})$$

$$E_{x2} = \frac{1}{2}(\sigma_C - \sigma_A) \times 3 = 25.5(\text{kN/m})$$

$$z_{f2} = \frac{1}{3} \times 3 + 0.25 = 1.25(\text{m})$$

2) 竖向荷载计算。立臂自重力：钢筋混凝土标准容重 $\gamma_k = 25\text{kN/m}^3$，其自重力为：

$$G_{1k} = \frac{0.15 + 0.25}{2} \times 3 \times 25 = 15(\text{kN/m})$$

$$x_1 = 0.4 + \frac{\dfrac{0.1 \times 3}{2} \times \dfrac{2 \times 0.1}{3} + 0.15 \times 3 \times \left(0.1 + \dfrac{0.15}{2}\right)}{\dfrac{0.1 \times 3}{2} + 0.15 \times 3} = 0.55(\text{m})$$

底板自重力为：

$$G_{2k} = \left(\frac{0.15 + 0.25}{2} \times 0.4 + 0.25 \times 0.25 + \frac{0.15 + 0.25}{2} \times 1.6\right) \times 25 = 0.4625 \times 25$$

$$= 11.56(\text{kN/m})$$

$$x_2 = \left[\frac{0.15 + 0.25}{2} \times 0.40 \times \left(\frac{0.4}{3} \times \frac{3 \times 0.15 + 2 \times 0.1}{0.25 + 0.15}\right) + 0.25 \times 0.25 \times (0.40 + 0.125) + \right.$$

$$\left. \frac{0.15 + 0.25}{2} \times 1.60 \times \left(\frac{1.6}{3} \times \frac{3 \times 0.15 + 1 \times 0.1}{0.25 + 0.15} + 0.65\right)\right]/0.4625 = 1.07(\text{m})$$

地面均布活载及填土的自重力为：

$$G_{3k} = (p_k + \gamma_t \times 3) \times 1.6 = (10 + 17 \times 3) \times 1.6 = 97.6(\text{kN/m})$$

$$x_3 = 0.65 + 0.8 = 1.45(\text{m})$$

（3）抗倾覆稳定验算。

稳定力矩为：

$$M_{zk} = G_{1k}x_1 + G_{2k}x_2 + G_{3k}x_3$$

$$= 15 \times 0.55 + 11.56 \times 1.07 + 97.60 \times 1.45 = 162.14(\text{kN} \cdot \text{m/m})$$

倾覆力矩为：

$$M_{qk} = E_{x1}z_{f1} + E_{x2}z_{f2} = 10 \times 1.75 + 25.5 \times 1.25 = 49.38(\text{kN} \cdot \text{m/m})$$

$$K_0 = \frac{M_{zk}}{M_{qk}} = \frac{162.14}{49.38} = 3.28 > 1.6 \qquad (\text{满足要求})$$

（4）抗滑移稳定验算。

竖向力之和为：

$$G_k = G_{1k} + G_{2k} + G_{3k} = 15 + 11.56 + 97.6 = 124.16(\text{kN/m})$$

抗滑力为：

$$G_k f = 124.16 \times 0.45 = 55.872(\text{kN})$$

滑移力为：

$$E = E_{x1} + E_{x2} = 10 + 25.5 = 35.5(\text{kN})$$

$$K_c = \frac{G_k f}{E} = \frac{55.872}{35.5} = 1.57 > 1.3 \qquad (\text{满足要求})$$

（5）地基承载力验算。地基承载力采用设计荷载，分项系数为：地面活荷载 $\gamma_1 = 1.30$；土荷载 $\gamma_2 = 1.20$；自重 $\gamma_3 = 1.20$。基础底面偏心距 e_0，先计算总竖向力到墙趾的距离：

$$e_0 = \frac{M_V - M_H}{G_k}$$

M_V 为竖向荷载引起的弯矩，即：

$$M_V = (G_{1k}x_1 + G_{2k}x_2 + \gamma_t \times 3 \times 1.6 \times x_3) \times 1.2 + p_k \times 1.6 \times x_3 \times 1.3$$
$$= (15 \times 0.55 + 11.56 \times 1.07 + 17 \times 3 \times 1.6 \times 1.45) \times 1.2 + 10 \times 1.6 \times 1.45 \times 1.3$$
$$= 196.89(\text{kN} \cdot \text{m/m})$$

M_H 为水平力引起的弯矩，即：

$$M_H = 1.3E_{x1}z_{f1} + 1.2E_{x2}z_{f2} = 1.3 \times 10 \times 1.75 + 1.2 \times 25.5 \times 1.25 = 61(\text{kN} \cdot \text{m/m})$$

总竖向力为：

$$G_k = 1.2 \times (G_{1k} + G_{2k} + \gamma_t \times 3 \times 1.6) + 1.3 \times p_k \times 1.6$$
$$= (15 + 11.56 + 17 \times 3 \times 1.6) \times 1.2 + 10 \times 1.6 \times 1.3 = 150.59(\text{kN})$$

偏心距为：

$$e = \frac{196.89 - 61}{150.59} = 0.9(\text{m})$$

$$e_0 = \frac{B}{2} - e = \frac{2.25}{2} - 0.9 = 0.225(\text{m}) < \frac{B}{6} = \frac{2.25}{6} = 0.375(\text{m})$$

地基压力为：

$$\sigma_{max} = \frac{G_k}{B}\left(1 + \frac{6e_0}{B}\right) = \frac{150.59}{2.25} \times \left(1 + \frac{6 \times 0.225}{2.25}\right) = 107(\text{kPa})$$
$$< 1.2f_a = 1.2 \times 120 = 240(\text{kPa}) \quad (\text{满足要求})$$

（6）结构设计。结构设计部分略。

7.5 扶壁式挡土墙

7.5.1 扶壁式挡土墙的构造

扶壁式挡土墙由墙面板、墙趾板、墙踵板和扶壁组成，通常还设置凸榫。墙趾板和凸榫的构造与悬臂式挡土墙相同。

扶壁式挡土墙墙高不应超过 10m，分段长度不应超过 20m。墙面板通常为等厚的竖直板，与扶壁和墙趾板固结相连。对于其厚度，低墙取决于板的最小厚度，高墙则根据配筋要求确定。墙面板的最小厚度与悬臂式挡土墙相同。

墙踵板与扶壁的连接为固结，与墙面板的连接铰接较为合适，其厚度的确定方式与悬臂式挡土墙相同。

扶壁的经济间距与混凝土、钢筋、模板和劳动力的相对价格有关，应根据试算确定，一般为墙高的 $\frac{1}{3} \sim \frac{1}{2}$，每段中应设置三个或三个以上扶壁。其厚度取决于扶壁背面配筋的要求，应取两扶壁间距的 $\frac{1}{8} \sim \frac{1}{6}$，可采用 300～400mm。采用随高度逐渐向后加厚的变截面，也可采用等厚式以利于施工。

扶壁两端墙面板悬出端的长度，根据悬臂端的固端弯矩与中间跨固端弯矩相等的原则确定，通常采用两扶壁间净距的 0.35 倍。其余构造要求参看悬臂式挡土墙。

7.5.2 扶壁式挡土墙的计算

整体扶壁式挡土墙是一个比较复杂的空间受力系统，在计算时常将其简化为平面问题。因此，很多情况下与悬臂式挡土墙相近，但它有自己的特点。其中，土压力计算、墙趾板内力计算同悬臂式挡土墙。

7.5.2.1 立臂的内力计算

计算立臂的内力时，作用于墙面板的侧向压力可按墙高呈梯形分布 [见图 7-27(a)，σ_H 为墙面板底端内填料引起的法向土压力]；墙面板竖向弯矩沿墙高分布如图 7-27(b) 所示。

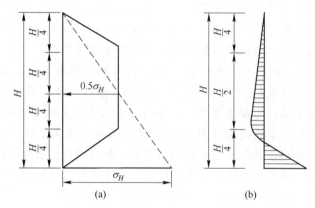

图 7-27　扶壁式挡土墙侧向压力与弯矩分布图

(a) 侧向压力图；(b) 弯矩分布图

进行立臂内力计算时，可根据边界约束条件按三边固定、一边自由的板或连续板进行计算。一般情况下计算时，可将立臂划分为上、下两部分，在离底板顶面 $1.5l_1$（l_1 为两扶壁之间的净距）高度以下的立臂，可视为三边固定、一边自由的双向板；而以上部分可视为以扶壁为支承的连续板。

7.5.2.2 墙踵板内力计算

墙踵板内力计算方法同立臂，作用于墙踵板的荷载主要有板重、板上的土压力及基底反力。另外，尚应考虑由于墙趾板弯矩作用在墙踵板产生的等代荷载。若不计墙面板对底板的约束，墙踵板纵向可视为扶壁支承的连续梁，这种算法偏于安全。

7.5.2.3 扶壁内力计算

扶壁与立臂形成共同作用的整体结构，可简化为固结于墙踵板的 T 形变截面悬臂梁。其中，墙面板可视为梁的翼缘板，扶壁为梁的复板。计算荷载主要为作用在墙背上的土压力和水压力等，墙身自重及扶壁宽度上的土柱重力，常略去不计。另外，不考虑实际墙背与第二破裂面之间土柱的土压力，即将这部分的土柱作为墙身的一部分。T 形截面的高度和翼缘板厚度均可沿墙高变化，计算方法与悬臂式挡土墙的立臂相同。扶壁中配置有三种钢筋：斜筋、水平筋和垂直筋。斜筋为悬臂 T 形梁的箍筋，以承受肋中的主拉应力，保证肋（扶）壁的斜截面强度；同时，水平筋将扶壁和墙身立壁联系起来，以防止在侧压力作用下扶壁与墙身（立壁）的板的连接处被拉断。垂直筋承受着由于基础底板的局部弯曲作用在扶壁内产生的垂直方向上的拉力，并将扶壁和基础底板联系起来，以防止在竖向力作用下扶壁与基础底板连接处被拉断。

★ **思政课堂**

挡土墙事故与工程师责任感

2015年5月9日，兰陵县某公司驻地院内一在建挡土墙工程，在施工过程中发生坍塌事故，造成10人死亡，3人受伤，直接经济损失721.5万元。事后调查发现，该挡土墙未进行正规设计；施工队对未经正规设计的挡土墙进行非法施工，施工管理混乱、施工工序不正确，砌筑质量不符合施工规范要求。挡土墙偏心距、抗弯承载力未达到国家设计规范要求，且未设置伸缩缝、泄水孔，事故前期降雨导致回填土结合力下降，挡土墙侧向水土总压力增大，超过挡土墙极限承载能力，导致墙体瞬间坍塌。

2014年5月11日，山东省黄岛一生产加工点因暴雨积水导致土壤松动，挡土墙倒塌，压倒职工居住板房，造成18人死亡、3人受伤。事故调查发现，该挡土墙南侧在两年前曾经增砌乱石挡土墙，并回填厚度约1.2~1.5m的土，使挡土墙的主动土压力增大，致使挡土墙可靠度降低。事故发生前2h内暴雨产生的降水流向了挡土墙台地，旁边有大量土石块堆积，加之地面杂草丛生、导致排水不畅，短时间内挡土墙南侧的台地有大量雨水滞留下渗，导致挡土墙后的静水压力急剧增加，填土较厚区域水土压力最大。当超过挡土墙极限承载能力时，该部位墙体出现瞬间剪切破坏，导致挡土墙倒塌。压倒靠近的简易板房，是事故发生的直接原因。

挡土墙事故造成人民生命和财产安全的巨大损失，有的事故是由于工程师设计施工不当导致的。美国工程师专业发展委员会伦理准则的第一条就要求工程师"利用其知识和技能促进人类福利"，其基本准则的第一条又规定："工程师应当将公众的安全，健康和福利置于至高无上的地位。"作为土木工程师，我们肩负着社会安全稳定的重大责任。

习 题

7-1 挡土墙为什么会失稳，看了挡土墙失稳案例造成的巨大损失，你有何感想？

7-2 什么是挡土墙，挡土墙有哪几种类型，分析各类挡土墙的结构特点及使用条件。

7-3 常用的重力式挡土墙一般由哪几部分组成？

7-4 重力式挡土墙设计中需要进行哪些验算，各有什么要求？

7-5 根据悬臂式挡土墙与重力式挡土墙的受力特点，比较这两种挡土墙的区别。

7-6 简述悬臂式挡土墙的立臂、墙踵板、墙趾板的内力计算方法。

7-7 某重力式挡土墙如图7-28所示，砌体重度 $\gamma_k = 22\ kN/m^3$，基底摩擦系数 $\mu = 0.5$，作用在墙背上的主动土压力为 $E_a = 51.60kN/m$。试验算该挡土墙的抗滑和抗倾覆稳定性。

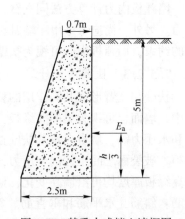

图7-28　某重力式挡土墙概图

8 桩 基 础

学习导读

很多摩天大厦的基础都是桩基，你是否想过桩基是如何发挥作用的？当建筑场地的浅层土质不能满足建筑物对地基承载力和变形的要求，而又不适合采取地基处理措施时，就要考虑采用深基础方案了。深基础主要有桩基础、地下连续墙和沉井等几种类型，其中桩基础（pile foundation）是一种最为古老且应用最为广泛的基础形式。桩（pile）是设置于土中的竖直或倾斜的柱形基础构件，其横截面尺寸比长度小得多，它与连接桩顶和承接上部结构的承台组成深基础，简称桩基。承台将各桩联成整体，把上部结构传来的荷载转换、调整分配于各桩，由穿过软弱土层或水的桩传递到深部较坚硬的、压缩性小的土层或岩层。桩所承受的轴向荷载是通过作用于桩周土层的桩侧摩阻力和柱端地层的桩端阻力来支承的；而水平荷载则依靠桩侧土层的侧向阻力来支承。

本章主要讲授桩基础的受力性状、设计理论和计算方法方面的内容，包括抗压桩受力性状、桩基沉降计算、桩基础设计等。

在学习中思考：桩基的作用机理，以及桩基础与浅基础设计有何异同？

8.1 桩的类型及单桩的工作性能

桩基概述

8.1.1 桩的分类

桩基础在长期的发展应用过程中，形成了多种桩型，不同的桩型特点亦有不同。合理地选择桩和桩基础的类型是桩基设计中很重要的环节。分类的目的是掌握其不同的特点，以供设计时根据现场的具体条件选择适当的类型。桩可根据承载性状、施工方法、桩径、桩身材料等进行分类。

8.1.1.1 按承载性状分类

A 抗轴向压桩

在工业民用建筑物的桩主要承受上部结构传来的垂直荷载。桩承受的桩顶荷载由桩侧阻力和桩端阻力共同承受，根据桩侧和桩端各自分担荷载比例的不同可以将桩分为摩擦型桩和端承型桩，如图8-1所示。

（1）摩擦型桩。在竖向极限荷载作用下，如果桩顶的竖向荷载全部或主要由桩侧阻力承担，这种桩称摩擦型桩。根据桩侧阻力分担荷载的比例，摩擦型桩又分为摩擦桩和端承摩擦桩两类。

1）摩擦桩：桩顶极限荷载的绝大部分由桩侧阻力承担，桩尖部分承受的荷载较小，一般不超过10%。工程中的下列桩可按摩擦桩考虑：桩的长径比很大，桩顶荷载主要通过桩身压缩产生的桩侧阻力传递给桩周土，桩端土层分担的荷载很小；桩端下无较坚实的持力层；桩底残留虚土或沉渣较厚的灌注桩；桩端出现脱空的打入桩等。

2）端承摩擦桩：桩顶极限荷载由桩侧阻力和桩端阻力共同承担，但桩侧阻力分担的荷载较大。这类桩的长径比适中，桩端持力层土性一般，所以除桩侧阻力外，还有一定的桩端阻力。工程中这类桩的数量占有很大比例。

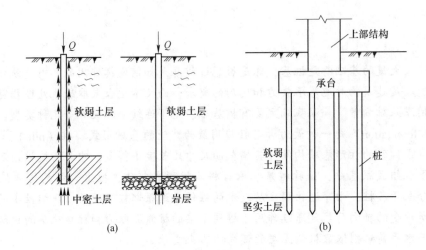

图 8-1　摩擦型桩和端承型桩
(a) 摩擦型桩；(b) 端承型桩

（2）端承型桩。在竖向极限荷载作用下，如果桩顶的竖向荷载全部或主要由桩端阻力承担，这种桩称端承型桩。根据桩端阻力分担荷载的比例，端承型桩又分为端承桩和摩擦端承桩两类。

1）端承桩：桩顶极限荷载绝大部分由桩端阻力承担，桩侧阻力可忽略不计。桩的长径比比较小，桩端设置在密实的砂类、碎石类土层中或位于中、微风化及新鲜基岩中的桩可认为是端承桩。

2）摩擦端承桩：桩顶极限荷载由桩侧阻力和桩端阻力共同承担，但桩端阻力分担荷载较大。桩的侧阻力虽属次要，但不可忽略。这类桩的桩端通常进入中密以上的砂类、碎石类土层中或位于中、微风化及新鲜基岩顶面。此外，当桩端嵌入岩层一定深度，要求桩的周边嵌入微风化或中等风化岩体的最小深度不小于 0.5m 时，称为嵌岩桩。

B　抗侧压的桩

港口码头的板桩、基坑支护桩等都是主要承受作用在桩上的水平荷载，桩身要承受弯矩，其整体稳定则靠桩侧土的被动土压力或水平支撑和拉锚平衡来维持。

C　抗拔桩

主要抵抗作用在桩上的拉拔荷载，拉拔荷载依靠桩侧摩阻力承受。

8.1.1.2　按成桩方式对地基土的影响分类

A　挤土桩

挤土桩也称排土桩，如沉管灌注桩、沉管夯（挤）扩灌注桩、打入（静压）预制桩、闭口预应力混凝土空心桩和闭口钢管桩等，在锤击和振动贯入过程中都要将桩位处的土体大量排挤开，土的结构严重扰动破坏，对土的强度及变形性质影响较大。

B　部分挤土桩

部分挤土桩也称微挤土桩，如长螺旋压灌灌注桩、冲孔灌注桩、钻孔挤扩灌注桩、预钻孔打入（静压）预制桩、打入（静压）式敞口钢管桩、敞口预应力混凝土空心桩和 H 型钢桩等，在成桩过程中对桩周土体稍有挤压作用，桩周围的土层受到轻微的扰动，但土的强度和变形性质变化不大，一般可用原状土测得的强度指标来估算桩的承载力和沉降量。

C　非挤土桩

非挤土桩也称非排土桩，如干作业法钻（挖）孔灌注桩、泥浆护壁法钻（挖）孔灌注桩、套管护壁法钻（挖）孔灌注桩等各种形式的钻（挖）孔灌注桩。因成桩过程中清除了孔中土体，桩周土基本不受挤压作用，桩周围的土较少受到扰动，但有应力松弛现象。

8.1.1.3　按施工方法分类

根据桩的施工方法不同，主要可分为预制桩和灌注桩两大类。

A　预制桩

预制桩的桩体可以在施工现场预制，也可以在工厂制作，然后运至施工现场。预制桩可以采用木材、钢材或钢筋混凝土等材料制作。预制桩可以经锤击、震动、静压或旋入等方式设置就位。

B　灌注桩

灌注桩是直接在设计桩位处成孔，然后在孔内下放钢筋笼（也有直接插筋或省去钢筋的）再浇灌混凝土而成。其横截面通常为圆形，可以做成大直径桩和扩底桩。保证灌注桩承载力的关键在于成孔和混凝土的灌注质量。灌注桩通常可根据施工方式分为以下几种。

（1）沉管灌注桩：利用锤击或振动等方法沉管成孔，然后浇灌混凝土并拔出套管。

（2）钻（冲）孔灌注桩：钻（冲）孔灌注桩用钻机钻土成孔，然后清除孔底残渣，安放钢筋笼，浇灌混凝土。

（3）挖孔桩：挖孔桩可采用人工或机械挖掘成孔，逐段边开挖边支护，达到所需深度后再扩孔、安装钢筋笼及浇灌混凝土。

8.1.1.4　按桩身材料分类

A　木桩

木桩常用松木、杉木或橡木等做成，一般桩径为 160~260mm，桩长 4~6m。

B　混凝土桩

（1）预制混凝土桩，多为钢筋混凝土桩。工厂或工地现场预制，断面一般为 400mm×400mm 或 500mm×500mm，单节长十余米。

（2）预制钢筋混凝土管桩，多为圆形管桩，外径 400~500mm 两种，标准节长为 8m 或 10m。

（3）就地灌注混凝土桩，可根据不同深度的钢筋笼，其直径根据设计需要确定。

C 钢桩

钢桩可分为型钢桩和钢管桩两大类。型钢桩有各种形式的板桩，主要用于临时支挡结构或码头工程。H 型及 I 型钢桩则用于支撑桩。钢管桩由各种直径和壁厚的无缝钢管制成。

D 组合桩

组合桩是指一种用两种材料组成的桩。如较早用的水下桩基，泥面以下用木桩而水中部分用混凝土桩，现在较少采用。

8.1.1.5 按桩径（设计直径 d）大小分类

（1）小直径桩：$d \leqslant 250\text{mm}$；

（2）中等直径桩：$250\text{mm} < d < 800\text{mm}$；

（3）大直径桩：$d \geqslant 800\text{mm}$。

8.1.2 竖向受压荷载下单桩的工作状态

单桩工作性能的研究是单桩承载力分析理论的基础。通过对桩土间相互作用的分析，可以了解桩土间的传力途径和单桩承载力的构成及其发展过程，以及单桩的破坏机理等，这对正确评价桩的轴向承载力具有指导意义。

8.1.2.1 单桩竖向荷载的传递机理

当竖向荷载逐步施加于桩顶，桩身混凝土受到压缩而产生相对于土的向下位移，从而形成桩侧土抵抗桩侧表面向下位移的向上摩阻力，此时桩顶荷载通过桩侧表面的桩侧摩阻力传递到桩周土层中去，致使桩身轴力和桩身压缩变形随深度递减。当桩顶荷载较小时，桩身混凝土的压缩也在桩的上部，桩侧上部土的摩阻力得到逐步发挥，此时在桩身中下部桩土相对位移等于零处，其桩摩阻力尚未开始发挥作用而等于零。随着桩顶荷载增加，桩身压缩量和桩土相对位移量逐渐增大，桩侧下部土层的摩阻力随之逐步发挥出来，桩底土层也因桩端受力被压缩而逐渐产生桩端阻力；当荷载进一步增大，桩顶传递到桩端的力也逐渐增大，桩端土层的压缩也逐渐增大，而桩端土层压缩和桩身压缩量加大了桩土相对位移，从而使桩侧摩阻力进一步发挥出来。由于黏性土极限位移只有 6～12mm，砂性土为 8～15mm，所以当桩土界面相对位移大于桩土极限位移后，桩身上部土的侧阻已发挥到最大值并出现滑移（此时上部桩侧土的抗剪强度由峰值强度跌落为残余强度），此时桩身下部土的侧阻进一步得到发挥，桩端阻力亦慢慢增大。

由此可见，桩侧土层的摩阻力是随着桩顶荷载的增大自上而下逐渐发挥的。当桩侧土层的摩阻力几乎全部发挥出来达到极限后，若继续增加桩顶荷载，那么其新加的荷载增量将全部由桩端阻力来承担。此时桩顶荷载取决于桩端岩土层的极限端承力。当桩端持力层产生破坏时，桩顶位移急剧增大，且往往压力下跌，此时表明桩已破坏。

从上面的描述可以看出桩顶在竖向荷载作用下的传递规律是：

（1）桩侧摩阻力是自上而下逐渐发挥的，而且不同深度土层的桩侧摩阻力是异步发挥的；

（2）当桩土相对位移大于各种土性的极限位移后，桩土之间要产生滑移，滑移后其抗剪强度将由峰值强度跌落为残余强度，亦即滑移部分的桩侧土产生软化；

（3）桩端阻力和桩侧阻力是异步发挥的，只有当桩身轴力传递到桩端并对桩端土产生压缩时才会产生桩端阻力，而且一般情况下（当桩端土较坚硬时），桩端阻力随着桩端位移的增大而增大。

8.1.2.2 荷载传递基本微分方程

可以用荷载传递法来描述上述荷载传递过程，其基本思想是：将桩划分为一系列等长的桩段（弹性单元），每一桩段与土体之间的联系用非线性弹簧来联系，桩端处土体也用非线性弹簧与桩端联系，以模拟桩–土之间的荷载传递关系，如图 8-2 所示。

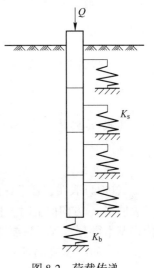

图 8-2 荷载传递
模型示意图

设桩顶竖向荷载为 Q，桩侧总摩阻力为 Q_s，桩端总阻力为 Q_p，取桩为脱离体，由静力平衡条件，得到：

$$Q = Q_s + Q_p \tag{8-1}$$

当桩顶荷载加大到极限值时，式(8-1)可改写为：

$$Q_u = Q_{su} + Q_{pu} \tag{8-2}$$

式中，Q_u 为单桩竖向极限荷载；Q_{su} 为单桩总极限侧阻力；Q_{pu} 为单桩总极限端阻力。

如图 8-3(b) 所示的桩，竖向荷载 Q 在桩身各截面引起的轴向力 N_z，可以通过桩的静载试验，利用埋设于桩身内的测试元件的量测结果求得，从而可以绘出轴力沿桩身的分布曲线图 8-3(e)。该曲线称为荷载传递曲线。由于桩侧土的摩阻作用，轴向力 N_z 随深度 z 的增大而减小，其衰减的快慢反映了桩侧土摩阻作用的强弱。桩顶的轴向力 N_0 与桩顶竖向荷载 Q 相平衡，即 $N_0 = Q$；桩端的轴向力 N_1 与总桩端阻力 Q_p 相平衡，故总侧阻 $Q_s = Q - Q_p$。

荷载传递曲线确定了 z 深度处轴向力 N_z 与 z 的函数关系。有了该曲线，可以由桩的微分方程求得 z 深度截面的轴向位移 s_z 以及桩侧单位面积的摩阻力 τ_z。

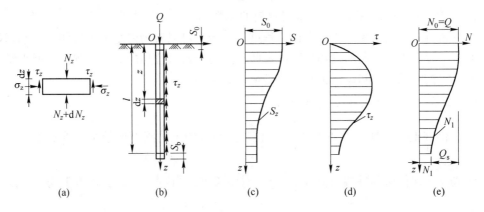

图 8-3 单桩轴向荷载传递

（a）单桩受竖向荷载时微段受力分析；（b）桩基沉降示意图；
（c）截面位移曲线；（d）侧摩阻力曲线；（e）桩身轴力曲线

设桩的长度为 l，横截面积为 A，周长为 u。现从桩身任意深度 z 处取 $\mathrm{d}z$ 微分段，根据微分段的竖向力平衡条件（忽略桩身自重），可得：

$$N_z - \tau_z u \mathrm{d}z - (N_z + \mathrm{d}N_z) = 0 \tag{8-3}$$

$$\tau_z = -\frac{1}{u}\frac{\mathrm{d}N_z}{\mathrm{d}z} \tag{8-4}$$

由桩身材料弹性阶段的应力应变关系，可得：

$$\mathrm{d}s(z) = -N_z\frac{\mathrm{d}z}{AE_p} \tag{8-5}$$

故 z 截面轴向荷载为：

$$N_z = -AE_p\frac{\mathrm{d}s(z)}{\mathrm{d}z} \tag{8-6}$$

将式(8-5)代入式(8-4)，可得：

$$\tau = \frac{AE_p}{u}\frac{\mathrm{d}^2s(z)}{\mathrm{d}z^2} \tag{8-7}$$

式(8-4)表明，任意深度处单位侧摩阻力 τ_z 的大小与该处轴力 N_z 的变化率成比例。负号表明当 τ_z 方向向上时，桩身轴力 N_z 将随深度的增加而减少。一般称式(8-7)为桩的荷载传递基本微分方程。只要测得桩身轴力 N_z 的分布曲线，即可用此式求桩侧摩阻力的大小与分布，如图 8-3(d)所示。

当顶部作用有轴向荷载 Q 时，桩顶截面的位移 s_0（亦即桩顶沉降）由两部分组成：一部分为桩端下沉量 s_b；另一部分则为桩身材料在轴力 N_z 作用下产生的压缩变形 s_e，可表示为 $s_0 = s_e + s_b$。

单桩静载试验时可测出桩顶的竖向位移 s_0，利用上述已测知的轴力分布曲线 N_z，根据材料力学公式，可以求出任意深度处的桩截面位移 s_z 和桩端位移 s_b，即：

$$s_z = s_0 - \frac{1}{EA}\int_0^z N_z \mathrm{d}z \tag{8-8}$$

$$s_b = s_0 - \frac{1}{EA}\int_0^l N_z \mathrm{d}z \tag{8-9}$$

式中，A 为桩的横截面面积；E 为桩身材料的弹性模量。

用不同荷载下的传递曲线按上述过程进行分析，可以较为清楚地了解侧阻和端阻随荷载增大的发展变化、它们的发挥程度以及两种阻力与桩身位移的关系等规律，所得结果对合理地确定桩的承载力和设计桩基础都是很有意义的。

8.1.2.3　单桩荷载传递的影响因素

(1) 桩端土与桩侧土的刚度比 $\dfrac{E_b}{E_s}$。桩端土与桩侧土的刚度比越小，桩身轴力沿深度衰减得越快（即传递到桩端的荷载越小）。对中长桩，当 $\dfrac{E_b}{E_s}=1$ 时，相当于均匀土层的摩擦桩，（其桩端阻力仅占总荷载的 5% 左右，接近于纯摩擦桩）；当 $\dfrac{E_b}{E_s}=100$ 时，其桩端阻力约占总荷载的 60%（即属于端承桩）。

（2）桩身混凝土和桩侧土的刚度比 $\dfrac{E_p}{E_s}$。桩身混凝土和桩侧土的刚度比越大，桩端阻力分担的荷载越大。一般认为，$\dfrac{E_p}{E_s}$ <10 的中长桩的桩端阻力接近于零。因此，砂桩、碎石桩、灰土桩等较低刚度材料所构成的桩应按复合地基理论进行桩基设计。

（3）桩长径比 $\dfrac{l}{d}$。桩长径比对荷载传递的影响较大。在均匀土层中的钢筋混凝土桩，其荷载传递性状主要受 $\dfrac{l}{d}$ 的影响。当 $\dfrac{l}{d}$ >100 时，桩端土的性质对荷载传递不再有任何影响。由此可见，长径比很大的桩都属于摩擦桩或纯摩擦桩。

（4）桩底扩大头与桩身直径之比 $\dfrac{D}{d}$。$\dfrac{D}{d}$ 越大，桩端阻力分担的荷载比例越大。均匀土层中的中长桩为等直径桩时，其桩端分担荷载比例仅为 5% 左右，而 $\dfrac{D}{d}$ =3 的扩底桩其桩端分担荷载的比例则可高达 35% 左右。

（5）桩侧表面的粗糙度。一般桩侧表面越粗糙，桩侧阻力的发挥度越高，桩侧表面越光滑，则桩侧阻力发挥度越低。

综上所述，单桩的竖向极限承载力与桩顶应力水平、桩侧土的单位侧阻力和端阻力、桩长径比、桩端土与桩侧土的刚度比、桩侧表面的粗糙度以及桩端形状等因素有关。设计中应掌握各种桩的桩土体系荷载传递规律，根据上部结构的荷载特点、场地各土层的分布与性质，合理选择桩长、桩径、桩端持力层，合理布桩。

8.1.2.4 单桩的破坏模式

单桩达到破坏时所表现出来的特征，取决于桩身强度、土层性质与构造、桩底沉消厚度等因素，主要有图 8-4 中所示的四种模式。

（1）桩身材料屈服（屈曲破坏）。端承桩和超长摩擦桩都可能发生这种破坏。当桩底支承在坚硬的土层或岩层上，桩周土层极为软弱，桩身无约束或约束很小。桩在轴向荷载作用下，如细长压杆一样容易出现纵向挠曲破坏，相应的荷载-沉降（Q-s）关系曲线为陡降型，具有明确的破坏荷载，如图 8-4（a）所示。桩的承载力取决于桩身的材料强度。如穿越深厚淤泥质土层中的小直径端承桩或嵌岩桩，细长的木桩等多属此种破坏。

（2）整体剪切破坏。当具有足够强度的桩穿过较软弱土层，达到强度较高的土层，且桩的长度不大时，若桩底压力超过持力层的承载力，由于上部土层不能阻止下部滑动土楔的形成，土中将形成连续的剪切滑动面，土体向上挤出破坏，出现整体剪切破坏。Q-s 曲线也为陡降型，具有明确的破坏荷载，如图 8-4（b）所示。桩的承载力主要取决于桩端土的支承能力，发生整体剪切破坏时的桩底下沉量（称极限下沉量）主要与成桩工艺及桩径有关。一般情况下，打入桩底部的土密实，极限下沉量小。钻孔桩的底部较软或有沉淀泥浆，桩底直径越大，极限下沉量越大。一般打入式短桩、钻扩短桩等属于此种破坏。

（3）刺入剪切破坏。当桩的入土深度较大或桩周土层抗剪强度较均匀时，桩在轴向荷载作用下将出现刺入破坏，如图 8-4（c）所示。此时桩顶荷载主要由桩侧摩阻力承受，桩端阻力极小，桩的沉降量较大。一般当桩周土质较软弱时，Q-s 曲线为渐进破坏的缓变形，无明显拐点，即没有明确的破坏荷载，桩的承载力主要由上部结构所能承受的极限沉降 s_u 确定；当桩周土的抗剪强度较高时，$Q\text{-}s$ 曲线可能为陡降型，有明显拐点，桩的承载力主要取决于桩周土的强度。一般情况下的钻孔灌注桩多属此种情况。

（4）沿桩身侧面纯剪切破坏。当桩底土十分软弱，承载力很低时，主要靠桩侧摩阻力承担荷载。孔底泥浆沉淀较厚的钻孔桩属于这种情形。这类桩当摩阻力发挥殆尽时，其 $Q\text{-}s$ 曲线即成为一条竖直线，有明确的转折点，如图 8-4(d) 所示。

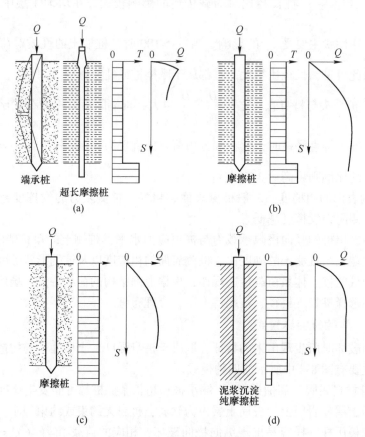

图 8-4 桩的破坏荷载

（a）桩身材料破坏；（b）整体剪切破坏；（c）刺入剪切破坏；（d）沿桩身侧面纯剪切破坏

8.2 桩侧阻力与桩端阻力

桩侧阻力
与桩端阻力

8.2.1 桩侧阻力

桩基在竖向荷载作用下，桩身混凝土产生压缩，桩侧土抵抗向下位移而在桩土界面产生向上的摩擦阻力称为桩侧摩阻力。影响桩侧阻力发挥的因素主要包括以下几个方面。

8.2.1.1 桩侧土的力学性质

桩侧土的性质是影响桩侧阻力最直接的决定因素。一般说来，桩周土的强度越高，相应的桩侧阻力就越大。许多试验资料指出，在一般的黏性土中，桩侧阻力等于桩周土的不排水抗剪强度；在砂性土中的桩侧阻力系数平均值接近于主动土压力系数。

桩侧阻力属于摩擦性质，是通过桩周土的剪切变形来传递的，因而它与土的剪切模量密切相关。超压密黏性土的应变软化及砂土的剪胀，使得侧阻力随位移增大而减小；在正常固结以及轻微超压密黏性土中，由于土的固结硬化，侧阻力会由于桩顶反复加载而增大；松砂中由于剪缩也会产生同样的结果。

8.2.1.2　桩土界面的特性

桩土界面特性就是埋设于土中的桩与桩周土接触面的形态特性。桩土接触界面的粗糙程度越大，桩侧阻力越大。对于预制桩和钢桩，桩土界面特性主要取决于桩表面的粗糙程度；对于各种类型的灌注桩，桩土界面特征一般表现为孔壁的粗糙程度，而这与桩周土层的性质和施工工艺有关。

8.2.1.3　入土深度

桩侧摩阻力随深度而有以下变化规律。

（1）由于桩打入土中时的挤土作用，在地表浅部形成隆起、产生径向裂隙；打桩引起的侧向晃动，桩土间形成间隙，地下水沿间隙渗入，使在地表以下约 $8d$（d 为桩径）范围内桩侧摩阻力基本丧失，再向下约 $(8\sim16)d$ 的桩侧摩阻力有所降低。

（2）在桩底端附近，由于桩端阻力的影响，侧向应力有所松弛，或出现径向张裂缝，或部分土随桩一起向下移动，近桩端约 $(3\sim5)d$ 的桩侧摩阻力有所降低。

（3）在均质土中，桩侧摩阻力在一定深度范围内是随深度而增大的，超过该深度后，桩侧摩阻力基本上趋于定值，该深度即桩侧摩阻力的临界深度 h_{cs}，但对于桩侧摩阻力的临界深度的研究尚少，有待进一步研究。

8.2.1.4　桩土间的相互位移

桩侧摩阻力的发挥与桩土间的相对位移有关。有些试验资料表明侧阻充分发挥所需要的桩土相对位移趋于定值，认为一般黏性土在桩土相对位移约 $4\sim6$mm，砂土约 $6\sim10$mm 时，桩侧阻充分发挥。

8.2.1.5　松弛效应对侧阻的影响

非挤土桩在成孔过程中由于孔壁侧向应力解除，出现侧向松弛变形。孔壁土的松弛效应导致土体强度削弱，桩侧阻力随之降低。

桩侧阻力的降低幅度与土性、有无护壁、孔径大小等因素有关。对于干作业钻孔桩无护壁条件下，孔壁土处于自由状态，土产生向心径向位移，浇筑混凝土后，径向位移虽有所恢复，但侧阻力仍有所降低。

对于无黏聚性的砂土、碎石类土中的大直径钻、挖孔桩，其成桩松弛效应对侧阻力的削弱影响是不容忽略的。

在泥浆护壁条件下，孔壁处于泥浆侧压平衡状态，侧向变形受到制约，松弛效应较小，但桩身质量和侧阻力受泥浆稠度、混凝土浇灌等因素的影响而变化较大。

8.2.1.6　桩侧阻力的软化效应

对于桩长较长的泥浆护壁钻孔灌注桩，当桩侧摩阻力达到峰值后，其值随着上部荷载的增加（桩土相对位移的增大）而逐渐降低，最后达到并维持一个残余强度。将这种桩侧摩阻力超过峰值进入残余值的现象定义为桩侧摩阻力的软化。

在桩侧摩阻力达到极限值后，随着加载产生的沉降的增大，其值出现下降的现象；桩侧土层的侧阻发挥存在临界值问题。对超长桩，因为承受更大的荷载，桩顶的沉降量大，这种现象更为普遍。当桩长达到60m或者更长时，这个临界值对桩承载力的影响更为敏感。众多的超长桩静载荷试验实测结果表明，这种现象比较普遍。

由于各个土层的临界位移值不同，各层土侧摩阻力出现软化时的桩顶位移量（即相对位移）也不同，即各层土侧摩阻力的软化并不是同步的。因此，桩顶位移的大小直接影响侧摩阻力的发挥程度，也影响着承载力，尤其对超长桩。由于其桩身压缩量占桩顶沉降的比例较大，在下部沉降还较小的情况下，桩顶沉降已经比较大。对超长桩，桩身压缩在极限荷载作用下可达到桩顶沉降的80%以上。由于桩身压缩量占桩顶沉降量比例较大，使得在桩下部位移较小的情况下，桩上部已经发生较大的沉降，表现为较大的桩土相对位移，引起侧阻的软化。

因此，在桩基设计时，特别是摩擦型桩基设计时，承载力的确定应考虑桩侧摩阻力软化带来的影响，大直径超长桩的侧阻软化也会降低单桩的承载力，因此要采取措施加以解决，通常可以采用桩端（侧）后注浆的方法，有着较好的效果。

8.2.1.7　桩侧阻力的挤土效应

不同的成桩工艺会使桩周土体中应力、应变场发生不同变化，从而导致桩侧阻力的相应变化。这种变化又与土的类别、性质，特别是土的灵敏度、密实度、饱和度密切相关。

挤土桩（打入、振入、压入式预制桩、沉管灌注桩）成桩过程中产生的挤土作用，使桩周土扰动重塑、侧向压应力增加。对于非饱和土，由于受挤而增密。土越松散，黏性越低，其增密幅度越大。对于饱和黏性土，由于瞬时排水固结效应不显著，体积压缩变形小，引起超孔隙水压力，土体产生横向位移和竖向隆起或沉陷。

（1）砂土中侧阻力的挤土效应。松散砂土中的挤土桩沉桩过程使桩周土因侧向挤压而趋于密实，导致桩侧阻力增高。对于桩群，桩周土的挤密效应更为显著。另外孔压膨胀，使侧阻力降低。

（2）饱和黏性土中的成桩挤土效应。饱和黏性土中的挤土桩，成桩过程使桩侧土受到挤压、扰动和重塑，产生超孔隙水压力，随后出现孔压消散、再固结和触变恢复，导致侧阻力产生显著的时间效应。

8.2.2　桩端阻力

桩端阻力是指桩顶荷载通过桩身和桩侧土传递到桩端土所承受的力。桩端阻力主要受下列因素影响。

8.2.2.1　成桩方法

对于非挤土桩，在成桩过程对桩端土不产生挤密作用，相反出现扰动、应力释放，桩底往往存在虚土或沉渣，使桩端阻力降低。受荷初始阶段沉降大。对于挤土桩，在成桩过程对桩端土产生挤密作用，使桩端土变密实，受荷初始阶段沉降小。但对于密实的砂土和坚硬或硬塑的黏性土，桩端阻力和桩端阻力的成桩效应不显著。

8.2.2.2　桩端持力层的性质

桩端持力层的性质直接影响桩端阻力的大小和沉降。低压缩性、高强度的砂、砾、岩层可提供很高的端阻力；而高压缩性、低强度的软土几乎不能提供端阻力，并导致桩发生刺入破坏，桩的沉降显著增加。

对于挤土桩，当土层为砂土时，松砂变密实；但在桩端以下的密砂在高压下会被压碎或损坏桩端。当土层为硬黏土时，土受挤而开裂，也会发生湿化软化。

不同的土在桩端以下的破坏模式并不一样。对松砂或软黏土，出现刺入剪切破坏；对密实砂或硬黏土，出现整体剪切破坏。

8.2.2.3 桩截面尺寸的影响

桩端阻力与桩端面积直接相关，但随着桩端截面积尺寸的增大，桩端阻力的发挥度变小，硬土层中桩端阻力具有尺寸效应。因此，对大尺寸桩应考虑尺寸效应对桩端阻力的折减。

8.2.2.4 进入持力层深度

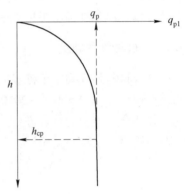

桩端阻力随桩入土深度按特定规律变化，表现为端阻力的深度效应。当桩端进入均匀土层或穿过软土层进入持力层，开始桩端阻力随深度基本上呈线性增大；当达到一定深度后，桩端阻力基本恒定，深度继续增加，桩端阻力增大很小。该深度即桩端阻力的临界深度 h_{cp}，所达到的恒定桩端阻力称为桩端阻力稳值 q_p，如图 8-5 所示。

临界深度 h_{cp} 的大小与土质条件有关，对砂、砾石层 $h_{cp} = (3 \sim 6)d$；对于粉土、黏性土 $h_{cp} = (5 \sim 10)d$。

图 8-5 端阻临界深度示意图

除了进入持力层的临界深度外，对于厚度有限的持力层，当持力层以下为软弱下卧层时，桩端以下还可能发生刺入软弱下卧层的冲切破坏。软弱下卧层对端阻产生影响的机理，是由于桩端应力沿扩散角向下扩散到软弱下卧层顶面，引起软弱下卧层出现较大压缩变形，桩端连同扩散椎体一起向下位移，从而降低了端阻力。为避免发生冲切破坏，要保证桩端与下部软土界面间的距离大于一定距离，即临界厚度 h_t。松砂的临界厚度约为 $1.5d$ 左右，密砂为 $(5 \sim 10)d$，砾砂约为 $12d$。

根据以上端阻的深度效应分析可见，对于以夹在软弱土层中的硬层作桩端持力层时，为充分发挥端阻，要根据夹层厚度，综合考虑桩端进入持力层深度和桩端下硬层的厚度。

8.3 单桩竖向抗压承载力的确定

桩的水平
承载力

单桩在竖向荷载作用下，达到破坏状态前或出现不适于继续承载的变形时所对应的最大荷载，称为单桩竖向极限承载力。单桩在竖向荷载作用下丧失承载能力一般表现为两种形式。

（1）地基土发生破坏。桩周土的阻力不足，桩发生急剧且较大的竖向位移；或当桩穿越软弱土层、支承在坚硬的持力层上时，桩底上部土层不能阻止滑动土楔的形成而产生整体剪切破坏，而如果桩端持力层为中等强度土或软弱土时，竖向荷载作用下的桩可能出现刺入破坏形式。

（2）桩身材料发生破坏。当桩身材料强度不够时，桩身被拉坏或压坏。因此，单桩的竖向承载力取决于土对桩的支承阻力和桩身承载力，设计时分别按这两方面确定后取其中的较小值。一般情况下，桩的承载力由地基土的支承能力所控制，材料强度往往不能充分发挥，只有对端承桩、超长桩以及桩身质量有缺陷的桩，桩身材料强度才起控制作用。

单桩竖向承载力的确定方法通常有：

（1）按桩身材料强度确定；

（2）经验公式法；

（3）静载试验；

（4）原位测试以及静力理论计算等。

考虑到地基土的多变性、复杂性和地域性等特点，在工程应用中宜选用多种方法综合考虑和分析，以合理确定单桩竖向承载力。

8.3.1 按桩身强度确定

按桩身材料强度确定单桩竖向承载力时，可将桩视为轴心受压杆件，根据《混凝土结构设计规范》（GB 50010—2010）、《钢结构设计规范》（GB 50017—2017）等结构设计规范，并结合桩结构的特点进行。

对钢筋混凝土轴心受压桩：

（1）当桩顶以下 $5d$ 范围的桩身螺旋式箍筋间距不大于 100mm 时，

$$N \leqslant \psi_c f_c A_{ps} + 0.9 f_y' A_s' \tag{8-10}$$

（2）当桩身配筋不符合上述规定时，不考虑钢筋受力，即：

$$N \leqslant \psi_c f_c A_{ps} \tag{8-11}$$

式中，N 为荷载效应基本组合下的桩顶轴向压力设计值；ψ_c 为基桩成桩工艺系数，混凝土预制桩、预应力混凝土空心桩取 0.85，干作业非挤土灌注桩取 0.90，泥浆护壁和套管护壁非挤土灌注桩、部分挤土灌注桩、挤土灌注桩取 $0.7 \sim 0.8$；软土地区挤土灌注桩取 0.6；f_c 为混凝土轴心抗压强度设计值；f_y' 为纵向主筋抗压强度设计值；A_s' 为纵向主筋截面面积。

此外，对高承台基桩、桩身穿越可液化土或不排水抗剪强度小于 10kPa 的软弱土层中的基桩，还应考虑桩身挠曲对轴向偏心力偏心距增大的影响，可将上述计算所得桩身正截面受压承载力乘以稳定系数 φ 折减。稳定系数 φ 可根据规范中相应规定取用。

对轴心受压的钢桩，满足：

$$N \leqslant A_n f \tag{8-12}$$

式中，N 为钢桩竖向承载力设计值，kN；A_n 为净截面面积，m^2。

8.3.2 按静载试验确定

静载试验是在现场对原型桩或在实际施工中试验，求得桩的承载力。一般认为，当桩顶发生剧烈或不停滞的沉降时，桩处于破坏状态，相应的荷载称为极限荷载。由静载荷试验结果给出荷载与桩顶沉降关系 $Q\text{-}s$ 曲线，再根据 $Q\text{-}s$ 曲线特性，确定单桩竖向极限承载力。静载试验过程及确定单桩竖向极限承载力方法详见本书桩基检测章节。

对于大直径端承型桩，也可通过深层平板（平板直径应与孔径一致）载荷试验确定极限端阻力；对于嵌岩桩，可通过直径为 0.3m 岩基平板载荷试验确定极限端阻力标准值，也可通过直径为 0.3m 嵌岩短墩载荷试验确定极限侧阻力标准值和极限端阻力标准值。

单桩竖向极限承载力受地处土质、成桩工艺等诸多不确定因素影响，变异较大。静载荷试验是评价单桩承载力最为直观和可靠的方法，其除了考虑到地基土的支承能力外，也计入了桩身材料强度对承载力的影响。因此，建筑桩基技术规范强调通过现场单桩静载试验确定单桩极限承载力，规定对于甲级建筑桩基，必须通过静载荷试验确定。设计等级为乙级的建筑桩基，当不具备通过其他方法确定单桩极限承载力时也应通过单桩静载试验确定。

8.3.3 按原位测试确定

通过对地基土进行原位测试，利用桩的静载试验与原位参数间的经验关系，确定桩的侧阻力和端阻力。常用的原位测试法有静力触探法、标准贯入试验法、十字板剪切试验法等。本书介绍静力触探法确定单桩极限承载力。

静力触探是将圆锥形的金属探头，以静力方式按一定的速率均匀压入土中。借助探头的传感器，测出探头侧阻及端阻。探头由浅入深测出各种土层的这些参数后，即可算出单桩承载力。静力触探与桩打入土中的过程基本相似，所以可把静力触探近似看成是小尺寸打入桩的现场模拟试验，且由于其设备简单、自动化程度高等优点，国外应用极广。我国自 1975 年以来，已进行了大量研究，积累了丰富的静力触探与单桩竖向静载荷试验的对比资料，提出了不少反映地区经验的计算单桩竖向极限承载力标准值的公式。

根据探头构造的不同，又可分为单桥探头和双桥探头两种。双桥探头可同时测出侧阻及端阻，《建筑桩基技术规范》（JGJ 94—2008）在总结各地经验的基础上提出，当根据双桥探头静力触探资料确定混凝土预制桩单桩竖向极限承载力标准值时，对于黏性土、粉土和砂土，如无当地经验时可计算为：

$$Q_{uk} = Q_{sk} + Q_{pk} = u \sum l_i \beta_i f_{si} + \alpha q_c A_p \tag{8-13}$$

式中，f_{si} 为第 i 层土的探头平均侧阻力，kPa；q_c 为桩端平面上、下探头阻力，取桩端平面以上 $4d$（d 为桩的直径或边长）范围内按土层厚度的探头阻力加权平均值（kPa），然后再和桩端平面以下 l_d 范围内的探头阻力进行平均；α 为桩端阻力修正系数，对于黏性土、粉土取 $\frac{2}{3}$，饱和砂土取 $\frac{1}{2}$；β_i 为第 i 层土桩侧阻力综合修正系数，黏性土、粉土：$\beta_i = 10.04 (f_{si})^{-0.55}$，砂土：$\beta_i = 5.05 (f_{si})^{-0.45}$。

注意：双桥探头的圆锥底面积为 15cm^2，锥角 60°，摩擦套筒高 21.85cm，侧面积 300cm^2。

8.3.4 按经验参数确定

地基土是通过桩侧阻力和桩端阻力支撑桩顶荷载，而桩端阻力与桩周摩阻力的分布是一个很复杂的问题。为使问题简化，通过大量的工程实验，对不同地基土中的预制桩及灌注桩桩端岩土承载力及桩周土摩阻力作出统计，建立桩侧摩阻力、桩端阻力与土层的物理力学指标的经验关系，以此来预估单桩竖向承载力。这种经验参数方法简便而经济，但各地区间土的变异性大，可靠性相对较低，一般只适用于初级设计和一般的丙级建筑桩基。按桩基规范具体用于某地区时应注意结合地区经验来综合确定。《建筑桩基技术规范》（JGJ 94—2008）针对不同的常用桩型，推荐如下竖向承载力估算公式。

8.3.4.1　一般预制桩及中小直径灌注桩

《建筑桩基技术规范》（JGJ 94—2008）提出，当根据土的物理指标与承载力参数之间的经验关系确定单桩竖向极限承载力标准值时，满足：

$$Q_{uk} = Q_{sk} + Q_{pk} = u \sum q_{sik} l_i + q_{pk} A_p \tag{8-14}$$

式中，q_{sik} 为桩侧第 i 层土的极限侧阻力标准值，如无当地经验时，可按表8-1取值；q_{pk} 为极限端阻力标准值，如无当地经验时，可按表8-2取值。

表 8-1　桩的极限侧阻力标准值 q_{sik}　　　　　　　　　　（kPa）

土的名称	土的状态		混凝土预制桩	泥浆护壁钻（冲）孔桩	干作业钻孔桩
填土	—		22~30	20~28	20~28
淤泥	—		14~20	12~18	12~18
淤泥质土	—		22~30	20~28	20~28
黏性土	流塑	$I_L > 1$	24~40	21~38	21~38
	软塑	$0.75 < I_L \leqslant 1$	40~55	38~53	38~53
	可塑	$0.50 < I_L \leqslant 0.75$	55~70	53~68	53~66
	硬可塑	$0.25 < I_L \leqslant 0.50$	70~86	68~84	66~82
	硬塑	$0 < I_L \leqslant 0.25$	86~98	84~96	82~94
	坚硬	$I_L \leqslant 0$	98~105	96~102	94~104
红黏土	$0.7 < a_w \leqslant 1$		13~32	12~30	12~30
	$0.5 < a_w \leqslant 0.7$		32~74	30~70	30~70
粉土	稍密	$e > 0.9$	26~46	24~42	24~42
	中密	$0.75 \leqslant e \leqslant 0.9$	46~66	42~62	42~62
	密实	$e < 0.75$	66~88	62~82	62~82
粉细砂	稍密	$10 < N \leqslant 15$	24~48	22~46	22~46
	中密	$15 < N \leqslant 30$	48~66	46~64	46~64
	密实	$N > 30$	66~88	64~86	64~86
中砂	中密	$15 < N \leqslant 30$	54~74	53~72	53~72
	密实	$N > 30$	74~95	72~94	72~94
粗砂	中密	$15 < N \leqslant 30$	74~95	74~95	76~98
	密实	$N > 30$	95~116	95~116	98~120
砾砂	稍密	$5 < N_{63.5} \leqslant 15$	70~110	50~90	60~100
	中密（密实）	$N_{63.5} > 15$	116~138	116~130	112~130

土的名称	土的状态		混凝土预制桩	泥浆护壁钻（冲）孔桩	干作业钻孔桩
圆砾、角砾	中密、密实	$N_{63.5}>10$	$160\sim200$	$135\sim150$	$135\sim150$
碎石、卵石	中密、密实	$N_{63.5}>10$	$200\sim300$	$140\sim170$	$150\sim170$
全风化软质岩	—	$30<N\leqslant50$	$100\sim120$	$80\sim100$	$80\sim100$
全风化硬质岩	—	$30<N\leqslant50$	$140\sim160$	$120\sim140$	$120\sim150$
强风化软质岩	—	$N_{63.5}>10$	$160\sim240$	$140\sim200$	$140\sim220$
强风化硬质岩	—	$N_{63.5}>10$	$220\sim300$	$160\sim240$	$160\sim260$

注：1. 对于尚未完成自重固结的填土和以生活垃圾为主的杂填土，不计算其侧阻力；

    2. a_w 为含水比，$a_w=\dfrac{w}{w_1}$，w 为土的天然含水量，w_1 为土的液限；

    3. N 为标准贯入击数，$N_{63.5}$ 为重型圆锥动力触探击数；

    4. 全风化、强风化软质岩和全风化、强风化硬质岩系指其母岩分别为 $f_{rk}\leqslant15MPa$、$f_{rk}>30MPa$ 的岩石。

8.3.4.2 大直径桩

直径超过 0.8m 的称为大直径桩。大量试验证实，桩端阻力等与桩径有明显的关系。将中、小直径桩的端阻力参数或计算模式套用于大直径桩是不合适的，会得出偏大的结果，可通过尺寸效应系数来调整。

根据土的物理指标与承载力参数之间的经验关系，确定大直径桩单桩极限承载力标准值时，满足：

$$Q_{uk}=Q_{sk}+Q_{pk}=u\sum\psi_{si}q_{sik}l_i+\psi_pq_{pk}A_p \tag{8-15}$$

式中，q_{pk} 为桩径为 800mm 的极限端阻力标准值，对于干作业挖孔（清底干净）可采用深层载荷板试验确定，当不能进行深层载荷板试验时可按表 8-3 取值；ψ_{si}、ψ_p 分别为大直径桩侧阻、端阻尺寸效应系数，按表 8-4 取值；u 为桩身周长，当人工挖孔桩桩周护壁为振捣密实的混凝土时，桩身周长可按护壁外直径计算。

8.3.4.3 钢管桩

当根据土的物理指标与承载力参数之间的经验关系确定钢管桩单桩竖向极限承载力标准值时，满足：

$$Q_{uk}=Q_{sk}+Q_{pk}=u\sum q_{sik}l_i+\lambda_pq_{pk}A_p \tag{8-16}$$

（1）当 $\dfrac{h_b}{d}<5$ 时，

$$\lambda_p=\dfrac{0.16h_b}{d} \tag{8-17}$$

（2）当 $\dfrac{h_b}{d}\geqslant5$ 时，

$$\lambda_p=0.8 \tag{8-18}$$

式中，λ_p 为桩端土塞效应系数，对于闭口钢管桩 $\lambda_p=1$，对于敞口钢管桩按式(8-17)和式(8-18)取值；h_b 为桩端进入持力层深度；d 为钢管桩外径。

表 8-2　桩的极限端阻力标准值 q_{pk}　　　　（kPa）

土名称	土的状态	桩型	混凝土预制桩桩长 l/m				泥浆护壁（冲）孔桩桩长 l/m				干作业钻孔桩桩长 l/m		
			l≤9	9<l≤16	16<l≤30	l>30	5≤l<10	10≤l<15	15≤l<30	30≤l	5≤l<10	10≤l<15	15≤l
黏性土	软塑	$0.75<I_L≤1$	210~850	850~1700	1200~1800	1300~1900	150~250	250~300	300~450	300~450	200~400	400~700	700~950
	可塑	$0.50<I_L≤0.75$	850~1700	1400~2200	1900~2800	2300~3600	350~450	450~600	600~750	750~800	500~700	800~1100	1000~1600
	硬可塑	$0.25<I_L≤0.50$	1500~2300	2300~3300	2700~3600	3600~4400	800~900	900~1000	1000~1200	1200~1400	850~1100	1500~1700	1700~1900
	硬塑	$0<I_L≤0.25$	2500~3800	3800~5500	5500~6000	6000~6800	1100~1200	1200~1400	1400~1600	1600~1800	1600~1800	2200~2400	2600~2800
粉土	中密	$0.75≤e≤0.9$	950~1700	1400~2100	1900~2700	2500~3400	300~500	500~650	650~750	750~850	800~1200	1200~1400	1400~1600
	密实	$e<0.75$	1500~2600	2100~3000	2700~3600	3600~4400	650~900	750~950	900~1100	1100~1200	1200~1700	1400~1900	1600~2100
粉砂	稍密	$10<N≤15$	1000~1600	1500~2300	1900~2700	2100~3000	350~500	450~600	600~700	650~750	500~950	1300~1600	1500~1700
	中密	$N>15$	1400~2200	2100~3000	3000~4500	3800~5500	600~750	750~900	900~1100	1100~1200	900~1000	1700~1900	1700~1900
细砂	中密、密实	$N>15$	2500~4000	3600~5000	4400~6000	5300~7000	650~850	900~1200	1200~1500	1500~1800	1200~1600	2000~2400	2400~2700
中砂		$N>15$	4000~6000	5500~7000	6500~8000	7500~9000	850~1050	1100~1500	1500~1900	1900~2100	1800~2400	2800~3800	3600~4400
粗砂		$N>15$	5700~7500	7500~8500	8500~10000	9500~11000	1500~1800	2100~2400	2400~2600	2600~2800	2900~3600	4000~4600	4600~5200
砾砂		$N>15$	6000~9500		9000~10500		1400~2000		2000~3200		3500~5000		
角砾、圆砾		$N_{63.5}>10$	7000~10000		9500~11500		1800~2200		2200~3600		4000~5500		
碎石、卵石		$N_{63.5}>10$	8000~11000		10500~13000		2000~3000		3000~4000		4500~6500		
全风化软质岩		$30<N≤50$	4000~6000				1000~1600				1200~2000		
全风化硬质岩		$30<N≤50$	5000~8000				1200~2000				1400~2400		
强风化软质岩		$N_{63.5}>10$	6000~9000				1400~2200				1600~2600		
强风化硬质岩		$N_{63.5}>10$	7000~11000				1800~2800				2000~3000		

注：1. 砂土和碎石类土中桩的极限端阻力取值，应综合考虑土的密实度，桩端进入持力层的深径比 $\dfrac{h_b}{d}$，土越密实，$\dfrac{h_b}{d}$ 越大，取值越高；

2. 预制桩的岩石极限端阻力指桩端支承于中、微风化基岩表面或进入强风化岩、软质岩一定深度条件下极限端阻力；

3. 全风化、强风化软质岩和全风化、强风化硬质岩指其母岩分别为 $f_{rk}≤15MPa$、$f_{rk}>30MPa$。

表 8-3　干作业挖孔桩（清底干净，$D=800\text{mm}$）极限端阻力标准值 q_{pk} （kPa）

土名称		状态		
黏性土		$0.25<I_L\le0.75$	$0<I_L\le0.25$	$I_L\le0$
		800~1800	1800~2400	2400~3000
粉土		—	$0.75\le e\le0.9$	$e<0.75$
		—	1000~1500	1500~2000
		稍密	中密	密实
砂土 碎石类土	粉砂	500~700	800~1100	1200~2000
	细砂	700~1100	1200~1800	2000~2500
	中砂	1000~2000	2200~3200	3500~5000
	粗砂	1200~2200	2500~3500	4000~5500
	砾砂	1400~2400	2600~4000	5000~7000
	圆砾、角砾	1600~3000	3200~5000	6000~9000
	卵石、碎石	2000~3000	3300~5000	7000~11000

注：1. 当桩进入持力层的深度 h_b 分别为：$h_b\le D$，$D<h_b\le4D$，$h_b>4D$ 时，q_{pk} 可相应取低、中、高值；

2. 砂土密实度可根据标贯击数判定，$N\le10$ 为松散，$10<N\le15$ 为稍密，$15<N\le30$ 为中密，$N>30$ 为密实；

3. 当桩的长径比 $\dfrac{l}{d}\le8$ 时，q_{pk} 应取较低值；

4. 当对沉降要求不严时，q_{pk} 可取高值。

表 8-4　大直径灌注桩侧阻尺寸效应系数 ψ_{si}、端阻尺寸效应系数 ψ_p

土类型	黏性土、粉土	砂土、碎石类土
ψ_{si}	$\left(\dfrac{0.8}{d}\right)^{\frac{1}{5}}$	$\left(\dfrac{0.8}{d}\right)^{\frac{1}{3}}$
ψ_p	$\left(\dfrac{0.8}{D}\right)^{\frac{1}{4}}$	$\left(\dfrac{0.8}{D}\right)^{\frac{1}{3}}$

对于带隔板的半敞口钢管桩，应以等效直径 d_e 代替 d 确定 λ_p；$d_e=\dfrac{d}{\sqrt{n}}$；其中 n 为桩端隔板分割数，如图 8-6 所示。

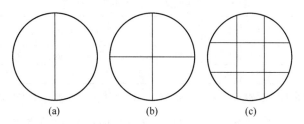

图 8-6　隔板分离
（a）$n=2$；（b）$n=4$；（c）$n=9$

8.3.4.4 混凝土空心桩

当根据土的物理指标与承载力参数之间的经验关系确定敞口预应力混凝土空心桩单桩竖向极限承载力标准值时，其估算公式为：

$$Q_{uk} = Q_{sk} + Q_{pk} = u\sum q_{sik}l_i + q_{pk}(A_j + \lambda_p A_{p1}) \tag{8-19}$$

（1）当 $\dfrac{h_b}{d} < 5$ 时，

$$\lambda_p = 0.16\frac{h_b}{d} \tag{8-20}$$

（2）当 $\dfrac{h_b}{d} \geqslant 5$ 时，

$$\lambda_p = 0.8 \tag{8-21}$$

式中，A_j 为空心桩桩端净面积，管桩：$A_j = \dfrac{\pi}{4}(d^2 - d_1^2)$，空心方桩：$A_j = b^2 - \dfrac{\pi}{4}d_1^2$；$A_{p1}$ 为空心桩敞口面积，$A_{p1} = \dfrac{\pi}{4}d_1^2$；$b$ 为空心桩边长；d_1 为空心桩内径。

8.3.4.5 嵌岩桩

桩端置于完整、较完整基岩的嵌岩桩单桩竖向极限承载力，由桩周土总极限侧阻力和嵌岩段总极限阻力组成。当根据岩石单轴抗压强度确定单桩竖向极限承载力标准值时，满足：

$$Q_{uk} = Q_{sk} + Q_{rk} \tag{8-22}$$

$$Q_{sk} = u\sum q_{sik}l_i \tag{8-23}$$

$$Q_{rk} = \zeta_r f_{rk} A_p \tag{8-24}$$

式中，Q_{sk}、Q_{rk} 分别为土的总极限侧阻力、嵌岩段总极限阻力；f_{rk} 为岩石饱和单轴抗压强度标准值，黏土岩取天然湿度单轴抗压强度标准值；ζ_r 为嵌岩段侧阻和端阻综合系数，与嵌岩深径比 $\dfrac{h_r}{d}$、岩石软硬程度和成桩工艺有关，可按表8-5采用。

其中，表8-5中数值适用于泥浆护壁成桩，对于干作业成桩（清底干净）和泥浆护壁成桩后注浆，ζ_r 应取表列数值的1.2倍。

表8-5　嵌岩段侧阻和端阻综合系数 ζ_r

嵌岩深径比 $\dfrac{h_r}{d}$	0	0.5	1.0	2.0	3.0	4.0	5.0	6.0	7.0	8.0
极软岩、软岩	0.60	0.80	0.95	1.18	1.35	1.48	1.57	1.63	1.66	1.70
较硬岩、坚硬岩	0.45	0.65	0.81	0.90	1.00	1.04	—	—	—	—

注：1. 极软岩、软岩指 $f_{rk} \leqslant 15$MPa，较硬岩、坚硬岩指 $f_{rk} > 30$MPa，介于两者之间可内插取值；

　　2. h_r 为桩身嵌岩深度，当岩面倾斜时，以坡下方嵌岩深度为准；当 $\dfrac{h_r}{d}$ 为非表列值时，ζ_r 可内差取值。

8.3.4.6 后注浆灌注桩

后注浆灌注桩的单桩极限承载力，应通过静载试验确定。在符合后注浆技术实施规定的条件下，其后注浆单桩极限承载力标准值满足：

$$Q_{uk} = Q_{sk} + Q_{gsk} + Q_{gpk} = u \sum q_{sjk} l_j + u \sum \beta_{si} q_{sik} l_{gi} + \beta_p q_{pk} A_p \qquad (8\text{-}25)$$

式中，Q_{gsk} 为后注浆竖向增强段的总极限侧阻力标准值；Q_{gpk} 为后注浆总极限端阻力标准值；l_j 为后注浆非竖向增强段第 j 层土厚度；l_{gi} 为后注浆竖向增强段内第 i 层土厚度，对于泥浆护壁成孔灌注桩，当为单一桩端后注浆时，竖向增强段为桩端以上 12m，当为桩端、桩侧复式注浆时，竖向增强段为桩端以上 12m 及各桩侧注浆断面以上 12m，重叠部分应扣除，对于干作业灌注桩，竖向增强段为桩端以上、桩侧注浆断面上下各 6m；q_{sjk} 为非竖向增强段第 j 土层初始极限侧阻力标准值；β_{si}、β_p 分别为后注浆侧阻力、端阻力增强系数，无当地经验时，可按表 8-6 取值，对于桩径大于 800mm 的桩，应按表 8-4 进行侧阻和端阻尺寸效应修正。

表 8-6　后注浆侧阻力增强系数 β_{si}、端阻力增强系数 β_p

土层名称	淤泥 淤泥质土	黏性土 粉土	粉砂 细砂	中砂	粗砂 砾砂	砾石 卵石	全风化岩 强风化岩
β_{si}	1.2~1.3	1.4~1.8	1.6~2.0	1.7~2.1	2.0~2.5	2.4~3.0	1.4~1.8
β_p	—	2.2~2.5	2.4~2.8	2.6~3.0	3.0~3.5	3.2~4.0	2.0~2.4

注：干作业钻、挖孔桩，β_p 按表列值乘以小于 1.0 的折减系数。当桩端持力层为黏性土或粉土时，折减系数取 0.6；为砂土或碎石土时，取 0.8。

8.3.4.7　考虑液化效应的单桩极限承载力

对于桩身周围有液化土层的低承台桩基，当承台底面上下分别有厚度不小于 1.5m、1.0m 的非液化土或非软弱土层时，可将液化土层极限侧阻力乘以土层液化折减系数计算单桩极限承载力标准值。土层液化折减系数 ψ_l 可按表 8-7 确定。

表 8-7　土层液化折减系数 ψ_l

$\lambda_N = \dfrac{N}{N_{cr}}$	自地面算起的液化土层 深度 d_L/m	ψ_l
$\lambda_N \leqslant 0.6$	$d_L \leqslant 10$	0
	$10 < d_L \leqslant 20$	$\dfrac{1}{3}$
$0.6 < \lambda_N \leqslant 0.8$	$d_L \leqslant 10$	$\dfrac{1}{3}$
	$10 < d_L \leqslant 20$	$\dfrac{2}{3}$
$0.8 < \lambda_N \leqslant 1.0$	$d_L \leqslant 10$	$\dfrac{2}{3}$
	$10 < d_L \leqslant 20$	1.0

注：1. N 为饱和土标贯击数实测值，N_{cr} 为液化判别标贯击数临界值，λ_N 为土层液化指数。

2. 对于挤土桩当桩距小于 $4d$，且桩的排数不少于 5 排、总桩数不少于 25 根时，土层液化系数可取 $\dfrac{2}{3} \sim 1$；桩间土标贯击数达到 N_{cr} 时，取 $\psi_l = 1$。

3. 当承台底非液化土层厚度小于 1m 时，土层液化折减系数按表 8-7 中 λ_N 降低一档取值。

8.3.5　单桩竖向承载力特征值

作用于桩顶的竖向荷载主要由桩侧和桩端土体承担，而地基土体为大变形材料，当桩顶荷载增加时，随着桩顶变形的相应增长，单桩承载力也逐渐增大，很难定出一个真正的"极限值"；此外，建筑物的使用也存在功能上的要求，往往基桩承载力尚未充分发挥，桩顶变形已超出正常使用的限值。因此，单桩竖向承载力应为不超过桩顶荷载–变形曲线线性变形阶段的比例界限荷载，即表示正常使用极限状态计算时采用的单桩承载力值，以发挥正常使用功能时所允许采用的抗力设计值。为与国际标准《结构可靠性总原则》（ISO 2394）中相应的术语"特征值"相一致，故称为单桩竖向承载力特征值。

《建筑桩基技术规范》（JGJ 94—2008）规定，单桩竖向极限承载力是指单桩在竖向荷载作用下到达破坏状态前或出现不适于继续承载的变形时所对应的最大荷载，确定单桩极限承载力的方法前面已述。而单桩竖向承载力特征值 R_a 取其极限承载力标准值 Q_{uk} 的一半，即：

$$R_a = \frac{Q_{uk}}{K} \tag{8-26}$$

式中，K 为安全系数，取 $K = 2$。

对于端承型桩基、桩数少于 4 根的摩擦型柱下独立桩基，或由于地基性质、使用条件等因素不宜考虑承台效应时，基桩竖向承载力特征值 R 应取单桩竖向承载力特征值，即 $R = R_a$；否则，对符合条件的摩擦型桩基，一般考虑承台效应确定其复合基桩的竖向承载力特征值 $R(R > R_a$，详见后述）。

【**例 8-1**】 图 8-7 所示预制圆桩的桩径为 400mm，桩长 10m，穿越厚度 $l_1 = 3$m，液性指数 $I_L = 0.75$ 的黏土层；进入密实的中砂层，长度 $l_2 = 7$m。桩基同一承台中采用 3 根桩，桩顶离地面 1.5m。试确定该预制桩的竖向极限承载力标准值和基桩竖向承载力特征值。

桩基同一承台中采用 3 根桩，桩顶离地面 1.5m。试确定该预制桩的竖向极限承载力标准值和基桩竖向承载力设计值。

解 由表 8-2 查得，桩的极限侧阻力标准值 q_{sik} 如下。

（1）黏土层：$I_L = 0.75$，$q_{s1k} = 55$kPa；

（2）中砂层：密实，$q_{s2k} = 80$kPa；

再由表查得桩的极限端阻力标准值 q_{pk} 为：密实中砂，$l = 10$m，查得 $q_{pk} = 5500 \sim 7000$kPa，可取 $q_{pk} = 6000$kPa。

故单桩竖向极限承载力标准值为：

$$Q_{uk} = Q_{sk} + Q_{pk} = u \sum q_{sik} l_i + \lambda_p q_{pk} A_p$$

$$= \pi \times 0.4 \times (55 \times 3 + 80 \times 7) + 6000 \times \pi \times \frac{0.4^2}{4}$$

$$= 910.6 + 753.6 = 1664.2 (\text{kN})$$

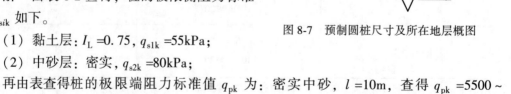

图 8-7　预制圆桩尺寸及所在地层概图

因该桩基属桩数不超过 4 根的非端承桩基，可不考虑承台效应，可求得基桩竖向承载力特征值为：

$$R = \frac{Q_{uk}}{2} = 832.1(\text{kN})$$

8.4 群桩的竖向抗压承载性状

在实际工程中，除少量大直径桩基础外，一般都是群桩基础。群桩基础上各桩的承载力发挥和沉降性状往往与相同情况下的单桩有显著差别。因此，在桩基的设计计算时，必须考虑群桩的工作特点。

群桩的竖向
抗压承载性状

8.4.1 群桩的机理分析

桩基础常以群桩的形式出现，桩的顶部与承台连接。在竖向荷载作用下，一方面承台底面的荷载由桩承担，桩顶将荷载传递到桩侧土和桩端土上，各桩之间通过桩间土产生相互影响；另一方面，在一定条件下桩间土也可通过承台底面参与承担来自承台的竖向力。在桩端平面形成了应力的叠加，从而使桩端平面的应力水平大大超过单桩，应力扩散的范围和深度也远远大于单桩。这些影响的综合结果使得群桩的工作性状与单桩有很大的区别，群桩承台形成一个相互影响和共同作用的体系。

（1）桩与土相互作用。对于挤土桩，在不很密实的砂土及非饱和黏性土中，由于成桩的挤土效应而使土挤密，从而增加桩侧阻力；而在饱和软土中沉入较多挤土桩则会引起超孔隙水压力，随后产生孔压消散、桩间土再固结和触变恢复，从而导致桩侧和端阻产生显著的时间效应，即软黏土中挤土桩的承载力随时间而增长，另外土的再固结还会发生负摩阻力。

（2）桩与桩相互作用。桩所承受的力是由侧阻及端阻传递到地基土中的。桩的荷载传递类型（端承桩及摩擦桩）以及桩距将影响群桩效应。

1）端承型群桩由于端承型桩基的持力层坚硬，桩顶沉降较小，桩侧摩阻力不易发挥，桩顶荷载基本上通过桩身直接传到桩端处的土层上。而桩端处的承压面积很小，各桩端的压力彼此互不影响（见图 8-8），因此可近似认为端承型群桩基础上各基桩的工作性状与单桩基本一致；同时，由于桩的变形很小，桩间土基本不承受荷载，群桩基础的承载力就等于各单桩的承载力之和；群桩的沉降量也与单桩基本相同，故可不考虑群桩效应。

2）摩擦型群桩，主要通过每根桩侧的摩擦阻力将荷载传递到桩周及桩端土层中。且一般假定桩侧摩阻力在土中引起的附加应力 σ_z 按某一角度 α 沿桩

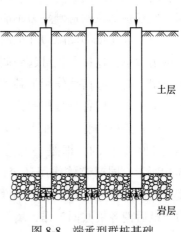

图 8-8 端承型群桩基础

长向下扩散分布至桩端平面处，压力分布如图 8-9 中阴影部分所示。当桩数少，桩的中心距 s_a 较大时（例如 $s_a > 6d$），桩端平面处各桩传来的压力互不重叠或重叠不多，如图 8-9(a)

所示。此时群桩中各桩的工作情况与单桩一致，故群桩的承载力等于各单桩承载力之和。但当桩数较多，桩距较小时，例如桩距 s_a 小于 $3d$ 时，桩端处地基中各桩传来的压力将相互重叠，如图 8-9(b) 所示。桩端处的压力比单桩时大得多，桩端以下压缩土层的厚度也比单桩要深，此时群桩中各桩的工作状态与单桩时迥然不同，其承载力小于各单桩承载力之和，沉降量则大于单桩的沉降量。显然，若限制群桩的沉降量与单桩沉降量相同，则群桩中每一根桩的平均承载力就比单桩时要低，故应考虑群桩效应。

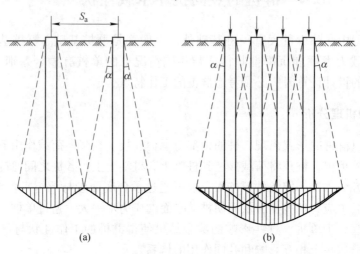

图 8-9 摩擦型群桩桩端平面上的压力分布

(a) 桩距较大时；(b) 桩距较小时

（3）承台与桩间土相互作用。承台与桩间土直接接触，在竖向压力作用下承台土发生向下的位移，桩间土表面承压，分担了作用于桩上的荷载，特别是摩擦型桩基，有时承受的荷载高达总荷载的 $\frac{1}{3}$，甚至更高。承台对于桩的摩阻力和端承力的发挥也有影响。一方面，由于承台底部的土、桩、承台三者有基本相同的位移，因而减少了桩与土间的相对位移，使桩顶部位的桩侧阻力不能充分发挥出来。另一方面，承台底面向地基施加的竖向附加应力，又使桩的侧阻力和端阻力有所增加。

由刚性承台连接群桩可起到调节各桩受力的作用。在中心荷载作用下各桩顶的竖向位移基本相等，但各桩分担的竖向力并不相等，一般是角桩的受力分配大于边桩的，边桩的大于中心桩的，即是马鞍形分布，如图 8-10 所示。同时整体作用还会使质量好、刚度大的桩多受力，质量差、刚度小的桩少受力，最后使各桩共同工作，增加了桩基础的总体可靠度。

总之，群桩效应是桩-土-承台相互影响、共同作用的结果。对于端承型桩，大部

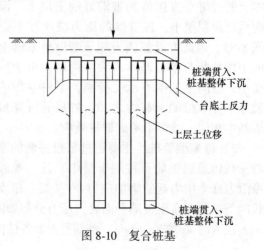

图 8-10 复合桩基

分荷载由桩端传递，桩侧摩阻力及承台土反力传递荷载较小，故桩-土-承台相互影响小，即群桩效应弱。对于摩擦型桩，大部分荷载由桩侧摩阻力传递，承台土反力也传递荷载，桩-土-承台相互影响大，群桩效应强。

8.4.2　群桩的破坏模式

群桩极限承载力的计算模式是根据群桩破坏模式来确定的，分析群桩的破坏模式主要涉及两个方面，即群桩侧阻的破坏和端阻的破坏。

8.4.2.1　群桩侧阻的破坏

群桩侧阻破坏模式一般划分为桩土整体破坏和非整体破坏。整体破坏是指桩土形成整体，如同实体基础那样承载和变形，桩侧阻力的破坏面发生于桩群外围，如图 8-11（a）所示；非整体破坏是指各桩的桩土间产生相对位移，各桩的侧阻力剪切破坏发生于各桩桩周上体成桩土界面上，如图 8-11（b）所示。

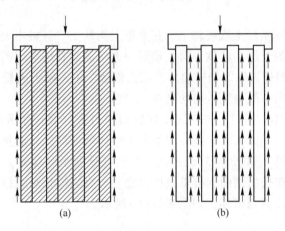

图 8-11　群桩侧阻力破坏模式
（a）整体破坏；（b）非整体破坏

影响群桩侧阻破坏模式的因素主要有土性、桩距、承台设置方式和成桩工艺。对于砂土、粉土、非饱和松散黏性土中的挤土型群桩，在较小桩距（$s_a \leqslant 3d$）条件下，群桩侧阻一般呈整体破坏；对于无挤土效应的钻孔群桩，一般呈非整体破坏。对于低承台群桩，由于承台限制了桩土之间的相对位移，因此在其他条件相同的情况下，低承台群桩比高承台群桩更容易形成桩土的整体破坏。

8.4.2.2　群桩端阻的破坏

群桩端阻的破坏分为整体剪切、局部剪切和刺入破坏三种模式，群桩端阻的破坏模式与侧阻的破坏模式有关。

（1）当侧阻呈桩土非整体破坏时，此时各桩单独破坏，各桩端的破坏与单桩相似。单桩的端阻力破坏模式有整体剪切、局部剪切和刺入剪切三种。整体剪切破坏时，连续的剪切滑裂面开展至桩端平面；局部剪切破坏时，土体侧向压缩量不是以使滑裂面开展至桩端平面；刺入剪切破坏时，桩端土竖向和侧向压缩量都较大，桩端周边产生不连续的向下辐射性剪切，桩端"刺入"土中，如图 8-12（b）所示。

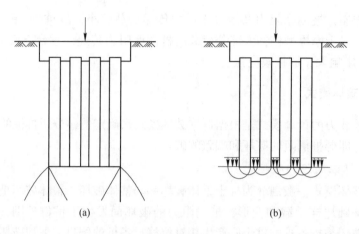

图 8-12　群桩端阻的破坏模式

（a）整体破坏；（b）非整体破坏

当桩端持力层为密实砂土或硬黏土，其上覆层为软土，且桩不太长时，端阻一般呈整体剪切破坏；当其上覆土层为非软土时，端阻一般呈局部整体剪切破坏；当存在软弱下卧层时，可能出现刺入剪切破坏。当桩端持力层为松散、中密砂土或粉土、高压缩性及中等压缩性黏性土时，端阻一般呈刺入剪切破坏。

（2）当侧阻呈整体破坏时，桩端演变成底面积与桩群面积相等的单独实体墩基，此时，由于基底面积大、埋深大，墩基一般不发生整体剪切破坏，而是呈局部剪切和刺入剪切破坏，尤以后者多见，如图 8-13(a)所示。当存在软弱下卧层时，有可能由于软弱下卧层产生剪切破坏或侧向挤出而引起群桩整体失稳。只有当桩很短且持力层为密实土层时才可能出现墩底土的整体剪切破坏，如图 8-13(b)所示。

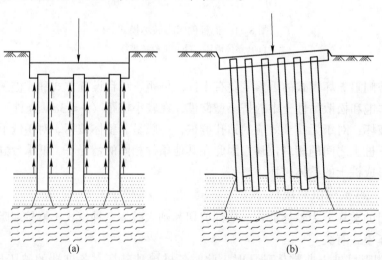

图 8-13　群桩破坏模式

（a）基桩冲剪破坏；（b）群桩整体冲剪破坏

实用中，群桩的破坏模式分为"整体破坏"和"非整体破坏"。这种破坏模式的划分实际上是按桩侧阻力的破坏模式划分的。

8.4.3 群桩承载力的确定方法

8.4.3.1 以土体强度为参数的极限平衡理论法

群桩侧阻力的破坏分为整体破坏和非整体破坏。

（1）侧阻呈桩土整体破坏时。对于小桩距（$s_a \leqslant 3d$）挤土型低承台其侧阻一般呈整体破坏，即侧阻力的剪切破裂面发生于群桩和土形成的实体基础的外围侧表面。因此，群桩的极限承载力计算可视群桩为等代墩基或实体深基础，取以下两种计算模式的较小值，如图8-14所示。

1）模式一：不考虑墩侧剪应力的扩散，等代墩基底面积为 $A' = a \times b$ [（见图8-14（a）]，墩底附加压力 p_0 为作用于承台底面的附加荷载 F_k 除以墩底面积 A'，即：

$$P_u = P_{su} + P_{pu} = 2(A + B) \sum l_i q_{sik} + ABq_{pu} \qquad (8\text{-}27)$$

2）模式二：考虑墩侧剪应力按 $\dfrac{\varphi}{4}$ 角扩散，扩散线与墩底水平面相交的面积为等代墩基底面积 [见图8-14(b)]，即：

$$P_u = q_{pu}A' \qquad (8\text{-}28)$$

$$A' = A_0B_0 = \left(A + 2L\tan\frac{\varphi}{4}\right)\left(B + 2L\tan\frac{\varphi}{4}\right) \qquad (8\text{-}29)$$

式中，φ 为土的内摩擦角；q_{sik} 为第 i 层土极限桩侧力标准值；q_{pu} 为等代墩基地面单位面积极限承载力标准值；A、B、L 分别为等代墩基底面的长、宽和桩长。

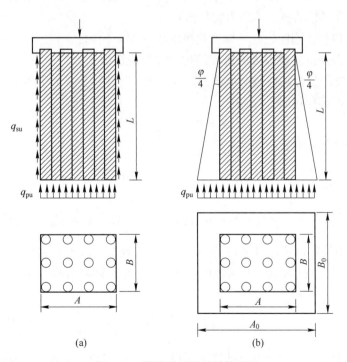

图8-14 等代墩基法的计算图示

（a）不考虑扩散；（b）考虑扩散

极限侧阻的计算可按经验参数法计算，极限端阻力，主要可以采用地质报告估算、经典理论计算以及现场试验确定。

（2）侧阻呈桩土非整体破坏时。各桩单独破坏，即侧阻力的剪切破裂面发生于各基桩的桩土界面上或近桩表面的土体中，这种非整体破坏多见于非挤土大型群桩及饱和土中的挤土型高承台群桩。其极限承载力的计算，若忽略群桩效应以及承台分担荷载的作用，其计算公式为：

$$P_u = P_{su} + P_{pu} = nU \sum l_i q_{sui} + nA_p q_{pu} \tag{8-30}$$

式中，q_{sui} 和 q_{pu} 可按静力法计算。

8.4.3.2 规范采用的计算方法

由于黏性地基中桩侧阻削弱作用与桩端阻增强效应在某种程度上相互抵消，同时大量的原位和室内试验表明，低桩承台的分担荷载作用明显，不可忽视。因此计算群桩承载力时，为简化计算且留更多安全储备，建筑桩基技术规范只考虑承台效应系数。

摩擦型群桩在竖向荷载作用下，由于桩土相对位移，桩间土对承台产生一定的竖向抗力，成为桩基竖向承载力的一部分而分担荷载（称为承台效应）。承台底地基土承载力特征值的发挥率称为承台效应系数。考虑承台效应，即由基桩和承台下地基土共同承担荷载的桩基础，称为复合桩基。

《建筑桩基技术规范》（JGJ 94—2008）规定：对于端承型桩基、桩数少于 4 根的摩擦型桩基，或由于地层土性、使用条件等因素不应考虑承台效应时，基桩竖向承载力特征值取单桩竖向承载力特征值，即 $R = R_a$；对于符合下列条件之一的摩擦型桩基，应考虑承台效应确定其复合基桩的竖向承载力特征值：

（1）上部结构整体刚度较好、体型简单的建（构）筑物；

（2）对差异沉降适应性较强的排架结构和柔性构筑物。

考虑承台效应的复合基桩竖向承载力特征值 R，其计算公式如下所示。

（1）不考虑地震作用时：

$$R = R_a + \eta_c f_{ak} A_c \tag{8-31}$$

（2）考虑地震作用时：

$$R = R_a + \frac{\zeta_a}{1.25} \eta_c f_{ak} A_c \tag{8-32}$$

式中，η_c 为承台效应系数，可按表 8-8 取值；f_{ak} 为承台底 $\frac{1}{2}$ 承台宽度深度范围（≤5m）内各层土地基承载力特征值按厚度加权的平均值；ζ_a 为地基抗震承载力调整系数，应按现行《建筑抗震设计规范》（GB 50011—2010）采用。A_c 为计算桩基所对应的承台底地基土净面积，其计算公式为：

$$A_c = \frac{A - nA_{ps}}{n}$$

式中，A_{ps} 为桩身截面积，A 为承台计算域面积。对于柱下独立桩基，A 为承台总面积；对于桩筏基础，A 为柱、墙筏板的 $\frac{1}{2}$ 跨距和悬臂边 2.5 倍筏板厚度所围成的面积；桩集中布置于单片墙下的桩筏基础，取墙两边各$\frac{1}{2}$跨距围成的面积，按条形承台计算η_c。

表 8-8　承台效应系数 η_c

	$\dfrac{s_a}{d}$	3	4	5	6	>6
$\dfrac{B_c}{l}$	≤0.4	0.06~0.08	0.14~0.17	0.22~0.26	0.32~0.38	0.50~0.80
	0.4~0.8	0.08~0.10	0.17~0.20	0.26~0.30	0.38~0.44	
	>0.8	0.10~0.12	0.20~0.22	0.30~0.34	0.44~0.50	
	单排桩条形承台	0.15~0.18	0.25~0.30	0.38~0.45	0.50~0.60	

注：1. 表中 s_a 为桩中心距，对非正方形排列基桩，$s_a = \sqrt{\dfrac{A}{n}}$，$A$ 为承台计算域面积，n 为总桩数，B_c 为承台宽度。

2. 对桩布置于墙下的箱、筏承台，η_c 可按单排桩条基取值；对单排桩条形承台，若 $B_c < 1.5d$，η_c 按非条形承台取值。

3. 对采用后注浆灌注桩的承台，η_c 应取低值；对饱和黏性土中的挤土桩基、软土地基上的桩基承台，η_c 应取低值的 0.8 倍。

设计复合桩基时应注意，承台分担荷载是以桩基的整体下沉为前提，故只有在桩基沉降不会危及建筑物的安全和正常使用，且台底不与软土直接接触时，才宜于开发利用承台底土反力的潜力。因此，在下列情况下，通常不能考虑承台的荷载分担效应，即取 $\eta_c = 0$：

（1）承受经常出现的动力作用，如铁路桥梁桩基；

（2）承台下存在可能产生负摩擦力的土层，如湿陷性黄土、欠固结土、新填土、高灵敏度软土以及可液化土，或由于降水地基土固结而与承台脱开；

（3）在饱和软土中沉入密集桩群，引起超静孔隙水压力和土体隆起，随着时间推移，桩间土逐渐固结下沉而与承台脱离等。

8.5　特殊条件下桩基竖向承载力验算

8.5.1　软弱下卧层验算

当桩端平面以下受力层范围以内存在软弱下卧层时，如果软弱层承载力不足，就会导致持力层发生冲剪破坏。因此应对软弱下卧层的承载力进行验算。

对于桩距不超过 $6d$ 的群桩基础，桩群、桩间土、硬持力层冲剪体形成如同实体墩基而冲剪破坏，其剪切破坏面发生于桩群外围表面，如图 8-15 所示。此种情况下，要求冲剪锥体底面压应力设计值不超过软弱下卧层的承载力设计值，其满足：

$$\sigma_z + \gamma_m z \le f_{az} \qquad (8\text{-}33)$$

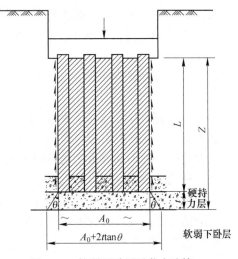

图 8-15　软弱下卧层承载力验算

$$\sigma_z = \frac{(F_k + G_k) - \dfrac{3}{2}(A_0 + B_0)\sum q_{sik}l_i}{(A_0 + 2t\tan\theta)(B_0 + 2t\tan\theta)}$$
(8-34)

式中，σ_z 为作用于软弱下卧层顶面的附加应力；γ_m 为软弱层顶面以上各土层重度（地下水位以下取浮重度）的厚度加权平均值；t 为硬持力层厚度；f_{az} 为软弱下卧层经深度 z 修正的地基承载力特征值；A_0、B_0 分别为桩群外缘矩形底面的长、短边边长；θ 为桩端硬持力层压力扩散角，按表 8-9 取值。

表 8-9　桩端硬持力层压力扩散角 θ

$\dfrac{E_{s1}}{E_{s2}}$	$t = 0.25B_0$	$t \geq 0.50B_0$
1	4°	12°
3	6°	23°
5	10°	25°
10	20°	30°

注：1. E_{s1}、E_{s2} 为硬持力层、软弱下卧层的压缩模量；

　　2. 当 $t < 0.25B_0$ 时，取 $\theta = 0°$，必要时，通过试验确定；当 $0.25B_0 < t < 0.50B_0$ 时，内插取值。

8.5.2　考虑负摩阻力的影响

8.5.2.1　负摩阻力概念

在正常情况下，在桩顶施加向下的荷载使桩身产生向下的压缩位移，桩侧土相对于桩产生向上的位移，因而土对桩侧产生向上的摩阻力，是桩承载力的一部分，称为正摩阻力。

但有时会发生相反的情况，即桩周围的土体由于某些原因发生下沉，且变形量大于相应深度处桩的下沉量，即桩侧土相对于桩产生向下的位移，土体对桩产生向下的摩阻力，这种摩阻力称为负摩阻力。

8.5.2.2　负摩阻力发生条件

通常情况下，在下列情况下应考虑桩侧的负摩阻力作用：

（1）桩穿越较厚松散填土、自重湿陷性黄土、欠固结土、液化土层进入相对较硬土层时；

（2）桩周存在软弱土层，邻近桩侧地面承受局部较大的长期荷载，或地面大面积堆载（包括填土）时；

（3）由于降低地下水位，使桩周土有效应力增大，并产生显著压缩沉降时。

必须指出，在桩侧引起负摩阻力的条件是，桩周围的土体下沉必须大于桩的沉降。负摩阻力对桩是一种不利因素，负摩阻力相当于在桩上施加了附加的下拉荷载 Q_n，它的存在降低了桩的承载力，并可导致桩发生过量的沉降。工程中，因负摩阻力引起的不均匀沉降造成建筑物开裂、倾斜或因沉降过大而影响使用的现象屡有发生。所以，在可能发生负摩阻力的情况下，设计时应考虑其对桩基承载力和沉降的影响。

8.5.2.3　中性点

桩身的负摩阻力并不一定发生于整个软弱压缩土层中，而是在桩周土相对于桩产生下沉的范围内。在地面发生沉降的地基中，长桩的上部为负摩阻力而下部往往仍为正摩阻力，正负摩阻力分界的地方称为中性点。桩周摩阻力的大小与桩土间的相对位移有关，而中性点处的摩阻力为零，故其相对位移也为零，同时下拉荷载在中性点处达到最大值，即在中性点截面桩身轴力达到最大值（$Q + Q_n$）。图 8-16 给出了桩穿过会产生负摩阻力土层而达到坚硬土层的竖向荷载传递情况。

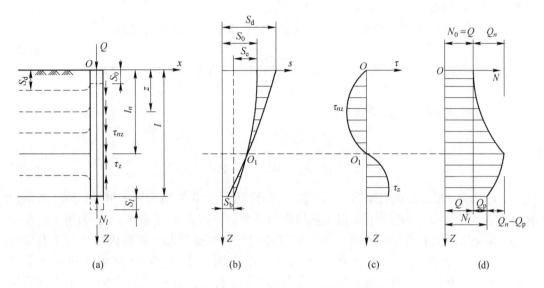

图 8-16 单桩在产生负摩阻力时的荷载传递

（a）桩基桩周土受力、沉降示意；（b）各深度处桩、土沉降及相对位移；（c）摩擦力分布及中性点；（d）桩身抽力

要确定桩的负摩阻力的大小就必须知道负摩阻力在桩上的分布范围，即需要确定中性点的位置。地面至中性点的深度 l_n 与桩周土的压缩性、变形条件以及桩和持力层土的刚度等因素有关，理论上可根据桩的竖向位移和桩周地基内竖向位移相等的条件来确定中性点的位置。中性点深度 l_n 应按桩周土层沉降与桩沉降相等的条件计算确定。但由于桩在荷载下的沉降稳定历时、沉降速率等都与周围土的沉降情况不同，要准确确定中性点的位置比较困难，一般根据现场试验所得的经验数据近似地加以确定，即以 l_n 与桩周软弱土层的下限深度 l_0 的比值的经验数值来确定中性点的位置，也可参照表 8-10 确定。

表 8-10 中性点深度 l_n

持力层性质	黏性土、粉土	中密以上砂	砾石、卵石	基岩
中性点深度比 $\dfrac{l_n}{l_0}$	0.5~0.6	0.7~0.8	0.9	1.0

注：1. l_n、l_0 分别为自桩顶算起的中性点深度和桩周软弱土层下限深度；

2. 桩穿过自重湿陷性黄土层时，l_n 可按表列值增大 10%（持力层为基岩除外）；

3. 当桩周土层固结与桩基固结沉降同时完成时，取 $l_n = 0$；

4. 当桩周土层计算沉降量小于 20mm 时，l_n 应按表列值乘以 0.4~0.8 折减。

8.5.2.4 负摩阻力的计算

在现场进行桩的负摩阻力试验是一种最直接而可靠的方法，但需要的时间很长，常常以年计，费用也大。而由于影响负摩阻力的因素较多，如桩侧与桩端土的变形与强度性质、土层的应力历史、桩侧土发生沉降的原因和范围，以及桩的类型与成桩工艺等，从理论上精确计算负摩阻力是复杂而困难的。目前国内外学者已提出了一些有关负摩阻力的计算方法，但都是带有经验性质的近似公式。多数学者认为桩侧负摩阻力的大小与桩侧土的有效应力有关，根据大量试验与工程实测结果表明，有效应力法比较接近实际。《建筑桩基技术规范》（JGJ 94—2008）提出以下内容。

（1）中性点以上单桩桩周第 i 层土负摩阻力标准值，其计算公式为：

$$q_{si}^n = \xi_{ni}\sigma_i'$$ (8-35)

1）当填土、自重湿陷性黄土湿陷、欠固结土层产生固结和地下水降低时，

$$\sigma_i' = \sigma_{\gamma i}'$$

2）当地面分布大面积荷载时，

$$\sigma_i' = p + \sigma_{\gamma i}'$$

$$\sigma_{\gamma i}' = \sum_{m=1}^{i-1} \gamma_m \Delta z_m + \frac{1}{2}\gamma_i \Delta z_i$$ (8-36)

式中，q_{si}^n 为第 i 层土桩侧负摩阻力标准值，当计算值大于正摩阻力标准值时，取正摩阻力标准值进行设计；ξ_{ni} 为桩周第 i 层土负摩阻力系数，可按表 8-11 取值；$\sigma_{\gamma i}'$ 为由土自重引起的桩周第 i 层土平均竖向有效应力，桩群外围桩自地面算起，桩群内部桩自承台底算起；σ_i' 为桩周第 i 层土平均竖向有效应力；γ_i、γ_m 分别为第 i 计算土层和其上第 m 土层的重度，地下水位以下取浮重度；Δz_i、Δz_m 分别为第 i 层土、第 m 层土的厚度；p 为地面均布荷载。

表 8-11　负摩阻力系数 ξ_n

土类	ξ_n	土类	ξ_n
饱和软土	0.15~0.25	砂土	0.35~0.50
黏性土、粉土	0.25~0.40	自重湿陷性黄土	0.20~0.35

注：1. 在同一类土中，对于挤土桩，取表中较大值，对于非挤土桩，取表中较小值；
　　2. 填土按其组成取表中同类土的较大值。

（2）考虑群桩效应的基桩下拉荷载，其计算公式为：

$$Q_g^n = \eta_n u \sum_{i=1}^n q_{si}^n l_i$$ (8-37)

$$\eta_n = s_{ax}\frac{s_{ay}}{\pi d\left(\dfrac{q_s^n}{\gamma_m} + \dfrac{d}{4}\right)}$$ (8-38)

式中，n 为中性点以上土层数；l_i 为中性点以上第 i 土层的厚度；η_n 为负摩阻力群桩效应系数；s_{ax}、s_{ay} 分别为纵横向桩的中心距；q_s^n 为中性点以上桩周土层厚度加权平均负摩阻力标准值；γ_m 为中性点以上桩周土层厚度加权平均重度（地下水位以下取浮重度）。

对于单桩基础或计算的群桩效应系数 $\eta_n > 1$ 时，取 $\eta_n = 1$。

（3）考虑负摩阻力时的桩基承载力验算。桩周土沉降可能引起桩侧负摩阻力时，应根据工程具体情况考虑负摩阻力对桩基承载力和沉降的影响；当缺乏可参照的工程经验时，可按下列规定验算。

对于摩擦型基桩可取桩身计算中性点以上侧阻力为零，验算基桩承载力的计算公式为：

$$N_k \leqslant R_a \tag{8-39}$$

对于端承型基桩除应满足式（8-39）要求外，尚应考虑负摩阻力引起桩基的下拉荷载 Q_g^n，其验算桩基承载力的计算公式为：

$$N_k + Q_g^n \leqslant R_a \tag{8-40}$$

当土层不均匀或建筑物对不均匀沉降较敏感时，尚应将负摩阻力引起的下拉荷载计入附加荷载验算桩基沉降。

注意：基桩的竖向承载力特征值 R_a 只计中性点以下部分侧阻值及端阻值。

【例8-2】 某工程基础采用钻孔灌注桩，桩径 1.0m，桩长 12m，穿过软土层，桩端持力层为砾石。地下水位在地面以下 1.8m，地下水位以上软黏土的天然重度为 17.1kN/m³，地下水位以下软黏土的有效重度 19.2kN/m³。现在桩顶四周地面大面积填土，填土荷重 $p = 10$kN/m²，计算因填土对单桩造成的负摩阻力下拉荷载标准值（负摩阻力系数 ξ_n 取 0.2）。

解 根据建筑桩基技术规范，中性点深度比 $\dfrac{l_n}{l_0} = 0.9$，则：

$$l_0 = 12\text{m}, \quad l_n = 0.9 \times 12 = 10.8(\text{m})$$

单桩负摩阻力标准值为：

$$\gamma_i' = \frac{17.1 \times 1.8 + 10.2 \times 9.0}{10.8} = 11.35(\text{kN/m}^2)$$

$$\sigma_i' = p + \sigma_{ri}' = 10 + 11.35 \times \frac{10.8}{2} = 71.29(\text{kN/m}^2)$$

$$q_{si}^n = \xi_n \sigma_i' = 0.2 \times 71.29 = 14.26(\text{kN/m}^2)$$

下拉荷载为：

$$Q_g^n = u l_n q l_{si}^n = \pi \times 1.0 \times 10.8 \times 14.26 = 483.6(\text{kN})$$

8.5.2.5 消减负摩阻力的措施

根据对桩负摩阻力的分析结果，可以采取有针对性的措施来减小负摩阻力的不利作用。

（1）承台底的欠固结土层处理。对于欠固结土层厚度不大可以考虑人工挖除并替换好土以减少土体本身的沉降。对于欠固结土层厚度较大时或无法挖除时，可以对欠固结土层（如新填土地基）采用强夯挤淤、灰土挤密桩、土层注浆等措施，使承台底土在打桩前或打桩后快速固结，以消除负摩阻力。

对填土建筑场地，填筑时应保证填土的密实度符合要求，并应尽量在填土的沉降稳定后成桩；当建筑场地有大面积堆载时，成桩前采取预压措施，可减小堆载时引起的桩侧土沉降；对湿陷性黄土地基，可先进行强夯或采用素土、灰土挤密桩等方法处理以消除或减轻湿陷性。

（2）在桩基设计时，考虑桩负摩阻力后，单桩竖向承载力设计值要折减降低，并注意单桩轴力的最大点不再在桩顶，而是在中性点位置。所以，桩身混凝土强度和配筋要增大，并验算中性点位置强度。

（3）考虑负摩阻力后，承台底部地基的承载力不能考虑，而且贴地的低承台由于地基土的本身沉降有可能转变成高承台。

（4）套管保护桩法。即在中性点以上桩段的外面罩上一段尺寸较桩身大的套管，使这段桩身不致受到土的负摩阻力作用。该法能显著降低下拉荷载，但会增加施工工作量。

（5）桩身表面涂层法。即在中性点以上的桩侧表面涂上涂料，一般用特种沥青。当土与桩发生相对位移出现负摩阻力时，涂层便会产生剪应变而降低作用于桩表面的负摩阻力，这是目前被认为降低负摩阻力最有效的方法。

（6）预钻孔法。此法既适用于打入桩又适用于钻孔灌注桩。对于不适于采用涂层法的地质条件，可先在桩位处钻进成孔，再插入预制桩，在计算中性点以下的桩段宜用桩锤打入以确保桩的承载力，中性点以上的钻孔孔腔与插入的预制桩之间灌入膨润土泥浆，用以减少桩负摩阻力。

（7）考虑负摩阻力后，要在设计时考虑增强桩基础的整体刚度，以避免不均匀沉降。因为由于欠固结填土、堆载等引起的桩负摩阻力不但增加了下拉荷载，而且可能使房屋基础梁与地基土脱开，从而引起过大沉降或不均匀沉降，所以设计时应事先考虑。

8.6　桩基沉降计算

建筑桩基设计规定桩基的沉降变形应限制在建筑物允许值范围之内。桩基沉降变形，不仅受制于地基土性状，也受桩基与上部结构的共同作用的影响，计算较为复杂，主要有以下三方面的原因：一是线弹性连续介质理论与地基土实际性状之间存在差异；二是影响沉降计算的因素甚多，计算中不得不对制约沉降变形的诸多因素作适当简化；三是地基土变形参数的测定和地层分布的勘察还存在诸多不真实性等。这使得计算结果与实际之间不可避免地存在差异。

目前桩和桩基的沉降分析方法繁多，诸如弹性理论法、荷载传递法、剪切变形传递法、有限单元法以及各种各样的简化方法。

8.6.1　单桩沉降计算

单桩在工作荷载下，其沉降 s 由以下三部分组成：一是由桩身弹性压缩引起的沉降；二是由桩侧剪应力传递于桩端平面以下引起土层压缩产生的沉降；三是由桩端阻力对桩端土层的压缩和塑性刺入引起的沉降。这三部分沉降所占比例随桩的长径比、桩侧和桩端土层的性质、成桩工艺等诸多因素的变化而变化。对于短桩，桩身压缩量小到可忽略不计，以桩端阻力对持力层的压缩引起的沉降为主，桩端沉渣或虚土对沉降的影响趋于明显，甚至引发桩端土的塑性挤出，产生桩端刺入变形。对于中长桩，桩身压缩、桩侧阻力、桩端持力层刚度及沉渣、虚土或挤土沉桩上涌等都会明显影响桩的沉降。对于长桩和超长桩独立单桩，桩身压缩沉降可占到 50% ~ 80%，对于桩侧土层较坚硬的情况，可占到 100%。

对于桩的长径比、桩侧和桩端土层性质的影响可在计算中得到反映，由成桩过程造成的沉渣、虚土、上涌等非正常的不确定因素是不能在计算中反映的。

单桩沉降计算的工程价值体现于两方面：一是实际工程存在单柱单桩的情况，某些工程还在同一建筑物中既有单柱单桩又有柱（墙）下多桩的情况，此时需对单、群桩的差异沉降进行分析评估；二是可考虑相互作用将单桩沉降扩展至群桩沉降计算。单桩沉降计算方法主要有剪切变形传递法、荷载传递分析法、弹性理论法等。

8.6.2 群桩沉降计算-等代墩基法

限于桩基沉降变形性状的研究水平，人们目前尚未提出能考虑众多复杂因素的群桩基础沉降计算方法。等代墩基法是现在工程界应用最广泛的一种计算群桩沉降的方法，该计算模式是将承台下的桩基础及桩间土看作一个实体基础，并忽略其变形；在此等代墩基范围内，桩间土不产生压缩如同实体墩基一样工作，采用 Boussinesq 应力解计算墩底以下中轴线上的附加竖向应力，按照浅基础的沉降计算方法来计算群桩的沉降。等代墩基法适用于桩距不大于 6 倍桩径的群桩。

图 8-17 为我国工程中常用的两种等代墩基法的计算模式。这两种模式的假想实体基础的底面都与桩端平齐，其差别在于不考虑或考虑群桩外围侧面剪应力的扩散作用，但两者的共同特点是都不考虑桩间土压缩变形对沉降的影响。

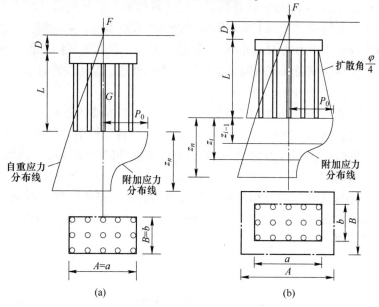

图 8-17　等代墩基法的计算图示

（a）不考虑剪应力扩散；（b）考虑剪应力扩散

（1）模式一：不考虑墩侧剪应力的扩散，等代墩基底面积为 $A' = ab$［见图 8-17（a）］，墩底附加压力 p_0 为作用于承台底面的附加荷载 F_k 除以墩底面积 A'，即：

$$p_0 = \frac{F_k}{A'} \tag{8-41}$$

另一种 p_0 计算方法是将 F_k 扣除等代墩基侧表面的总侧阻力，即：

$$p_0 = \frac{F_k - Q_s}{A'} = \frac{F_k - (a + b) \sum q_{sik} l_i}{A'} \tag{8-42}$$

（2）模式二：考虑墩侧剪应力按 $\dfrac{\varphi}{4}$ 角扩散，扩散线与墩底水平面相交的面积为等代墩基底面积［见图 8-17（b）］，即：

$$A' = AB = \left(a + 2L\tan\frac{\varphi}{4}\right)\left(b + 2L\tan\frac{\varphi}{4}\right) \tag{8-43}$$

式中，φ 为土的内摩擦角；q_{sik} 为第 i 层土极限桩侧力标准值。

确定桩基计算模式后，可按分层总和法来计算桩基沉降量 s，其计算公式为：

$$s = \sum_{j=1}^{m} p_{0j} \sum_{i=1}^{n} \frac{z_{ij}\overline{\alpha}_{ij} - z_{(i-1)j}\overline{\alpha}_{(i-1)j}}{E_{si}} \tag{8-44}$$

式中，s 为桩基最终沉降量，mm；m 为角点法计算点对应的矩形荷载分块数；p_{0j} 为第 j 块矩形底面在荷载效应准永久组合下的附加压力，kPa；n 为桩基沉降计算深度范围内所划分的土层数；E_{si} 为等效作用面以下第 i 层土的压缩模量，MPa，采用地基土在自重压力至自重压力加附加压力作用时的压缩模量。

等代墩基法计算桩基沉降在我国应用时间较长，该法可考虑土的成层性，操作较简便，对于常规桩距（$S_a \leqslant 4.5d$）桩基而言，其计算假定与实际变形性状也是相符的。缺点是墩底平面以下土的应力采用了半无限体受表面荷载的 Boussinesq 解，导致其计算应力与按半无限体内部受集中力的 Mindlin 解计算结果偏大，且其差异随桩群中桩数和面积而变化。这样，就使得压缩层深度也随之偏大，较大幅度地影响了沉降计算结果。

应用该法还要注意适用性。

（1）正确判断群桩侧阻的破坏模式，即属于桩土整体破坏还是属于单桩单独破坏。模型试验表明：对于低承台群桩，发生桩土整体破坏与各单桩单独破坏的界限桩距为 2~3d，对于砂土中的打入桩可达 3~4d。若对于非整体破坏的群桩也按等代墩基模式计算，会导致计算结果偏高。

（2）正确判断墩底地基的破坏模式。如前所述，桩土整体破坏的群桩，桩端地基一般是局部剪切或冲剪破坏，出现整体剪切的情况很少。因此，一般不应按整体剪切破坏的极限承载力公式计算 P_u。

8.6.3　明德林-盖德斯法

传统的实体墩基法，采用 Bossinesq 解计算土中附加应力，应力计算偏大，为了改善地基土附加应力估计的精度，近年来国内外根据半无限弹性体内集中力的 Mindlin 公式发展了一些估计桩基荷载作用下地基土附加应力的方法，这里介绍明德林-盖德斯法。

8.6.3.1　集中力作用在土体内时应力计算的明德林（Mindlin）解

集中力作用在土体深度 c 处，土体内任一点 M 处的应力和位移解由 Mindlin 求得，表达式如下（六个应力解）：

$$\sigma_x = \frac{Q}{8\pi(1-v)}\left\{-\frac{(1-2v)(z-c)}{R_1^3} + \frac{3x^2(z-c)}{R_1^5} - \frac{(1-2v)[3(z-c)-4v(z+c)]}{R_2^3} + \right.$$

$$\frac{3(3-4v)x^2(z-c) - 6c(z+c)[(1-2v)z - 2vc]}{R_2^5} + \frac{30cx^2z(z+c)}{R_2^7} +$$

$$\left.\frac{4(1-v)(1-2v)}{R_2(R_2+z+c)}\left(1 - \frac{x^2}{R_2(R_2+z+c)} - \frac{x^2}{R_2^2}\right)\right\} \tag{8-45}$$

$$\sigma_y = \frac{Q}{8\pi(1-v)}\left\{-\frac{(1-2v)(z-c)}{R_1^3} + \frac{3y^2(z-c)}{R_1^5} - \frac{(1-2v)[3(z-c)-4v(z+c)]}{R_2^3} + \right.$$

$$\frac{3(3-4v)y^2(z-c)-6c(z+c)[(1-2v)z-2vc]}{R_2^5} + \frac{30cy^2z(z+c)}{R_2^7} +$$

$$\left.\frac{4(1-v)(1-2v)}{R_2(R_2+z+c)}\left(1-\frac{y^2}{R_2(R_2+z+c)}-\frac{y^2}{R_2^2}\right)\right\} \tag{8-46}$$

$$\sigma_z = \frac{Q}{8\pi(1-v)}\left\{\frac{(1-2v)(z-c)}{R_1^3} + \frac{3(z-c)^3}{R_1^5} - \frac{(1-2v)(z-c)}{R_2^3} + \right.$$

$$\left.\frac{3(3-4v)z(z+c)^2-3c(z+c)(5z-c)}{R_2^5} + \frac{30cz(z+c)^3}{R_2^7}\right\} \tag{8-47}$$

$$\tau_{yz} = \frac{Qy}{8\pi(1-v)}\left\{\frac{1-2v}{R_1^3} - \frac{1-2v}{R_2^3} + \frac{3(z-c)^2}{R_1^5} + \frac{3(3-4v)z(z+c)-3c(3z+c)}{R_2^5} + \right.$$

$$\left.\frac{30cz(z+c)^2}{R_2^7}\right\} \tag{8-48}$$

$$\tau_{xz} = \frac{Qx}{8\pi(1-v)}\left\{\frac{1-2v}{R_1^3} - \frac{1-2v}{R_2^3} + \frac{3(z-c)^2}{R_1^5} + \frac{3(3-4v)z(z+c)-3c(3z+c)}{R_2^5} + \right.$$

$$\left.\frac{30cz(z+c)^2}{R_2^7}\right\} \tag{8-49}$$

$$\tau_{xy} = \frac{Qxy}{8\pi(1-v)}\left\{\frac{3(z-c)}{R_1^5} - \frac{3(3-4v)(z-c)}{R_2^5} - \frac{4(1-v)(1-2v)}{R_2^2(R_2+z+c)}\left(\frac{1}{R_2+z+c}+\frac{1}{R_2}\right) + \right.$$

$$\left.\frac{30cz(z+c)}{R_2^7}\right\} \tag{8-50}$$

式中，$R_1 = \sqrt{x^2+y^2+(z-c)^2}$，$R_2 = \sqrt{x^2+y^2+(z+c)^2}$；$c$ 为集中力作用点的深度，m；v 为土的泊松比。

布辛奈斯克（Boussinesq）解是把荷载作用于弹性体表面上，然后求地基内部的应力和位移。明德林（Mindlin）解是指在弹性半无限空间内部，作用着竖直或水平集中力，然后求解在半无限体内任一点的应力和位移，如图 8-18 所示。而桩的荷载是分布于弹性体的内部，因此用明德林解代替布辛奈斯克解更为合理，这已被工程实践所证明。

8.6.3.2 Mindlin 课题的 Geddes 公式计算法

Geddes（1966）基于作用于半无限体内部集中力的 Mindlin 课题，将桩端分布压应力简化为作用于桩轴线的集中力；将桩侧剪应力简化为作用于桩轴线上的集中力，沿深度呈均匀分布和线性增长分布模式（见图 8-19）条件下，求得土中任一点竖向应力计算式。

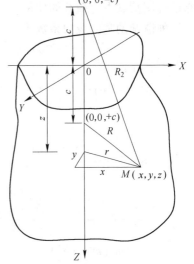

图 8-18 Mindlin 解–竖向集中力作用在半无限体内所引起的内力

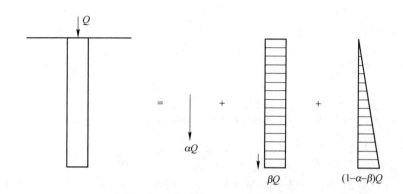

图 8-19　单桩荷载组成示意图

$$\sigma_z = \sigma_{zp} + \sigma_{zsr} + \sigma_{zst} \tag{8-51}$$

（1）桩端集中力：

$$\sigma_{zp} = \frac{Q_p}{l^2}K_p = \frac{\alpha Q}{l^2}K_p \tag{8-52}$$

（2）桩侧阻力呈矩形分布的集中力：

$$\sigma_{zsr} = \frac{Q_{sr}}{l^2}K_{sr} = \frac{\beta Q}{l^2}K_{sr} \tag{8-53}$$

（3）桩侧阻力呈正三角形分布的集中力：

$$\sigma_{zst} = \frac{Q_{st}}{l^2}K_{st} = \frac{(1 - \alpha - \beta)Q}{l^2}K_{st} \tag{8-54}$$

式中，l 为桩长；Q_p、Q_{sr}、Q_{st} 分别为桩端荷载、矩形分布侧阻力分担的荷载和正三角形分布侧阻力分担的荷载；K_p、K_{sr}、K_{st} 分别为桩端、矩形分布侧阻和三角形分布侧阻情况下地基中任一点的竖向应力系数；α、β 分别为桩端荷载占总荷载的比例和桩侧阻力呈矩形分布的桩侧荷载占总荷载的比例。

三种情况的竖向应力系数为：

$$K_p = \frac{1}{8\pi(1-v)}\left\{\frac{(1-2v)(m-1)}{A^3} - \frac{(1-2v)(m-1)}{B^3} + \frac{3(m-1)^3}{A^5} + \right.$$
$$\left. \frac{3(3-4v)m(m+1)^2 - 3(m+1)(5m-1)}{B^5} + \frac{30m(m+1)^3}{B^7}\right\} \tag{8-55}$$

$$K_{sr} = \frac{1}{8\pi(1-v)}\left\{\frac{2(2-v)}{A} - \frac{2(2-v) + 2(1-2v)\left(\frac{m^2}{n^2} + \frac{m}{n^2}\right)}{B} + \frac{(1-2v)2\left(\frac{m}{n}\right)^2}{F} - \right.$$
$$\frac{n^2}{A^3} - \frac{4m^2 - 4(1+v)\left(\frac{m}{n}\right)^2 m^2}{F^3} - \frac{4m(1+v)(m+1)\left(\frac{m}{n} + \frac{1}{n}\right)^2 - (4m^2 + n^2)}{B^3} -$$
$$\left. \frac{\frac{6m^2(m^4 - n^4)}{n^2}}{F^5} - \frac{6m\left[mn^2 - \frac{(m+1)^5}{n^2}\right]}{B^5}\right\} \tag{8-56}$$

$$K_{st} = \frac{1}{4\pi(1-v)} \left\{ \frac{2(2-v)}{A} - \frac{2(2-v)(4m+1) - 2(1-2v)(1+m)\frac{m^2}{n^2}}{B} - \right.$$

$$\frac{2(1-2v)\frac{m^3}{n^2} - 8(2-v)m}{F} - \frac{mn^2 + (m-1)^3}{A^3} -$$

$$\frac{4vn^2m + 4m^3 - 15n^2m - 2(5+2v)\left(\frac{m}{n}\right)^2(m+1)^3 + (m+1)^3}{B^3} -$$

$$\frac{2(7-2u)nm^2 - 6m^3 + 2(5+2v)\left(\frac{m}{n}\right)^2 m^3}{F^3} -$$

$$\frac{6mn^2(n^2-m^2) + 12\left(\frac{m}{n}\right)^2(m+1)^5}{B^5} + \frac{12\left(\frac{m}{n}\right)^2 m^5 + 6mn^2(n^2-m^2)}{F^5} +$$

$$\left. 2(2-v)\ln\left(\frac{A+m-1}{F+m}\frac{B+m+1}{F+m}\right) \right\} \tag{8-57}$$

式中，$A^2 = n^2 + (m-1)^2$，$B^2 = n^2 + (m+1)^2$，$F^2 = n^2 + m^2$；$n = \dfrac{r}{l}$，$m = \dfrac{z}{l}$；v 为地基土的泊松比；r 为计算点离桩身轴线的水平距离；z 为计算应力点离承台底面的竖向距离。

8.6.4 等效作用分层总和法——规范法

明德林-盖德斯解较布辛奈斯克解更符合桩基的情况，但由于计算过于复杂，过去未能推广采用。为了在布氏解和明德林解之间建立关系，桩基规范引入了桩基等效沉降系数 ψ_e。

等效系数 ψ_e 是相同几何参数和土变形参数桩基采用 Mindlin 解计算沉降量与 Boussinesq 解等代墩基法计算沉降量之比的数值回归参数表达式（列成表），由此回避了工程中直接运用复杂 Mindlin 解计算沉降的繁复工作。等效作用分层总和法既保留了以布氏解为基础的分层总和法简单实用的优点，同时又考虑了明德林解合理的内核，使附加应力计算更接近于实际。

对于桩中心距不大于 6 倍桩径的桩基，其最终沉降量计算可采用等效作用分层总和法。等效作用面位于桩端平面，等效作用面积为桩承台投影面积，等效作用附加压力近似取承台底平均附加压力。等效作用面以下的应力分布采用各向同性均质直线变形体理论。计算模式如图 8-20 所示，桩基任一点最终沉降量可用角点法的计算公式为：

$$s = \psi\psi_e s' = \psi\psi_e \sum_{j=1}^{m} p_{0j} \sum_{i=1}^{n} \frac{z_{ij}\overline{\alpha}_{ij} - z_{(i-1)j}\overline{\alpha}_{(i-1)j}}{E_{si}} \tag{8-58}$$

式中，s 为桩基最终沉降量，mm；s' 为采用布辛奈斯克解，按实体深基础分层总和法计算出的桩基沉降量，mm；ψ 为桩基沉降计算经验系数，当无当地可靠经验时可按表8-12确定；ψ_e 为桩基等效沉降系数；m 为角点法计算点对应的矩形荷载分块数；n 为桩基沉降计算深度范围内所划分的土层数;z_{ij}、$z_{(i-1)j}$ 分别为桩端平面第 j 块荷载作用面至第 i 层土、第 $i-1$ 层土底面的距离，m;$\overline{\alpha}_{ij}$、$\overline{\alpha}_{(i-1)j}$ 分别为桩端平面第 j 块荷载计算点至第 i 层土、第 $i-1$ 层土底面深度范围内平均附加应力系数，可按规范选用。

计算矩形桩基中点沉降时，桩基沉降量的简化计算公式为：

$$s = \psi\psi_e s' = 4\psi\psi_e p_0 \sum_{i=1}^{n} \frac{z_i\overline{\alpha}_i - z_{i-1}\overline{\alpha}_{i-1}}{E_{si}}$$

（8-59）

式中，p_0 为在荷载效应准永久组合下承台底的平均附加压力;$\overline{\alpha}_i$、$\overline{\alpha}_{i-1}$ 分别为平均附加应力系数，根据矩形长宽比 $\dfrac{a}{b}$ 及深宽比 $\dfrac{z_i}{b} = \dfrac{2z_i}{B_c}$, $\dfrac{z_{i-1}}{b} = \dfrac{2z_{i-1}}{B_c}$, 可按建筑桩基规范选用。

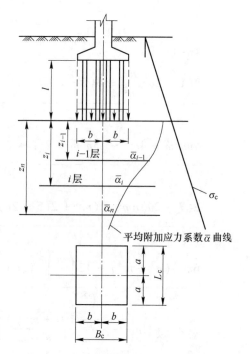

图 8-20 桩基沉降计算示意图

桩基沉降计算深度 z_n 应按应力比法确定，即计算深度处的附加应力 σ_z 与土的自重应力 σ_c 符合：

$$\sigma_z \leqslant 0.2\sigma_c$$

（8-60）

$$\sigma_z = \sum_{j=1}^{m} a_j p_{0j}$$

（8-61）

式中，a_j 为附加应力系数，可根据角点法划分的矩形长宽比及深宽比按建筑桩基规范选用。

桩基等效沉降系数 ψ_e 的简化计算公式为：

$$\psi_e = C_0 + \frac{n_b - 1}{C_1(n_b - 1) + C_2}$$

（8-62）

$$n_b = \sqrt{\frac{nB_c}{L_c}}$$

（8-63）

式中，n_b 为矩形布桩时的短边布桩数，当布桩不规则时可按式(8-63)近似计算 $n_b > 1$，$n_b = 1$ 时可按式(8-66)计算;C_0、C_1、C_2 分别为根据群桩距径比 $\dfrac{s_a}{d}$、长径比 $\dfrac{l}{d}$ 和基础长宽比 $\dfrac{L_c}{B_c}$，按建筑桩基规范确定;L_c、B_c、n 分别为矩形承台的长、宽及总桩数。

当布桩不规则时，等效距径比可按下列公式近似计算。

（1）圆形桩：

$$\frac{s_a}{d} = \frac{\sqrt{A}}{\sqrt{n} \cdot d}$$

（8-64）

（2）方形桩：

$$\frac{s_a}{d} = \frac{0.886\sqrt{A}}{\sqrt{n \cdot b}}$$

(8-65)

式中，A 为桩基承台总面积；b 为方形桩截面边长。

当无当地可靠经验时，桩基沉降计算经验系数 ψ 可按表 8-12 选用。对于采用后注浆施工工艺的灌注桩，桩基沉降计算经验系数应根据桩端持力土层类别，乘以 0.7（砂、砾、卵石）~0.8（黏性土、粉土）折减系数；饱和土中采用预制桩（不含复打、复压、引孔沉桩）时，应根据桩距、土质、沉桩速率和顺序等因素，乘以 1.3~1.8 挤土效应系数，土的渗透性低，桩距小，桩数多，沉降速率快时取大值。

表 8-12 桩基沉降计算经验系数 ψ

$\overline{E}_s/\text{MPa}$	≤10	15	20	35	≥50
ψ	1.2	0.9	0.65	0.50	0.40

注：1. $\overline{E}_s$ 为沉降计算深度范围内压缩模量的当量值，可按 $\overline{E}_s = \dfrac{\sum A_i}{\sum \dfrac{A_i}{E_{si}}}$ 计算，式中 A_i 为第 i 层土附加压力系数沿

土层厚度的积分值，可近似按分块面积计算；

2. ψ 可根据 $\overline{E}_s$ 内插取值。

8.6.5 单桩、单排桩、疏桩基础沉降——规范法

工程实际中，单桩、单排桩、疏桩（桩距 $S_a > 6d$）、长短桩混布的桩基础是常见的。当桩距较大（桩距 $S_a > 6d$）时，桩间土的压缩量较大，桩的工作性状更接近于单桩，此时若按传统的等代墩基法计算沉降显然与实际不符。在具备了考虑桩径影响的 Mindlin 应力解后，采用各桩的应力叠加原理按有限压缩层分层总和计算桩基沉降成为可能，而且相较于相互影响系数法、沉降比法具有适用性强，可靠性较高的优点。

对于群桩，由于存在桩的相互作用，桩端以下土的压缩沉降因群桩效应而增大，因此不能以单桩沉降在工作荷载下的沉降主要源于桩身压缩，而略去群桩桩端以下土的压缩沉降；另一方面，也不能满足于采用传统的假定桩身为刚性的群桩分析法。对于单桩、单排桩和疏桩基础，由于桩数少、桩距大，桩身压缩所占沉降的份额大，因此应将桩身压缩计入桩基沉降。

8.6.5.1 承台不分担荷载情况

沉降由以下两部分组成。

（1）由土的压缩引起。各桩侧阻力和端阻力对桩端平面以下计算点轴线上某土层处产生的竖向应力之和引起的压缩沉降，该部分沉降采用有限压缩层分层总和法进行计算。桩端平面以下地基中由基桩引起的附加应力，按考虑桩径影响的明德林解计算确定，可按建筑桩基规范附表取值。

（2）由桩身压缩引起。在桩顶荷载作用下桩身的弹性压缩，该压缩沉降采用材料力学方法计算。

桩基的最终沉降 s 的计算公式为：

$$s = \psi \sum_{i=1}^{n} \frac{\sigma_{zi}}{E_{si}} \Delta z_i + s_e \tag{8-66}$$

$$\sigma_{zi} = \sum_{j=1}^{m} \frac{Q_j}{l_j^2} [\alpha_j I_{p, ij} + (1 - \alpha_j) I_{s, ij}] \tag{8-67}$$

$$s_e = \xi_e \frac{Q_j l_j}{E_c A_{ps}} \tag{8-68}$$

式中，m 为以沉降计算点为圆心，0.6 倍桩长为半径的水平面影响范围内的基桩数；n 为沉降计算深度范围内土层的计算分层数，分层数应结合土层性质，分层厚度不应超过计算深度的 0.3 倍；σ_{zi} 为水平面影响范围内各基桩对应力计算点桩端平面以下第 i 层土 $\frac{1}{2}$ 厚度处产生的附加竖向应力之和，应力计算点应取与沉降计算点最近的桩中心点；Δz_i 为第 i 计算土层厚度，m；E_{si} 为第 i 计算土层的压缩模量，MPa，采用土的自重压力至土的自重压力加附加压力作用时的压缩模量；Q_j 为第 j 桩在荷载效应准永久组合作用下，桩顶的附加荷载，kN，当地下室埋深超过 5m 时，取荷载效应准永久组合作用下的总荷载为考虑回弹再压缩的等代附加荷载；l_j 为第 j 桩桩长，m；A_{ps} 为桩身截面面积；α_j 为第 j 桩总桩端阻力与桩顶荷载之比，近似取极限总端阻力与单桩极限承载力之比；$I_{p, ij}$、$I_{s, ij}$ 分别为第 j 桩的桩端阻力和桩侧阻力对计算轴线第 i 计算土层 $\frac{1}{2}$ 厚度处的应力影响系数，可按桩基规范确定；E_c 为桩身混凝土的弹性模量；s_e 为计算桩身压缩量；ξ_e 为桩身压缩系数，端承型桩取 $\xi_e = 1.0$，摩擦型桩，当 $\frac{l}{d} \leqslant 30$ 时取 $\xi_e = \frac{2}{3}$，当 $\frac{l}{d} \geqslant 50$ 时取 $\xi_e = \frac{1}{2}$，介于两者之间可线性插值；ψ 为沉降计算经验系数，无当地经验时，可取 1.0。

8.6.5.2 承台分担荷载——复合桩基

对于承台底地基土分担荷载的复合桩基，一般将承台底土压力对地基中某点产生的附加应力按布辛奈斯克解计算，与基桩产生的附加应力叠加，采用与有线压缩层分层总和法计算沉降。其最终沉降量的计算公式为：

$$s = \psi \sum_{i=1}^{n} \frac{\sigma_{zi} + \sigma_{zci}}{E_{si}} \Delta z_i + s_e \tag{8-69}$$

$$\sigma_{zci} = \sum_{k=1}^{u} \alpha_{ki} \cdot p_{c, k} \tag{8-70}$$

式中，$p_{c, k}$ 为第 k 块承台底均布压力，可按 $p_{c, k} = \eta_{c, k} \cdot f_{ak}$ 取值，其中 $\eta_{c, k}$ 为第 k 块承台底板的承台效应系数，按桩基规范确定，f_{ak} 为承台底地基承载力特征值；α_{ki} 为第 k 块承台底角点处，桩端平面以下第 i 计算土层 $\frac{1}{2}$ 厚度处的附加应力系数，可按桩基规范确定；

最终沉降计算深度 z_n 可按应力比法确定，即 z_n 处由桩引起的附加应力 σ_z、由承台土压力引起的附加应力 σ_{zc} 与土的自重应力 σ_c 应符合：

$$\sigma_z + \sigma_{zc} = 0.2\sigma_c \tag{8-71}$$

8.6.6 桩基沉降计算实例

【例 8-3】 某高层建筑采用的满堂布桩的钢筋混凝土桩，筏板基础及地基土的土层分布如图 8-21 所示，桩为摩擦桩，桩距为 $4d$。桩径 1m，短边布桩 8 根，长边布桩 16 根。由上部荷载产生的筏板底面处相应于荷载效应准永久组合的平均压力值为 550kPa，不计其他相邻荷载的影响。筏板基础宽度 $b = 30.8$m，长度 $a = 57.2$m，筏板厚 750mm。群桩外缘尺寸的宽度 $b_0 = 30$m，长度 $a_0 = 56.4$m。钢筋混凝土桩的有效长度取 38m，即假定桩端计算平面在筏板底面向下 38m 处。桩端持力层土层厚度 35m，桩间土的内摩擦角为 21°，在实体基础的支承面积范围内，筏板、桩、土的混合重度可近似取 20kN/m³。

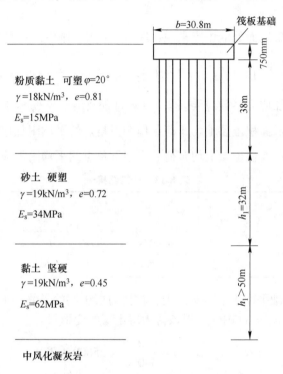

图 8-21 筏板基础及地基的土层分布

解 （1）实体深基础的支撑面积为：

$$a_0 = 57.4\text{m}, \ b_0 = 30\text{m}, \ \alpha = \frac{21°}{4} = 5.25°$$

$$a_1 = a_0 + 2l\tan\alpha = 56.4 + 2 \times 38\tan5.25° = 62.7(\text{m})$$

$$b_1 = b_0 + 2l\tan\alpha = 30.0 + 2 \times 38\tan5.25° = 36.3(\text{m})$$

实体深基础的支承面积为：

$$A = a_1 \times b_1 = 62.7 \times 36.3 = 2276.01(\text{m}^2)$$

（2）桩底平面处对应于荷载效应准永久组合时的附加压力。

上部荷载准永久组合：

$$P = 550 \times 56.4 \times 30 = 947100(\text{kN})$$

实体基础的支承面积范围内，筏板、桩、土重：

$$G = 38 \times 2276.01 \times 20 = 1729767(\text{kN})$$

等代实体深基础底面处的土自重应力值：

$$p_{cd} = 18 \times 38 = 684 (\text{kPa})$$

桩底平面处对应于荷载效应准永久组合时的附加压力 p_0：

$$p_0 = \frac{P + G}{A} - p_{cd} = \frac{947100 + 172976736}{2276.01} - 684 = 492.1 (\text{kPa})$$

（3）本题桩端持力层下为坚硬土层，地基变形深度取 $z_n = 32\text{m}$。

（4）持力层顶面处、底面处，矩形面积土层上均布荷载作用下角点的平均附加应力系数。

对等代实体深基础底面处的中点来说，应分为四块相同的小面积，其长边 $l_1 = \dfrac{62.7}{2} =$ 31.35m，短边 $b_1 = \dfrac{36.3}{2} = 18.15\text{m}$，等代实体深基础底面处的中点 O 为四个小矩形的角点，同时，差得的平均附加应力系数应乘以 4。计算过程及结果见表 8-13。

持力层顶面处矩形面积土层上均布荷载作用下角点的平均附加应力系数 $4\overline{\alpha_0} = 1.0$；

持力层底面处矩形面积土层上均布荷载作用下角点的平均附加应力系数 $4\overline{\alpha_1} = 0.8$。

表 8-13　计算结果

点号	z_i /m	$\dfrac{l_1}{b_1}$	$\dfrac{z}{b_1}$	$\overline{\alpha_i}$	$z_i\overline{\alpha_i}$ /mm	$z_i\overline{\alpha_i} - z_{i-1}\overline{\alpha_{i-1}}$ /mm
0	0	1.73	0	4×0.25 = 1.0	0	25600
1	32		1.76	4×0.20 = 0.8	25600	

（5）通过桩筏基础平面中心点竖线上，该持力层土层的最终变形量（mm）。

$P_0 = 492.1\text{kPa}$，$E_s = 34\text{MPa}$，得该持力层土层的变形量：

$$s' = \frac{\sigma_0}{E_s}(z_i\overline{\alpha_i} - z_{i-1}\overline{\alpha_{i-1}}) = \frac{492.1}{34000} \times 25600 = 370.56 (\text{mm})$$

（6）查表得实体深基础计算桩基沉降经验系数 $\psi_p = 0.3$。

（7）桩基等效沉降系数：

$$n_b = 8, \quad \frac{s_a}{d} = 4, \quad \frac{l}{d} = 38, \quad \frac{L_c}{B_c} = \frac{57.4}{30.8} = 1.86$$

查表得：

$$C_0 = 0.12, C_1 = 1.65, C_2 = 9.34$$

$$\psi_e = 0.12 + \frac{8-1}{1.65 \times (8-1) + 9.34} = 0.45$$

修正后的最终变形量为：

$$s = \psi_e\psi_p s' = 0.45 \times 0.3 \times 370.56 = 50.04 (\text{mm})$$

8.7　桩基础设计

8.7.1　桩基设计的内容

桩基础的设计应力求选型恰当、经济合理、安全适用，对桩和承台有足够的强度、刚度和耐久性；对地基（主要是桩端持力层）有足够的承载力和不产生过量的变形，其设计内容和步骤如下（见图8-22）：

(1) 进行调查研究，场地勘察，收集有关资料；

(2) 综合勘察报告、荷载情况、使用要求、上部结构条件等确定桩基持力层；

(3) 选择桩材，确定桩的类型、外形尺寸和构造；

(4) 确定单桩承载力设计值；

(5) 根据上部结构荷载情况，初步拟定桩的数量和平面布置；

(6) 根据桩的平面布置，初步拟定承台的轮廓尺寸及承台底标高；

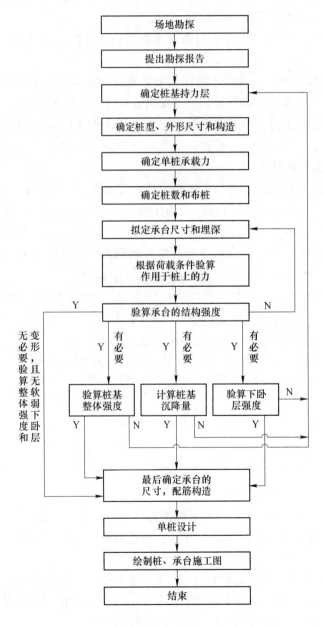

图 8-22 桩基设计步骤

（7）验算作用于单桩上的竖向和横向荷载；

（8）验算承台尺寸及结构强度；

（9）必要时验算桩基的整体承载力和沉降量，当持力层下有软弱下卧层时，验算软弱下卧层的地基承载力；

（10）单桩设计，绘制桩和承台的结构及施工详图。

8.7.2　桩基设计的一般规定

8.7.2.1　桩基的极限状态

桩基础应按下列两类极限状态设计。

（1）承载能力极限状态：桩基达到最大承载能力、整体失稳或发生不适于继续承载的变形。

（2）正常使用极限状态：桩基达到建筑物正常使用所规定的变形限值或达到耐久性要求的某项限值。变形限值是指规范规定的建筑桩基沉降变形允许值，耐久性要求的某项限值是指桩基结构材料混凝土和钢筋抵抗水、土等介质腐蚀的性能、桩身裂缝控制和裂缝宽度限值。

8.7.2.2　桩基设计等级

划分建筑桩基设计等级，旨在界定桩基设计的重要性、复杂程度、计算内容和应采取的相应技术措施。《建筑桩基设计规范》（JGJ 94—2008）根据建筑规模、功能特征、对差异变形的适应性、场地地基和建筑物体型的复杂性以及由于桩基问题可能造成建筑破坏或影响正常使用的程度，将桩基设计分为表 8-14 所列的三个设计等级。

表 8-14　建筑桩基设计等级

设计等级	建　筑　类　型
甲级	（1）重要的建筑； （2）30 层以上或高度超过 100m 的高层建筑； （3）体型复杂且层数相差超过 10 层的高低层（含纯地下室）连体建筑； （4）20 层以上框架-核心筒结构及其他对差异沉降有特殊要求的建筑； （5）场地和地基条件复杂的 7 层以上的一般建筑及坡地、岸边建筑； （6）对相邻既有工程影响较大的建筑
乙级	除甲级、丙级以外的建筑
丙级	场地和地基条件简单、荷载分布均匀的 7 层及 7 层以下的一般建筑

8.7.2.3　需进行的验算

桩基应根据具体条件分别进行下列承载能力计算和稳定性验算。

（1）应根据桩基的使用功能和受力特征分别进行桩基的竖向承载力计算和水平承载力计算。

（2）应对桩身和承台结构承载力进行计算；对于桩侧土不排水抗剪强度小于 10kPa，且长径比大于 50 的桩应进行桩身压屈验算；对于混凝土预制桩应按吊装、运输和锤击作用进行桩身承载力验算；对于钢管桩应进行局部压屈验算。

（3）当桩端平面以下存在软弱下卧层时，应进行软弱下卧层承载力验算。

（4）对位于坡地、岸边的桩基应进行整体稳定性验算。

（5）对于抗浮、抗拔桩基，应进行基桩和群桩的抗拔承载力计算。

（6）对于抗震设防区的桩基应进行抗震承载力验算。

下列建筑桩基应进行沉降计算：

（1）设计等级为甲级的非嵌岩桩和非深厚坚硬持力层的建筑桩基；

（2）设计等级为乙级的体型复杂、荷载分布显著不均匀或桩端平面以下存在软弱土层的建筑桩基；

（3）软土地基多层建筑减沉复合疏桩基础。

8.7.2.4 荷载效应组合

桩基设计时，所采用的作用效应组合与相应的抗力应符合下列规定。

（1）确定桩数和布桩时，应采用传至承台底面的荷载效应标准组合；相应的抗力应采用基桩或复合基桩承载力特征值。

（2）计算荷载作用下的桩基沉降和水平位移时，应采用荷载效应准永久组合；计算水平地震作用、风载作用下的桩基水平位移时，应采用水平地震作用、风载效应标准组合。

（3）验算坡地、岸边建筑桩基的整体稳定性时，应采用荷载效应标准组合；抗震设防区，应采用地震作用效应和荷载效应的标准组合。

（4）在计算桩基结构承载力、确定尺寸和配筋时，应采用传至承台顶面的荷载效应基本组合。当进行承台和桩身裂缝控制验算时，应分别采用荷载效应标准组合和荷载效应准永久组合。

（5）桩基结构设计安全等级、结构设计使用年限和结构重要性系数 γ_0 应按现行有关建筑结构规范的规定采用，除临时性建筑外，重要性系数 γ_0 不应小于1.0。

（6）当桩基结构进行抗震验算时，其承载力调整系数 γ_{RE} 应按现行国家标准《建筑抗震设计规范》（GB 50011—2010）的规定采用。

8.7.3 桩型、桩长及截面尺寸设计

8.7.3.1 桩型、桩长及截面尺寸选择

A 桩型选择

桩的类型和施工方法的选择应考虑多方面的因素，主要有：建筑物本身的要求（荷载的形式和量级、工期的要求等）；工程地质和水文地质条件；场地的环境；对环境的保护要求；设备材料和运输条件，施工技术力量，施工设备和材料的供应可能性等。

按照不同场地情况，桩型的选择可以有以下考虑。

（1）深厚软土场地。对于多层、小高层建筑可选用预应力管桩或空心方桩。其关键是沉桩质量控制，在桩距符合规范要求的前提下要采取消减沉桩挤土效应措施，对于墙下布置单排桩的情况下有利于质量控制。地震设防为八度及以上的液化土、深厚软土地区不宜采用预应力管桩。

对于高层和超高层建筑，应采用灌注桩。灌注桩由于可穿透硬夹层达到较好持力层，可灵活调整桩径、桩长，有利于优化布桩；可采用后注浆增强桩的承载力，尤其适合于荷载极度不均的框-筒、筒-筒结构。

（2）一般黏性土、粉土为主的场地。灌注桩可作为首选，因其适用性强，几何尺寸和桩端持力层可选范围大，并可采用后注浆增强措施。关于成桩工艺，应根据地质、环境等条件优选。对于高层和超高层建筑，可选用旋挖、反循环回旋钻成孔。对于多层和小高层建筑，可采用长螺旋钻压灌混凝土后插钢筋笼成桩，并结合后注浆。

当土层承载力较低且无浅埋硬夹层时，对于多层、小高层建筑可选用预应力管桩或预应力空心方桩。但当土的密实度和承载力较高时，预制桩的适用性随之降低，因沉桩深度往往受到贯入阻力的限制，挤土效应又引发桩体上涌，削弱单桩承载力，增大建筑物沉降。

（3）填土和液化土场地。对于填土和液化土开阔场地，较合理的工序应是先采用强夯（饱和黏性土、软土除外）、真空预压（饱和软土）等先行加密而后成桩，但实际工程中往往由于种种原因无法实施先处理后成桩。填土中若不含粒径 15cm 以上大块碎石，可选用中小直径预应力管桩。利用沉桩过程的挤土效应，对除了黏土、软土以外的填土起到加密作用，消减桩的负摩阻力；对于可液化的松散粉土、砂土可起到消除或降低液化效应，根据桩间土标贯击数的变化可对此做出判定。当桩端持力层埋深很大，桩长过大（>50m）或建筑物荷载集度高，也可采用旋挖钻或反循环钻成孔的灌注桩，结合后注浆。

（4）湿陷性黄土场地。当湿陷性土层薄，可采用后注浆灌注桩。对于湿陷性土层较厚的高层住宅，可采用满布中小桩径的预应力管桩，利用沉桩挤土效应消除上部湿陷性黄土的湿陷性。既避免湿陷引起的负摩阻力，又可满足增强承载力和减小沉降的要求。

（5）含漂石、块石的黏性土、粉土场地。对于这类场地，传统的成孔方法是采用冲击钻或人工挖孔，但冲击成孔效率低且现场排浆排渣量大、占地多。人工挖孔的人身安全问题多，已受严格限制。

采用旋挖成孔已成功解决这种特殊难题，就是在通过该土层时，以螺距上大下小的短螺旋钻头替换旋挖斗实行钻进。当遇粒径在 800mm 以上弧石时，采用防水包装的小量炸药进行爆碎。

综合考虑建筑结构类型、荷载性质、桩的使用功能、穿越土层、桩端持力层、地下水位、施工设备、施工环境、施工经验、制桩材料供应条件等，桩型与成桩工艺选择可按表8-15进行。

　B　桩长及持力层的选择

桩的长度主要取决于桩端持力层的选择。桩端持力层选择应考虑多因素综合分析后确定，包括：上覆土层性质与桩的长径比；桩型与成桩工艺；下卧土层性质与群桩效应；工程特点与荷载；可选桩端持力层的性价比；变刚度调平设计等。

（1）考虑上覆土层性质和桩长径比。上覆土层强度和模量越高，桩、土荷载传递率越高，桩侧阻力分担荷载比越大，桩身轴力随深度衰减越快，单桩荷载传递的有效长径比（或临界长径比）$\frac{l}{d}$ 随之减小。桩长超过有效长径比后，传递到桩端的荷载趋近于零。

上述有效长径比是针对单桩而言的，对于群桩基础，尚应考虑群桩效应，即由于桩与桩的相互影响导致荷载传递的有效长径比加大，桩端以下持力层所受荷载和沉降加大。桩距越小、桩数越多，群桩效应越显著。因此，对于穿越深厚土层、荷载很大的超长桩，其桩端持力层的优选仍然十分重要。

表8-15　桩型与成桩工艺选择

成桩方式	工艺	桩类	桩身/mm	扩大头/mm	最大桩长/m	一般黏性土及其填土	淤泥和淤泥质土	粉土	砂土	碎石土	季节性冻土膨胀土	非自重湿陷性黄土	自重湿陷性黄土	中间有硬夹层	中间有砂夹层	中间有砾石夹层	硬黏性土	密实砂土	碎石土	软质岩石和风化岩石	以上	以下	振动和噪音	排浆	孔底有无挤密
非挤土成桩	干作业法	长螺旋钻孔灌注桩	300~800	—	28	○	×	○	△	×	○	○	△	×	△	×	○	○	○	△	○	×	无	无	无
		短螺旋钻孔灌注桩	300~800	—	20	○	×	○	△	×	○	○	△	×	△	×	○	○	○	×	○	×	无	无	无
		钻孔扩底灌注桩	300~600	800~1200	30	○	×	○	△	×	○	○	△	×	△	×	○	○	○	×	○	×	无	无	无
		机动洛阳铲成孔灌注桩	300~500	—	20	○	×	△	△	×	○	○	△	○	△	△	○	○	○	×	○	△	无	无	无
		人工挖孔扩底灌注桩	800~2000	1600~3000	30	○	×	△	△	△	○	○	○	○	○	○	○	○	○	○	○	△	无	无	无
	泥浆护壁法	潜水钻成孔灌注桩	500~800	—	50	○	○	○	○	×	△	○	△	×	○	×	○	○	○	△	○	○	无	有	无
		反循环钻成孔灌注桩	600~1200	—	80	○	○	○	○	△	△	○	△	○	○	○	○	○	○	×	○	○	无	有	无
		正循环钻成孔灌注桩	600~1200	—	80	○	○	○	○	△	△	○	△	○	○	○	○	○	○	○	○	○	无	有	无
		旋挖成孔灌注桩	600~1200	—	60	○	△	○	○	△	△	○	△	○	○	○	○	○	○	○	○	○	无	有	无
		钻孔扩底灌注桩	600~1200	1000~1600	30	○	○	○	○	○	△	△	△	○	○	△	○	△	△	△	○	○	无	有	有
	套管护壁	贝诺托灌注桩	800~1600	—	50	○	○	○	△	×	○	△	△	○	○	○	○	○	○	△	○	○	无	无	无
		短螺旋钻孔灌注桩	300~800	—	20	○	○	○	○	○	△	△	△	△	○	△	○	○	○	△	○	○	无	无	无

（2）考虑桩型与成桩工艺。为发挥桩端持力层的承载潜能，如上所述桩端进入持力层应达到一定深度。对于钻孔灌注桩，按设计要求达到所需深度不存在施工困难，对于挤土预制桩则不然，不仅要考虑桩端进入持力层的可贯入性，而且应考虑其对于硬砂夹层等的可穿透性。设计不当，往往会造成困难局面，初始沉桩还可能顺利，随着沉桩数量增加，挤土效应积累，沉桩阻力加大，导致桩被击碎或桩无法进入持力层设计深度，或无法穿透硬夹层等情况时有发生。

对于钻挖孔灌注桩，可适用于各种桩端持力层，当需嵌岩时，可在入岩前更换钻头。对于预制桩，桩端不能嵌岩，也不能进入坚硬卵砾石层，故不能选择中风化、微风化岩或坚硬卵砾石层为桩端持力层，尤其是岩面起伏的场地，若以基岩为桩端持力层还可能出现桩端滑移和单桩承载力变异很大等情况。由此可见，对于这类场地首先应解决合理选择桩型问题。

（3）考虑可选桩端持力层厚度与下卧土层性质。硬土层厚度理想值是不小于桩端阻力临界深度和临界厚度之和，不同土层的临界深度及临界厚度参考值见本书第2章。然而实际工程地质条件往往不符合这一要求，硬土层厚度常小于临界深度和临界厚度之和。工程实际又不能无限制加大桩长来满足上述桩端持力层的理想厚度，因此应在确保桩端阻力不致因桩端进入持力层深度过浅而大幅削弱，也不致因桩端离软下卧层距离过小而发生桩端持力层的冲切破坏或过大的沉降变形。故建筑桩基规范规定，桩端全断面进入持力层的深度，对于黏性土、粉土不应小于 $2d$，砂土不应小于 $1.5d$，碎石类土不应小于 $1d$。当存在软弱下卧层时，桩端以下硬持力层厚度不应小于 $3d$。可选为桩端持力层的硬土层最小厚度不应小于上述进入持力层深度与桩端以下持力层厚度之和。

对于桩端为基岩时，由于一般不存在软弱下卧层问题，故桩端的嵌岩深度主要根据荷载（单桩承载力要求）上覆土层、岩性、桩长径比、成孔难易度等因素确定。《建筑桩基技术规范》（JGJ 94—2008）规定，对于嵌入倾斜的完整和较完整岩的全断面深度（指坡下方嵌入深度）不应小于 $0.4d$ 且不小于 $0.5m$；倾斜度大于30%的中风化岩，宜根据倾斜度及岩石完整性适当加大嵌岩深度；对于嵌入平整、完整的坚硬岩和软硬岩的深度不应小于 $0.2d$，且不小于 $0.2m$。这主要是考虑这类平整基岩提供的端阻力很高，且不存在桩端滑移问题，而成孔难度又很大。很多类岩石如花岗岩、砂岩等非水成深岩，风化层厚度往往很大，如何合理选择桩端持力层，应根据单桩承载力要求、上覆土层性质与厚度、成孔难度等确定，某些硬质岩强风化层也可选作桩端持力层。这时，桩端阻力应按碎石类土确定，由于桩端持力层和下卧层压缩性均很小，故桩基沉降变形很小。

（4）考虑工程特点与荷载。对于超高层建筑，其桩基设计等级属于甲级，对其桩基设计的安全可靠性、技术合理性、施工质量可控性均应在充分调查、周密分析的基础上予以保证。由于其荷载集度高，通过基桩传递到深部地层的荷载大；超高层建筑高度大，对于整体倾斜的控制更显重要；超高层建筑的结构刚度与荷载分布不均，对于差异沉降的控制更为突出。这些特点对于其桩端持力层的承载力、支承刚度和下卧层的工程性质提出了更高的要求。

此外，同一建筑物还应避免同时采用不同类型的桩（如摩擦型桩和端承型桩，但用沉降缝分开者除外）。同一基础相邻桩的桩底标高差，对于非嵌岩端承型桩不应超过相邻桩的中心距，对于摩擦型桩，在相同土层中不宜超过桩长的 $\dfrac{1}{10}$。

8.7.4　桩数及桩位布置

8.7.4.1　截面尺寸的选择

桩长及桩型初步确定后，即可根据经验定出桩的截面尺寸，并初步确定承台底面的标高。一般若建筑物的楼层高、荷载大时，应采用大直径桩，尤其是大直径人工挖孔桩比较经济实用。对于承台埋深，一般情况下，主要从结构要求和方便施工的角度来选择。季节性冻土上的承台埋深应根据地基土的冻胀性考虑，并应考虑是否需要采取相应的防冻害措施。膨胀土上的承台，其埋深选择与此类似。

8.7.4.2　桩的根数

初步估算桩数时，先不考虑群桩效应，根据单桩竖向承载力特征值 R_a，当桩基为中心受压时，桩数 n 的估算公式为：

$$n \geqslant \frac{F_k + G_k}{R_a} \tag{8-72}$$

式中，F_k 为荷载效应标准组合下，作用在承台顶面上的竖向力；G_k 为承台及其上填土的自重标准值。

偏心受压时，对于偏心距固定的桩基，如果桩的布置使得群桩横截面的重心与荷载合力作用点重合，桩数仍可按式（8-72）确定，否则应将上式确定的桩数增加 10%~20%。对桩数超过 4 根的非端承群桩基础，应按 8.4 节求得基桩承载力特征值后重新估算桩数，如有必要，还要通过桩基软弱下卧层的承载力验算和桩基沉降验算才能最终确定。

承受水平荷载的桩基，在确定桩数时还应满足水平承载力的要求。此时，可粗略地以各单桩水平承载力之和作为桩基的水平承载力，结果偏于安全。

此外，在层厚较大的高灵敏度流塑黏土中，不应采用桩距小而桩数多的打入式桩基，而应采用承载力高而桩数少的桩基。否则，软黏土结构破坏严重，土体强度将明显降低，加之相邻各桩的相互影响，桩基的沉降和不均匀沉降都将显著增加。

8.7.4.3　桩的中心距

桩的间距过大，承台体积增加，造价提高；间距过小，考虑群桩效应及挤土效应，桩的承载能力不能充分发挥，且给施工造成困难。一般桩的最小中心距应符合表 8-16 规定。对于大面积桩群，尤其是挤土桩，桩的最小中心距还应按表列数值适当加大。

8.7.4.4　桩位的布置

桩在平面内可布置成方形（或矩形）、三角形和梅花形 [见图 8-23(a)]，条形基础下的桩，可采用单排或双排布置[见图 8-23(b)]，也可采用不等距布置。

桩位的布置应尽量优化桩基受力和变形。为缩短荷载传递路径，基桩应布置于柱、墙、核心筒冲切锥体以内，降低承台的冲、剪、弯内力，减小承台材料消耗。从优化基桩的受力状态角度，对于以竖向永久荷载为主的情况，应使桩群竖向承载力合力点与竖向永久荷载合力作用点重合，促使各基桩受力趋于均匀。对于水平力和力矩作用较大的情况，基桩布置应使水平力和力矩作用方向有较大的截面抵抗矩。此外，还应合理采用单柱单桩，对于力矩和水平力较小情况，当基桩为大直径端承型桩时，可于柱下布置单桩，降低承台材料消耗。

表 8-16　桩的最小中心距

土类与成桩工艺		桩排数不小于 3，桩根数不小于 9 的摩擦桩基础	其他情况
非挤土灌注桩		3.0d	3.0d
部分挤土桩	非饱和土 饱和非黏性土	3.5d	3.0d
	饱和非黏性土	4.0d	3.5d
挤土桩	非饱和土 饱和非黏性土	4.0d	3.5d
	饱和非黏性土	4.5d	4.0d
钻、挖孔扩底桩		2D 或 D+2.0m （当 D>2m）	1.5D 或 D+1.5m （当 D>2m）
沉管夯扩、钻孔挤扩桩	非饱和土 饱和非黏性土	2.2D 且 4.0d	2.0D 且 3.5d
	饱和非黏性土	2.5D 且 4.5d	2.2D 且 4.0d

注：d 为设计桩径或方桩设计边长，D 为扩大端设计直径。

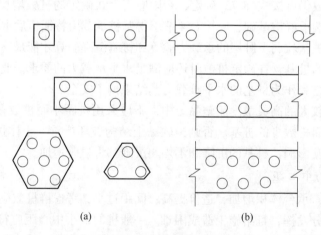

(a)　　　　　　　　　　　　(b)

图 8-23　桩的平面布置示例

（a）承台下布桩形式；（b）墙基下常见布桩形式

8.7.5　桩基验算

8.7.5.1　竖向抗压承载力验算

A　桩顶荷载效应计算

对于一般建筑物和受水平力（包括力矩与水平剪力）较小的高层建筑群桩基础，应按下列公式计算柱、墙、核心筒群桩中基桩或复合基桩的桩顶作用效应：

（1）竖向力：

1）轴心竖向力作用下：

$$N_k = \frac{F_k + G_k}{n} \tag{8-73}$$

2）偏心竖向力作用下：

$$N_{ik} = \frac{F_k + G_k}{n} \pm \frac{M_{xk} y_i}{\sum y_j^2} \pm \frac{M_{yk} x_i}{\sum x_j^2} \tag{8-74}$$

（2）水平力：

$$H_{ik} = \frac{H_k}{n} \tag{8-75}$$

式中，F_k 为荷载效应标准组合下，作用于承台顶面的竖向力；G_k 为桩基承台和承台上土自重标准值，对稳定的地下水位以下部分应扣除水的浮力；N_k 为荷载效应标准组合轴心竖向力作用下，基桩或复合基桩的平均竖向力；N_{ik} 为荷载效应标准组合偏心竖向力作用下，第 i 基桩或复合基桩的竖向力；M_{xk}、M_{yk} 分别为荷载效应标准组合下作用于承台底面，绕通过桩群形心的 x、y 主轴的力矩；x_i、x_j、y_i、y_j 分别为第 i、j 基桩或复合基桩至 y、x 轴的距离；H_k 为荷载效应标准组合下，作用于桩基承台底面的水平力；H_{ik} 为荷载效应标准组合下，作用于第 i 基桩或复合基桩的水平力；n 为桩基中的桩数。

对于主要承受竖向荷载的抗震设防区低承台桩基，在同时满足下列条件时，桩顶作用效应计算可不考虑地震作用：

1）按现行国家标准《建筑抗震设计规范》（GB 50011—2010）规定可不进行桩基抗震承载力验算的建筑物；

2）建筑场地位于建筑抗震的有利地段。

B　竖向承载力特征值

（1）单桩竖向承载力特征值。单桩竖向承载力特征值 R_a 的计算公式为：

$$R_a = \frac{1}{K} Q_{uk} \tag{8-76}$$

式中，Q_{uk} 为单桩竖向极限承载力标准值，这里"标准值"的含义系指通过 n 根单桩静载试验所得单桩极限承载力在极差不超过 30% 时的平均值，或按经验参数极限侧阻力标准值 q_{sik} 和极限端阻力标准值 q_{pk} 计算的单桩极限承载力标准值（见 2.4 节）；K 为安全系数，取 $K=2$。

（2）基桩竖向承载力特征值。对于端承型桩基、桩数少于 4 根的柱下摩擦型独立桩基，或由于土层性质、使用条件等因素不宜考虑承台效应时，基桩竖向承载力特征值应取单桩竖向承载力特征值，$R=R_a$。

（3）复合基桩竖向承载力特征值（见 8.6 节）。

C　桩基竖向承载力验算

（1）荷载效应标准组合。承受轴心荷载的桩基，其基桩或复合基桩竖向承载力特征值 R 符合：

$$N_k \leqslant R \tag{8-77}$$

承受偏心荷载的桩基，除应满足式(8-77)要求外，尚应满足：

$$N_{kmax} \leq 1.2R \tag{8-78}$$

式中，N_k 为荷载效应标准组合轴心竖向力作用下，基桩或复合基桩的平均竖向力；N_{kmax} 为荷载效应标准组合偏心竖向力作用下桩顶最大竖向力。

（2）地震作用效应和荷载效应标准组合。地震震害调查表明，不论桩周土类别如何，基桩竖向承载力均可提高25%。

1）轴心荷载作用下：

$$N_{Ek} \leq 1.25R \tag{8-79}$$

2）偏心荷载作用下，除应满足式(8-79)的要求外，尚应满足：

$$N_{Ekmax} \leq 1.5R \tag{8-80}$$

式中，N_{Ek} 为地震作用效应和荷载效应标准组合下，基桩或复合基桩的平均竖向力；N_{Ekmax} 为地震作用效应和荷载效应标准组合下，基桩或复合基桩的最大竖向力。

8.7.5.2 桩基沉降验算

按《建筑桩基技术规范》（JGJ 94—2008）的规定，以下桩基应进行沉降变形验算：

（1）设计等级为甲级的非嵌岩桩和非深厚坚硬持力层的建筑桩基；

（2）设计等级为乙级的体形复杂、荷载分布显著不均匀或桩端平面以下存在软弱土层的建筑桩基；

（3）软土地基多层建筑减沉复合疏桩基础。

建筑桩基沉降变形计算值不应大于桩基沉降变形允许值。桩基的沉降验算应采用荷载效应准永久组合，桩基沉降的计算详见第3章。桩基沉降变形指标主要有：

（1）沉降量；

（2）沉降差；

（3）整体倾斜即建筑物桩基础倾斜方向两端点的沉降差与其距离之比值；

（4）局部倾斜即墙下条形承台沿纵向某一长度范围内桩基础两点的沉降差与其距离之比值。

桩基的容许变形值如无当地经验时，可按《建筑桩基技术规范》（JGJ 94—2008）表8-17的规定采用，对于表中未包括的建筑物桩基的容许变形值，可根据上部结构对桩基变形的适应能力和使用上的要求确定。一般验算因地土层厚度与性质不均匀、荷载差异、体型复杂、相互影响等因素引起的地基沉降变形时，对砌体承重结构应由局部倾斜控制；对框架、框架-剪力墙、框架-核心筒等结构由相邻柱基的沉降差控制；而对于多层或高层建筑和高耸结构应由倾斜值控制。

表 8-17　建筑桩基沉降变形允许值

变形特征	允许值
砌体承重结构基础的局部倾斜	0.002
各类建筑相邻柱（墙）基的沉降差： （1）框架、框架-剪力墙、框架-核心筒结构； （2）砌体墙填充的边排柱； （3）当基础不均匀沉降时不产生附加应力的结构	0.002l_0 0.0007l_0 0.005l_0

变形特征		允许值
单层排架结构（柱距为 6m）桩基的沉降量/mm		120
桥式吊车轨面的倾斜（按不调整轨道考虑）		
纵向		0.004
横向		0.003
多层和高层建筑的整体倾斜/mm	$H_g \leqslant 24$	0.004
	$24 < H_g \leqslant 60$	0.003
	$60 < H_g \leqslant 100$	0.0025
	$100 < H_g$	0.002
高耸结构桩基的整体倾斜/mm	$H_g \leqslant 20$	0.008
	$20 < H_g \leqslant 50$	0.006
	$50 < H_g \leqslant 100$	0.005
	$100 < H_g \leqslant 150$	0.004
	$150 < H_g \leqslant 200$	0.003
	$200 < H_g \leqslant 250$	0.002
高耸结构基础的沉降量/mm	$H_g \leqslant 100$	350
	$100 < H_g \leqslant 200$	250
	$200 < H_g \leqslant 250$	150
体型简单的剪力墙结构高层建筑桩基最大沉降量/mm	—	200

注：l_0 为相邻柱（墙）二测点间距离；H_g 为自室外地面算起的建筑物高度。

8.7.6　桩基结构设计

8.7.6.1　桩身结构设计

轴心荷载作用下的桩身截面强度可按 2.4 节的方法计算；偏心荷载（包括水平力和弯矩）作用时，可先按水平桩受力的计算方法求出桩身最大弯矩及其相应位置，再根据《混凝土结构设计规范》（GB 50010—2010）要求，按偏心受压确定出桩身截面所需的主筋面积，但尚需满足各类桩的最小配筋率。对于受长期或经常承受水平荷载或上拔力的建筑物，还应验算桩身的裂缝宽度，其最大裂缝宽度不得超过 0.2mm，对处于腐蚀介质中的桩基则不得出现裂缝；对于处于含有酸、氯等介质环境中的桩基，还应根据介质腐蚀性的强弱采取专门的防护措施，以保证桩基的耐久性。

8.7.6.2　承台结构设计

A　承台内力计算

模型试验研究表明，柱下独立桩基承台（四桩及三桩承台）在配筋不足的情况下将产生弯曲破坏，而且呈梁式破坏的特征。破坏时的屈服线如图 8-24 所示，最大弯矩产生于屈服线处。根据极限平衡原理，承台的正截面弯矩可计算如下。

（1）柱下多桩矩形承台，其计算截面应取在柱边和承台高度变化处（杯口外侧或台阶边缘），其计算公式为：

$$M_x = \sum N_i y_i$$
$$M_y = \sum N_i x_i$$

(8-81)

式中，M_x、M_y 分别为垂直 x、y 轴方向计算截面处的弯矩设计值；x_i、y_i 分别为垂直 y 轴和 x 轴方向自桩轴线到相应计算截面的距离，如图 8-25 所示；N_i 为扣除承台和承台上土自重设计值后第 i 根桩的竖向净反力设计值，当不考虑承台效应时，则为 i 桩的竖向总反力设计值。

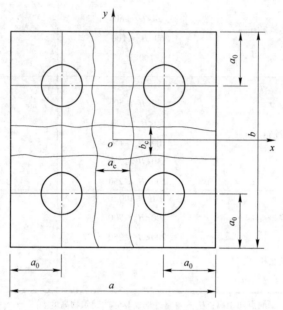

图 8-24　四桩承台弯曲破坏模式

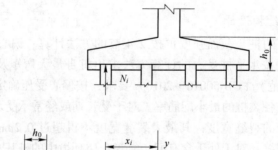

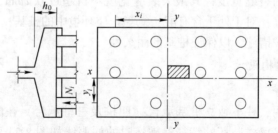

图 8-25　矩形承台

（2）柱下三桩三角形承台对于等边三角形布置的三桩承台［见图 8-26(a)］，其通过承台形心至各边边缘正交截面范围内板带的弯矩设计值的计算公式为：

$$M = \frac{N_{max}}{3}\left(s_a - \frac{\sqrt{3}}{4}c\right) \qquad (8\text{-}82)$$

式中，N_{max} 为不计承台及其上土自重，在荷载效应基本组合下三桩中最大的基桩或复合基桩竖向反力设计值；s_a 为桩中心距；c 为方柱的边长，圆柱时 $c = 0.8d$（d 为圆柱直径）。

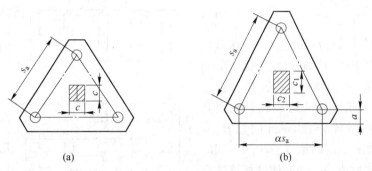

图 8-26 三桩三角形承台
（a）等边三桩承台；（b）等腰三桩承台

对于等腰三角形布置的三桩承台［见图 8-26(b)］，其通过承台形心至两腰边缘和底边边缘正交截面范围内板带的弯矩设计值 M_1 和 M_2 的计算公式分别为：

$$M_1 = \frac{N_{max}}{3}\left(s_a - \frac{0.75}{\sqrt{4-\alpha^2}}c_1\right) \qquad (8\text{-}83)$$

$$M_2 = \frac{N_{max}}{3}\left(\alpha s_a - \frac{0.75}{\sqrt{4-\alpha^2}}c_2\right) \qquad (8\text{-}84)$$

式中，s_a 为沿三角形长边的桩中心距；α 为沿三角形短边的桩中心距与长边桩中心距之比，当小于 0.5 时，应按变截面的二桩承台设计；c_1、c_2 分别为垂直于和平行于承台底边的柱截面边长。

当计算弯矩截面不与主筋方向正交时，须对主筋的方向角进行换算。

（3）柱下或墙下条形承台梁其正截面弯矩设计值一般可按弹性地基梁进行分析，地基的计算模型应根据地基土层的特性选取。通常可采用文克勒假定，将基桩视为弹簧支承，其刚度系数可由静载试验的 Q-s 曲线确定。当桩端持力层较硬且桩与柱的轴线不重合时，可视桩为不动支座，按连续梁计算。

B 承台厚度及强度计算

承台厚度可按冲切及剪切条件确定，一般可先按冲切计算，再按剪切复核。承台的强度计算包括受冲切、受剪切、局部承压及受弯计算。

a 受冲切计算

若承台的有效高度不足，将产生冲切破坏。其破坏方式可分为沿柱（墙）边的冲切和单一基桩对承台的冲切两类。柱边冲切破坏锥体的斜面与承台底面的夹角大于或等于 45°，该斜面的上周边位于柱与承台交接处或承台变阶处，下周边位于相应的桩顶内边缘处，如图 8-27 所示。

（1）承台抗冲切承载力与冲切锥角有关，可以冲跨比 λ 表达。对于柱下矩形承台，验算时应满足：

$$F_1 \leqslant \beta_{hp}\beta_0 u_m f_t h_0 \qquad (8-85)$$

$$F_1 = F - \sum Q_i \qquad (8-86)$$

$$\beta_0 = \frac{0.84}{\lambda + 0.2} \qquad (8-87)$$

式中，F_1 为不计承台及其上土重，在荷载效应基本组合下作用于冲切破坏锥体上的冲切力设计值；f_t 为承台混凝土抗拉强度设计值；β_{hp} 为承台受冲切承载力截面高度的影响系数，当 $h \leqslant 800\text{mm}$ 时取 $\beta_{hp} = 1.0$，当 $h \geqslant 2000\text{mm}$ 时取 $\beta_{hp} = 0.9$，其间按线性内插法取值；u_m 为冲切破坏锥体有效高度中线周长；h_0 为承台冲切破坏锥体的有效高度；β_0 为柱（墙）冲切系数；λ 为冲跨比，$\lambda = \dfrac{a_0}{h_0}$（$a_0$ 为冲跨，即柱（墙）边或承台变阶处到桩边的水平距离），当 $\lambda < 0.25$ 时取 $\lambda = 0.25$，当 $\lambda > 1.0$ 时取 $\lambda = 1.0$；F 为不计承台及其上土重，在荷载效应基本组合作用下柱（墙）底的竖向荷载设计值；$\sum Q_i$ 为不计承台及其上土重，在荷载效应基本组合作用下冲切破坏锥体范围内各基桩或复合基桩的反力设计值之和。

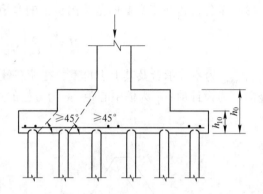

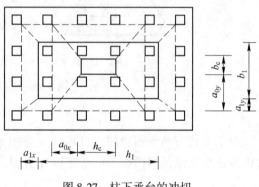

图 8-27　柱下承台的冲切

（2）柱下矩形独立承台受柱冲切时，其计算公式为：

$$F_1 \leqslant 2\left[\beta_{0x}(b_c + a_{0y}) + \beta_{0y}(h_c + a_{0x})\right]\beta_{hp} f_t h_0 \qquad (8-88)$$

式中，β_{0x}、β_{0y} 由式(8-87)求得，$\lambda_{0x} = \dfrac{a_{0x}}{h_0}$，$\lambda_{0y} = \dfrac{a_{0y}}{h_0}$，$\lambda_{0x}$、$\lambda_{0y}$ 均应满足 $0.25 \sim 1.0$ 的要求；h_c、b_c 为柱截面长、短边尺寸；a_{0x}、a_{0y} 分别为自柱长边或短边到最近桩边的水平距离。

（3）柱下矩形独立阶形承台受上阶冲切的承载力，其计算公式为：

$$F_1 \leqslant 2\left[\beta_{1x}(b_1 + a_{1y}) + \beta_{1y}(h_1 + a_{1x})\right]\beta_{hp} f_t h_{10} \qquad (8-89)$$

式中，β_{1x}、β_{1y} 由式(8-87)求得，$\lambda_{1x} = \dfrac{a_{1x}}{h_{10}}$，$\lambda_{1y} = \dfrac{a_{1y}}{h_{10}}$，$\lambda_{1x}$、$\lambda_{1y}$ 均应满足 $0.25 \sim 1.0$ 的要求；h_1、b_1 分别为 x、y 方向承台上阶的边长；a_{1x}、a_{1y} 分别为 x、y 方向承台上阶边至最近桩边的水平距离。

对于圆柱及圆桩，计算时应将截面换算成方柱或方桩，取换算柱截面边长 $b_c = 0.8d_c$（d_c 为圆柱直径），取换算桩截面边长 $b_p = 0.8d$（d 为圆桩直径），并保持截面形心位置不变。

（4）除了柱（墙）会对承台产生冲切外，位于柱（墙）冲切破坏锥体以外的基桩也会对承台产生冲切，并按四桩以上（含四桩）承台、三桩承台等不同情况计算受冲切承载力。

对四桩（含四桩以上）承台受角桩冲切的承载力，其计算公式为：

$$N_1 \le \left[\beta_{1x} \left(c_2 + \frac{a_{1y}}{2} \right) + \beta_{1y} \left(c_1 + \frac{a_{1x}}{2} \right) \right] \beta_{hp} f_t h_0 \tag{8-90}$$

式中，N_1 为不计承台及其上土重，在荷载效应基本组合作用下角桩（含复合基桩）竖向反力设计值；c_1、c_2 分别为从角桩内边缘至承台外边缘的距离；a_{1x}、a_{1y} 分别为从承台底角桩内边缘引 45°冲切线与承台顶面相交点至角桩内边缘的水平距离，当柱或承台变阶处位于该 45°线以内时，则取由柱边或变阶处与桩内边缘连线为冲切锥体的锥线；β_{1x}、β_{1y} 分别为角桩冲切系数，$\beta_{1x} = \dfrac{0.56}{\lambda_{1x} + 0.2}$，$\beta_{1y} = \dfrac{0.56}{\lambda_{1y} + 0.2}$，其中 λ_{1x}、λ_{1y} 称角桩冲跨比，其值满足 $0.25 \sim 1.0$，$\lambda_{1x} = \dfrac{a_{1x}}{h_0}$，$\lambda_{1y} = \dfrac{a_{1y}}{h_0}$；$h_0$ 为承台外边缘的有效高度。

对于柱下两桩承台，宜按深受弯构件（$\dfrac{l_0}{h} < 5.0$，$l_0 = 1.15 l_0$，l_0 为两桩净距）计算受弯、受剪承载力，不需进行冲切承载力计算。

对于三桩三角形承台，其受角桩冲切的承载力的计算公式如下所示（见图 8-28）。

1）底部角桩：

$$N_l \le \beta_{11} (2c_1 + a_{11}) \beta_{hp} \arctan \frac{\theta_1}{2} f_t h_0 \tag{8-91}$$

$$\beta_{11} = \frac{0.56}{\lambda_{11} + 0.2} \tag{8-92}$$

2）顶部角桩：

$$N_l \le \beta_{12} (2c_2 + a_{12}) \beta_{hp} \arctan \frac{\theta_2}{2} f_t h_0 \tag{8-93}$$

$$\beta_{12} = \frac{0.56}{\lambda_{12} + 0.2} \tag{8-94}$$

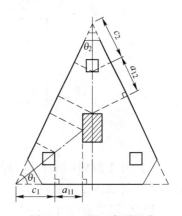

图 8-28 三桩三角形承台
角桩冲切计算示意图

式中，λ_{11}、λ_{12} 分别为角桩冲跨比，$\lambda_{11} = \dfrac{a_{11}}{h_0}$，$\lambda_{12} = \dfrac{a_{12}}{h_0}$，其值均应满足 $0.25 \sim 1.0$ 的要求；a_{11}、a_{12} 分别为从承台底角桩顶内边缘引 45°冲切线与承台顶面相交点至角桩内边缘的水平距离，当柱（墙）边或承台变阶处位于该 45°线以内时，则取由柱（墙）边或承台变阶处与桩内边缘连线为冲切锥体的锥线。

b　受剪切计算

桩基承台的剪切破坏面为一通过柱（墙）边、变阶处与桩边连线所形成的贯通承台的斜截面，如图 8-29 所示。当柱（墙）外有多排桩形成多个剪切斜截面时，对每一个斜截面都应进行受剪承载力计算。

（1）柱下等厚度承台，其斜截面受剪承载力的计算公式为：

$$V \le \beta_{hs} \alpha f_t b_0 h_0 \tag{8-95}$$

$$\alpha = \frac{1.75}{\lambda + 1} \tag{8-96}$$

$$\beta_{hs} = \left(\frac{800}{h_0}\right)^{\frac{1}{4}} \tag{8-97}$$

式中，V 为不计承台及其上土重，在荷载效应基本组合作用下，斜截面的最大剪力设计值；f_t 为混凝土轴心抗拉强度设计值；b_0 为承台计算截面处的计算宽度；h_0 为承台计算截面处的有效高度；α 为承台剪切系数；λ 为计算截面的剪跨比，$\lambda_x = \dfrac{a_x}{h_0}$，$\lambda_y = \dfrac{a_y}{h_0}$，其中 a_x、a_y 为柱（墙）边或承台变阶处至 y、x 方向所计算一排桩的桩边水平距离，当 $\lambda <$ 0.25 时取 $\lambda = 0.25$，当 $\lambda > 3$ 时取 $\lambda = 3$；β_{hs} 为受剪切承载力截面高度的影响系数，当 $h_0 <$ 800mm 时取 $h_0 = 800$mm，当 $h_0 > 2000$mm 时取 $h_0 = 2000$mm，其间按线性内插法取值。

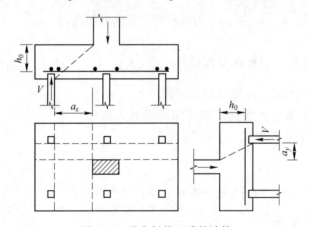

图 8-29 承台斜截面受剪计算

（2）对于阶梯形承台应分别在变阶处（A_1—A_1，B_1—B_1）及柱边处（A_2—A_2，B_2—B_2）进行斜截面受剪承载力计算，如图 8-30 所示。

计算变阶处截面（A_1—A_1，B_1—B_1）的斜截面受剪承载力时，其截面有效高度均为 h_{10}，截面计算宽度分别为 b_{y1} 和 b_{x1}。

计算柱边截面（A_2—A_2，B_2—B_2）的斜截面受剪承载力时，其截面有效高度均为 $h_{10} + h_{20}$。

截面计算宽度分别如下所示。

1）对 A_2—A_2：

$$b_{y0} = \frac{b_{y1}h_{10} + b_{y2}h_{20}}{h_{10} + h_{20}} \tag{8-98}$$

2）对 B_2—B_2：

$$b_{x0} = \frac{b_{x1}h_{10} + b_{x2}h_{20}}{h_{10} + h_{20}} \tag{8-99}$$

（3）对于锥形承台应对变阶处及柱边处（A—A 及 B—B）两个截面进行受剪承载力计算（见图 8-31），截面有效高度均为 h_0，截面的计算宽度分别如下。

1）对 A—A：

$$b_{y0} = \left[1 - 0.5\frac{h_{20}}{h_0}\left(1 - \frac{b_{y2}}{b_{y1}}\right)\right]b_{y1} \qquad (8\text{-}100)$$

2）对 B—B：

$$b_{x0} = \left[1 - 0.5\frac{h_{20}}{h_0}\left(1 - \frac{b_{x2}}{b_{x1}}\right)\right]b_{x1} \qquad (8\text{-}101)$$

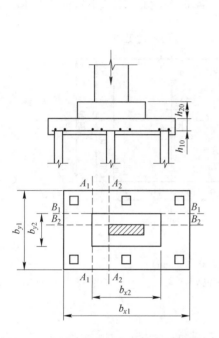

图 8-30　阶梯形承台斜截面受剪计算示意图

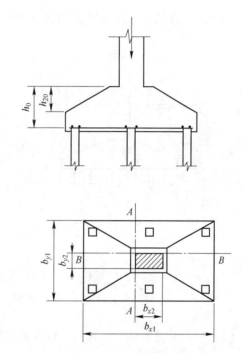

图 8-31　锥形承台斜截面受剪计算示意图

c　局部受压计算和受弯计算

对于柱下桩基承台，当混凝土强度等级低于柱的强度等级时，应按现行《混凝土结构设计规范》（GB 50010—2010）验算承台的局部受压承载力。

承台的受弯计算，可根据承台类型分别按上述方法求得承台内力，然后按现行《混凝土结构设计规范》（GB 50010—2010）验算其正截面受弯承载力，计算方法同于一般梁板。

当进行承台的抗震验算时，尚应根据现行《建筑抗震设计规范》（GB 50011—2010）规定对承台的受冲切、受弯、受剪切承载力进行抗震调整。

【例 8-4】　某框架结构办公楼，柱截面尺寸为 600mm×600mm。采用柱下独立桩基础，泥浆护壁钻孔灌注桩，直径为 600mm，桩长 20m，单桩现场载荷试验测得其极限承载力为 $Q_{uk} = 2600$kN。建筑桩基设计等级为乙级。承台底面标高位 -1.8m，室内地面标高±0.000，传至地表±0.000 处的竖向荷载标准值为 $F_k = 6100$kN，$M_{ky} = 400$kN·m，竖向荷载基本组合值为 $F = 7000$kN，$M_y = 500$kN·m。承台底土的地基承载力特征值 $F_{ak} = 120$kPa。

承台混凝土强度等级为 C25（$f_t = 1.27 \text{N/mm}^2$），钢筋强度等级选用 HRB400 级钢筋（$f_y = 360 \text{N/mm}^2$），承台下做 100mm 厚度的 C20 素混凝土垫层。试进行桩基础设计。

解　（1）桩数的确定和布置。初步确定时，取单桩承载力特征值为：

$$R_a = \frac{Q_{uk}}{2} = \frac{2600}{2} = 1300 (\text{kN})$$

考虑偏心作用，桩数 $n \geq 1.1 \frac{F_k}{R_a} = 1.1 \times \frac{6100}{1300} = 5.2$，取桩数为 5 根，考虑最小桩间距 $2.5d = 1.5\text{m}$ 的要求，采用如图 8-32 所示布桩形式，满足最小桩间距及承台构造要求。

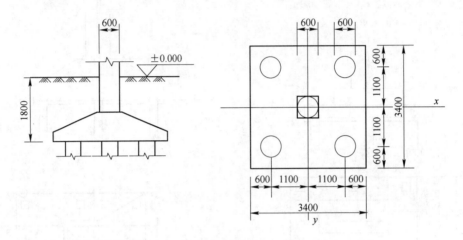

图 8-32　柱下独立桩基础（单位：mm）

(a) 侧视图；(b) 俯视图

（2）复合基桩承载力验算。承台底面面积为

$$A = 3.4 \times 3.4 = 11.56 (\text{m}^2)$$

基桩桩端荷载标准值：

$$N_k = \frac{F_k + G_k}{n} = \frac{F_k + \gamma_G A \bar{d}}{n} = \frac{6100 + 20 \times 11.6 \times 1.8}{5} = 1304 (\text{kN})$$

$$\frac{N_{kmax}}{N_{kmin}} = \frac{F_k + G_k}{n} \pm \frac{M_{yk} x_{max}}{\sum\limits_{i=1}^{n} x_i^2} = 1304 \pm \frac{400 \times 1.1}{4 \times 1.1^2} = 1304 \pm 91 = \frac{1395 (\text{kN})}{1213 (\text{kN})}$$

复合基桩承载力特征值计算时考虑承台效应：

$$R = R_a + \eta_c f_{ak} A_c = \frac{Q_{uk}}{2} + \eta_c f_{ak} A_c$$

承台效应系数 η_c 查表 8-8，$s_a = \sqrt{\frac{A}{n}} = \sqrt{\frac{11.6}{5}} = 1.52$（m），$\frac{\beta_c}{l} = \frac{3.0}{20} = 0.15$，$\frac{s_a}{d} = \frac{1.52}{0.6} = 2.5$。查表 8-8$\eta_c$ 取 0.12，则：

$$A_c = \frac{A - nA_p}{n} = \frac{11.6 - 5 \times 0.12}{5} = 2.2 (\text{m}^2)$$

$$R = \frac{Q_{uk}}{2} + \eta_c f_{ak} A_c = \frac{2600}{2} + 0.12 \times 120 \times 2.2 = 1332(kN)$$

桩基承载力验算：

$$N_k = 1304kN < R = 1332kN$$

$$N_{kmax} = 1395kN < 1.2R = 1598kN$$

承载力满足要求。

（3）承台计算。

1）冲切承载力验算。初步设承台高度为 $h = 1000mm$，承台下设置垫层时，混凝土保护层厚度取 40mm，承台有效高度为 $h_0 = 1000-40 = 960mm$。

①柱冲切承载力验算。对于 $800 < h_0 < 2000$ 的情况 β_{hp}（承台受冲切截面高度影响系数）在 $1.0 \sim 0.9$ 插值取值，$\beta_{hp} = 0.98$。冲切验算时将圆桩换算成方桩，边长 $b_c = 0.8d = 480mm$。冲切验算示意图如图 8-33 所示。

$$F_1 = F - \sum Q_i = 7000 - \frac{7000}{5} = 5600(kN)$$

柱边到桩边距离为：

$$a_{0x} = a_{0y} = 1100 - 300 - 240 = 560(m)$$

冲跨比为：

$$\lambda_{0x} = \lambda_{0y} = \frac{a_{0x}}{h_0} = \frac{a_{0y}}{h_0} = \frac{560}{960} = 0.583$$

冲切系数为：

$$\beta_{0x} = \beta_{0y} = \frac{0.84}{\lambda_{0x} + 0.2} = \frac{0.84}{0.583 + 0.2} = 1.073$$

$$2[\beta_{0x}(b_c + a_{0y}) + \beta_{0y}(h_c + a_{0x})]\beta_{hp} f_t h_0$$
$$= 2 \times 1.073 \times 2 \times (600 + 560) \times 0.98 \times 1.27 \times 960$$
$$= 5949 \times 10^3 = 5949(kN)$$
$$> F_1 = 5600kN（满足要求）$$

②角桩冲切承载力验算。桩顶净反力为：

$$\left.\begin{array}{r} N_{max} \\ N_{min} \end{array}\right\} = \frac{F}{n} \pm \frac{M_y x_{max}}{\sum x_i^2} = \frac{7000}{5} \pm \frac{500 \times 1.1}{4 \times 1.1^2} = 1400 \pm 114 = \begin{array}{l} 1514(kN) \\ 1286(kN) \end{array}$$

柱边到角桩内边距离为：

$$a_{1x} = a_{1y} = 1100 - 240 - 300 = 560(mm)$$

角桩内边到承台外边距离 $c_1 = c_2 = 900mm$。

角桩冲跨比为：

$$\lambda_{1x} = \lambda_{1y} = \frac{a_{1x}}{h_0} = \frac{a_{1y}}{h_0} = \frac{560}{960} = 0.583$$

角桩冲切系数为：

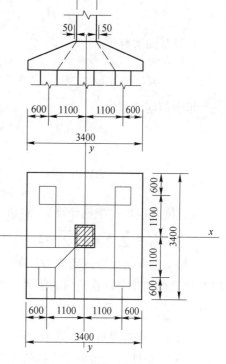

图 8-33 冲切验算示意图

$$\beta_{1x} = \beta_{1y} = \frac{0.56}{\lambda_{1x} + 0.2} = \frac{0.56}{0.583 + 0.2} = 0.715$$

$$\left[\beta_{1x}\left(c_2 + \frac{a_{1y}}{2}\right) + \beta_{1y}\left(c_1 + \frac{a_{1x}}{2}\right)\right]\beta_{hp}f_t h_0$$

$$= 2 \times \left(900 + \frac{560}{2}\right) \times 0.98 \times 1.27 \times 960$$

$$= 2820 \times 10^3 = 2820(\text{kN}) > N_{\text{max}} = 1514(\text{kN}) \quad (满足要求)$$

2）斜截面受剪承载力验算。由 $V \leqslant \beta_{hs}af_t b_0 h_0$ 进行验算，作用于斜截面上的剪力为：

$$V = 2N_{\text{max}} = 2 \times 1514 = 3028(\text{kN})$$

承台受剪切承载力截面高度影响系数为：

$$\beta_{hs} = \left(\frac{800}{h_0}\right)^{\frac{1}{4}} = \left(\frac{800}{960}\right)^{\frac{1}{4}} = 0.955$$

计算截面剪跨比：

$$\lambda = \frac{a_x}{h_0} = \frac{560}{960} = 0.583$$

承台剪切系数为：

$$\alpha = \frac{1.75}{\lambda + 1} = \frac{1.75}{0.583 + 1} = 1.105$$

$$\beta_{hs}af_t b_0 h_0 = 5 \times 1.105 \times 1.27 \times 3.4 \times 960$$
$$= 4374(\text{kN}) > V = 3028(\text{kN})(满足要求)$$

3）抗弯验算（配筋计算）。各桩对垂直于 y 轴和 x 轴方向截面的弯矩设计值分别为：

$$M_y = \sum N_i x_i = \sum N_{\text{max}} x_i = 2 \times 1514 \times (1.1 - 0.24) = 2604(\text{kN·m})$$

[对 y 方向的弯矩设计值 M_y 等于 y 方向一侧所有基桩的 N（偏心受力时取 N_{max}）乘以基桩轴线到相应计算截面的距离 x_i 之和]

$$M_x = \sum N_i y_i = \sum (N_{\text{max}} + N_{\text{min}}) y_i = (1514 + 1286) \times (1.1 - 0.24) = 2408(\text{kN·m})$$

[对 x 方向的弯矩设计值 M_x 等于 x 方向一侧所有基桩的 N_i（偏心受力时就有 N_{max} 和 N_{min}）乘以基桩轴线到相应计算截面的距离 y_i 之和]

沿 x 方向布设的钢筋截面面积为（x 方向配筋用 M_y）：

$$\frac{M_y}{0.9 h_0 f_y} = \frac{2604 \times 10^6}{0.9 \times 960 \times 360} = 8371(\text{mm}^2)$$

基础配筋间距一般为 100～200mm，若取间距 120mm，则实际配筋 28ϕ22（$A_s = 10643\text{mm}^2$）。

沿 y 方向布设的钢筋截面面积为（y 方向配筋用 M_x）：

$$\frac{M_x}{0.9\left(h_0 - \frac{d_g}{2}\right)f_y} = \frac{2408 \times 10^6}{0.9 \times \left(960 - \frac{22}{2}\right) \times 360} = 7832(\text{mm}^2)$$

取间距 130mm，则实际配筋 26ϕ22（$A_s = 9883\text{mm}^2$）。

8.7.7 桩基构造

基桩和承台的构造，是桩基础设计的重要内容，是在结构破坏机理、计算模型及概念设计基础上实现荷载传递和使用功能的具体技术措施。对于现有计算分析水平不能解决的某些问题或解决起来比较复杂的，构造措施就显得极为重要。桩基的构造设计要同荷载作用下基桩的工作性状、桩与承台和上部结构共同作用机理等联系起来，要同场地工程地质条件联系起来，有针对性地制定相应的构造措施。

8.7.7.1 基桩构造

理论上讲，基桩纵筋应根据所受弯矩和轴压按压弯构件确定，基桩箍筋应按所受剪力计算。但当竖向承载力以土的支承阻力控制时，配筋则应按照构造要求的最小配筋率确定。

灌注桩应按下列规定配筋。

（1）配筋率：当桩身直径为 300~2000mm 时，正截面配筋率可取 0.65%~0.2%（小直径桩取高值）；对受荷载特别大的桩、抗拔桩和嵌岩端承桩应根据计算确定配筋率，并不应小于上述规定值；

（2）配筋长度：端承型桩和位于坡地岸边的基桩应沿桩身等截面或变截面通长配筋；桩径大于 600mm 的摩擦型桩配筋长度不应小于 $\frac{2}{3}$ 桩长；当受水平荷载时，配筋长度尚不应小于 $\frac{4.0}{\alpha}$（α 为桩的水平变形系数）；对于受地震作用的基桩，桩身配筋长度应穿过可液化土层和软弱土层，进入稳定土层的深度不应小于桩基规范规定的深度；受负摩阻力的桩、因先成桩后开挖基坑而随地基土回弹的桩，其配筋长度应穿过软弱土层并进入稳定土层，进入的深度不应小于 2~3 倍桩身直径；专用抗拔桩及因地震作用、冻胀或膨胀力作用而受拔力的桩，应等截面或变截面通长配筋。

（3）对于受水平荷载的桩，主筋不应小于 8φ12；对于抗压桩和抗拔桩，主筋不应少于 6φ10；纵向主筋应沿桩身周边均匀布置，其净距不应小于 60mm。

（4）箍筋应采用螺旋式，直径不应小于 6mm，间距应为 200~300mm；受水平荷载较大桩基、承受水平地震作用的桩基以及考虑主筋作用计算桩身受压承载力时，桩顶以下 5d 范围内的箍筋应加密，间距不应大于 100mm；当桩身位于液化土层范围内时箍筋应加密；当考虑箍筋受力作用时，箍筋配置应符合现行国家标准《混凝土结构设计规范》（GB 50010—2010）的有关规定；当钢筋笼长度超过 4m 时，应每隔 2m 设一道直径不小于 12mm 的焊接加劲箍筋。

桩身混凝土及混凝土保护层厚度应符合下列要求。

（1）桩身混凝土强度等级不得小于 C25，混凝土预制桩尖强度等级不得小于 C30。

（2）灌注桩主筋的混凝土保护层厚度不应小于 35mm，水下灌注桩的主筋混凝土保护层厚度不得小于 50mm。

（3）四类、五类环境中桩身混凝土保护层厚度应符合国家现行标准《港口工程混凝土结构设计规范》（JTJ 267—98）、《工业建筑防腐蚀设计规范》（GB/T 50046—2018）的相关规定。

8.7.7.2　混凝土预制桩

混凝土预制桩的截面边长不应小于 200mm；预应力混凝土预制实心桩的截面边长不宜小于 350mm。预制桩的混凝土强度等级不宜低于 C30；预应力混凝土实心桩的混凝土强度等级不应低于 C40；预制桩纵向钢筋的混凝土保护层厚度不宜小于 30mm。预制桩的桩身配筋应按吊运、打桩及桩在使用中的受力等条件计算确定。采用锤击法沉桩时，预制桩的最小配筋率不应小于 0.8%。静压法沉桩时，最小配筋率不应小于 0.6%，主筋直径不应小于 $\phi14$，打入桩顶以下 4~5 倍桩身直径长度范围内箍筋应加密，并设置钢筋网片。预制桩的分节长度应根据施工条件及运输条件确定；每根桩的接头数量不应超过 3 个。预制桩的桩尖可将主筋合拢焊在桩尖辅助钢筋上，对于持力层为密实砂和碎石类土时，宜在桩尖处包以钢钣桩靴，加强桩尖。

8.7.7.3　承台构造

桩基承台的构造，应满足抗冲切、抗剪切、抗弯承载力和上部结构要求，尚应符合下列要求。

（1）独立柱下桩基承台的最小宽度不应小于 500mm，边桩中心至承台边缘的距离不应小于桩的直径或边长，桩的外边缘至承台边缘的距离不应小于 150mm。对于墙下条形承台梁，桩的外边缘至承台梁边缘的距离不应小于 75mm。承台的最小厚度不应小于 300mm。

（2）高层建筑平板式和梁板式筏形承台的最小厚度不应小于 400mm，墙下布桩的剪力墙结构筏形承台的最小厚度不应小于 200mm。

（3）高层建筑箱形承台的构造应符合《高层建筑筏形与箱形基础技术规范》（JGJ 6—2011）的规定。

承台的钢筋配置应符合下列规定。

（1）柱下独立桩基承台纵向受力钢筋应通长配置［见图 8-34(a)］，对四桩以上（含四桩）承台宜按双向均匀布置，对三桩的三角形承台应按三向板带均匀布置，且最里面的三根钢筋围成的三角形应在柱截面范围内［见图 8-34(b)］。纵向钢筋锚固长度自边桩内侧（当为圆桩时，应将其直径乘以 0.8 等效为方桩）算起，不应小于 $35d_g$（d_g 为钢筋直径）；当不满足时应将纵向钢筋向上弯折，此时水平段的长度不应小于 $25d_g$，弯折段长度不应小于 $10d_g$。承台纵向受力钢筋的直径不应小于 12mm，间距不应大于 200mm。柱下独立桩基承台的最小配筋率不应小于 0.15%。

（2）柱下独立两桩承台，应按现行国家标准《混凝土结构设计规范》（GB 50010—2010）中的深受弯构件配置纵向受拉钢筋、水平及竖向分布钢筋。承台纵向受力钢筋端部的锚固长度及构造应与柱下多桩承台的规定相同。

（3）条形承台梁的纵向主筋应符合现行国家标准《混凝土结构设计规范》（GB 50010—2010）关于最小配筋率的规定，主筋直径不应小于 12mm，架立筋直径不应小于 10mm，箍筋直径不应小于 6mm。承台梁端部纵向受力钢筋的锚固长度及构造应与柱下多桩承台的规定相同。

（4）筏形承台板或箱形承台板在计算中当仅考虑局部弯矩作用时，考虑到整体弯曲的影响，在纵横两个方向的下层钢筋配筋率不应小于 0.15%；上层钢筋应按计算配筋率全部连通。当筏板的厚度大于 2000mm 时，应在板厚中间部位设置直径不小于 12mm、间距不大于 300mm 的双向钢筋网。

（5）承台底面钢筋的混凝土保护层厚度，当有混凝土垫层时，不应小于50mm，无垫层时不应小于70mm；此外尚不应小于桩头嵌入承台内的长度。

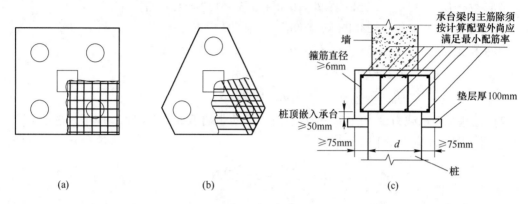

图 8-34　承台配筋

（a）矩形承台配筋；（b）三桩承台配筋；（c）墙下承台配筋

8.8　桩基础设计实例

某多层建筑一框架柱截面为 400×800mm，承担上部结构传来的荷载设计值为：轴力 $F=2800$kN·m，弯矩 $M=420$kN·m，剪力 $H=50$kN。经勘察地基土依次为：0.8m厚人工填土，1.5m厚黏土；9.0m厚淤泥质黏土；6m厚粉土。各层物理力学性质指标见表8-18。地下水位离地表1.5m。试设计桩基础。

表 8-18　各土层物理力学指标

土层号	土层名称	土层厚度/m	含水量/%	重度/kN·m⁻³	孔隙比	液性指数	压缩模量/MPa	内摩擦角/(°)	黏聚力/kPa
①	人工填土	0.8		18					
②	黏土	1.5	32	19	0.864	0.363	5.2	13	12
③	淤泥质黏土	9.0	49	17.5	1.34	1.613	2.8	11	16
④	粉土	6.0	32.8	18.9	0.80	0.527	11.07	18	3
⑤	淤泥质黏土	12.0	43	17.6	1.20	1.349	3.1	12	17
⑥	风化砾石	5.0							

（1）桩基持力层、桩型、承台埋深和桩长的确定。由勘察资料可知，地基表层填土和1.5m厚的黏土以下为厚度达9m的软黏土，而不太深处有一层形状较好的粉土层。分析表明，在柱荷载作用下天然地基难以满足要求时，考虑采用桩基础。根据地质情况，选择粉土层作为桩端的持力层。

根据工程地质情况，在勘察深度范围内无较好的持力层，故桩为摩擦型桩。选择钢筋混凝土预制桩，边长 350mm×350mm，桩承台埋深1.2m，桩进入持力层④层粉土层 $2d$，伸入承台100mm，则桩长为10.9m。

（2）单桩承载力确定。

1）单桩竖向极限承载力标准值 Q_{uk} 的确定，查相关表格：

第②黏土层： $q_{sik} = 75\text{kPa}$，$l_i = 0.8 + 0.5 - 1.2 = 1.1(\text{m})$

第③黏土层： $q_{sik} = 23\text{kPa}$，$l_i = 9\text{m}$

第④粉土层： $q_{sik} = 55\text{kPa}$，$l_i = 2d = 2 \times 0.35 = 0.7(\text{m})$

$$q_{pk} = 1800\text{kPa}$$

$$Q_{uk} = u \sum q_{sik} l_i + A_p q_{pk} = 679\text{kN}$$

2）桩基竖向承载力设计值 R。桩数超过 3 根的非端承桩复合桩基，应考虑桩群、土、承台的相互作用效应，由下式计算：

$$R_a = \frac{Q_{uk}}{2} = 339.5\text{kN}$$

因承台下有淤泥质黏土，不考虑承台效应。查表时取 $\dfrac{B_c}{l} \leqslant 0.2$ 一栏的对应值。因桩数位置，桩距 s_a 也未知，先按 $\dfrac{s_a}{l} = 3$ 查表，待桩数及桩距确定后，再验算基桩的承载力设计值是否满足要求，即：

$$R_a = \frac{Q_{uk}}{2} + \eta_c f_{ak} A_c$$

（3）桩数、布桩及承台尺寸。

1）桩数。由于桩数未知，承台尺寸未知，先不考虑承台质量，初步确定桩数，待布置完桩后，再计承台质量，验算桩数是否满足要求，即：

$$n = (1.1 \sim 1.2)\frac{F + G}{R} = 7.87 \sim 8.59 \quad （取 n = 8）$$

2）桩距 s_a。根据规范规定，摩擦型桩的中心矩，不应小于桩身直径的 3 倍，又考虑到穿越饱和软土，相应的最小中心矩为 $4d$，故取 $s_a = 4d = 4 \times 350 = 1400(\text{mm})$，边距取 350mm。

3）桩布置形式采用长方形布置，承台尺寸，如图 8-35 所示。

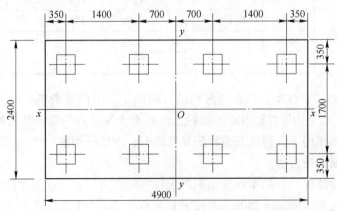

图 8-35 桩基布置

（4）计算单桩承受的外力。

1）桩数验算。承台及上覆土重为：

$$G = \gamma_G A d = 20 \times 2.4 \times 4.8 \times 1.2 = 282.2 (\text{kN})$$

$$\frac{F + G}{R} = \frac{2800 + 282.2}{480.4} = 7.55 < 8$$

满足要求。

2）桩基竖向承载力验算。基桩平均竖向荷载设计值为：

$$N = \frac{F + G}{n} = \frac{2800 + 282.2}{8} = 385.3 (\text{kN}) < R = 391.0 (\text{kN})$$

基桩最大竖向荷载设计值：作用在承台底的弯矩为：

$$M_x = M + Hd = 420 + 50 \times 1.2 = 480 (\text{kN} \cdot \text{m})$$

$$\left.\begin{array}{l} N_{\max} \\ N_{\min} \end{array}\right\} = \frac{F + G}{n} \pm \frac{M_x y_{\max}}{\sum y_i^2} = \begin{cases} 436.7 (\text{kN}) \\ 333.9 (\text{kN}) \end{cases}$$

$$N_{\max} = 436.7 < 1.2R = 1.2 \times 391.0 = 469.2 (\text{kN})$$

均满足要求。

（5）软弱下卧层承载力验算。

因为 $s_a = 1.4\text{m} < 6.0d = 2.1\text{m}$，按如下公式验算：

$$\sigma_z = \frac{\gamma_0 (F + G) - \dfrac{3}{2}(A_0 + B_0) \sum q_{sik} l_i}{(A_0 + 2t\tan\theta)(B_0 + 2t\tan\theta)}$$

$$\sigma_z + \gamma_i z \leqslant \frac{q_{uk}^w}{\gamma_q}$$

各参数确定如下：

$$E_{s_1} = 11.07\text{MPa}, \quad E_{s_2} = 3.1\text{MPa}, \quad \frac{E_{s_1}}{E_{s_2}} = 3.57$$

持力层厚度为：

$$t = 6 - 0.7 = 5.3 (\text{m})$$

A_0、B_0 分别为桩群外缘矩形面积的长和宽，即：

$$A_0 = 4.9 - 0.35 = 4.55 (\text{m})$$

$$B_0 = 2.4 - 0.35 = 2.05 (\text{m})$$

$$t = 5.3 (\text{m}) > 0.5 B_0 = 0.5 \times 2.05 = 1.03 (\text{m})$$

由《建筑地基基础设计规范》（GB 50007—2011）查得 $\theta \approx 23.5°$，且：

$$\sum q_{sik} l_i = \frac{Q_{sk}}{u} = \frac{459.3}{4 \times 0.35} = 326.0 (\text{kPa})$$

下卧层顶以上的土的加权平均有效重度，$\gamma_i = 9.01\text{kN/m}^3$，下卧层软土层埋深 $d = 17.3\text{m}$。

$$\sigma_z + \gamma_i z = \frac{(2800 + 282.2) - \dfrac{3}{2} \times (4.55 + 2.05) \times 328.0}{(4.55 + 2 \times 5.3\tan23.57°) \times (2.05 + 2 \times 5.3\tan23.57°)} + 9.01 \times 17.3$$

$$= 135.5 (\text{kPa})$$

软弱下卧层经深度修正后的地基承载力标准值按下式计算：

$$f_{az} = f_{ak} + \gamma_m \eta_d (d - 0.5)$$

本题中地基承载力标准值取 84kPa，基础底面以上土加权平均重度 $\gamma_m = 9.01\text{kN/m}^3$，基础埋深修正系数查《建筑地基基础设计规范》（GB 50007—2011），$\eta_d = 1.0$，基础底面宽度 $b_0 = B_0 + 2l\tan\dfrac{\varphi_0}{4}$，净桩长 $l = 10.8 - 1.2 = 9.6(\text{m})$，内摩擦角 $\varphi_0 = 18$。

$$b_0 = B_0 + \frac{2}{\tan\dfrac{\varphi_0}{4}} = 3.56(\text{m})$$

$$f_{az} = 84 + 9.01 \times 1.0 \times (17.3 - 0.5) = 235.4\text{kPa}$$

$$\sigma_z + \gamma_i z = 135.5\text{kPa} < f_{az} = 235.4\text{kPa}$$
$$= 142.7(\text{kPa}) \qquad (满足要求)$$

（6）承台板设计。承台的平面尺寸为 4900mm×2400mm，厚度由冲切、弯曲、局部承压等因素综合确定，初步拟定承台厚度 800mm，其中边缘厚度 600mm，其承台顶平台边缘离柱边距离 300mm，混凝土采用 C30，保护层取 100mm，钢筋采用 HRB400 级钢筋。其下做 100mm 厚 C2Q 素混凝土垫层，如图 8-36 所示。

1）抗弯验算。计算各排桩竖向反力及净反力。

①桩：

$$N_1 = \frac{2800 + 282.2}{8} + \frac{480 \times 2.1}{4 \times (0.7^2 + 2.1^2)} = 436.7(\text{kN})$$

净反力：

$$N_1' = N_1 - \frac{G}{8} = 436.7 - \frac{282.2}{8} = 401.4(\text{kN})$$

②桩：

$$N_2 = \frac{2800 + 282.2}{8} + \frac{480 \times 0.7}{4 \times (0.7^2 + 2.1^2)} = 402.4(\text{kN})$$

净反力：

$$N_2' = N_2 - \frac{G}{8} = 402.4 - \frac{282.2}{8} = 367.1(\text{kN})$$

③桩：

$$N_3 = \frac{2800 + 282.2}{8} - \frac{480 \times 0.7}{4 \times (0.7^2 + 2.1^2)} = 368.1(\text{kN})$$

净反力：

$$N_3' = N_3 - \frac{G}{8} = 368.1 - \frac{282.2}{8} = 332.9(\text{kN})$$

④桩：

$$N_4 = \frac{2800 + 282.2}{8} - \frac{480 \times 2.1}{4 \times (0.7^2 + 2.1^2)} = 333.8(\text{kN})$$

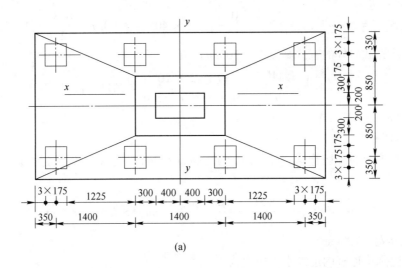

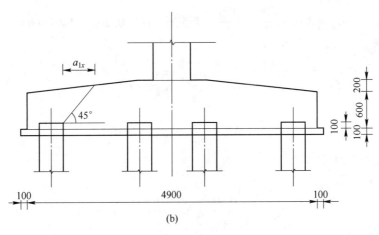

图 8-36 承台验算

(a) 俯视图；(b) 侧视图

净反力：

$$N_4' = N_4 - \frac{G}{8} = 333.8 - \frac{282.2}{8} = 298.6(\text{kN})$$

因承台下有淤泥质土，即不考虑承台效应，故 $x\text{-}x$ 截面桩边缘处最大弯矩应采用桩的净反力计算，即：

$$M_x = \sum N_i y_i = (436.7 + 402.4 + 368.1 + 33.8) \times \left(0.85 - \frac{0.4}{2} - \frac{0.35}{2}\right) = 732.5(\text{kN} \cdot \text{m})$$

承台计算截面处的有效高度 $h_0 = 700\text{mm}$，有：

$$A_s = \frac{\gamma_0 M_x}{0.9 f_y h_0} = \frac{732 \times 10^6}{0.9 \times 360 \times 700} = 3227(\text{mm}^2)$$

配置 $8\phi25$ 钢筋（$A_s = 3927\text{mm}^2$）。

$y\text{-}y$ 截面桩边缘处最大弯矩应采用桩的净反力计算，即：

$$M_y = \sum N_i x_i = 2 \times 436.7 \times \left(2.1 - \frac{0.8}{2}\right) + 2 \times 402.4 \times \left(0.7 - \frac{0.8}{2}\right) = 1725.2(\mathrm{kN} \cdot \mathrm{m})$$

承台计算截面处的有效高度 $h_0 = 700\mathrm{mm}$，有：

$$A_s = \frac{\gamma_0 M_y}{0.9 f_y h_0} = \frac{1726.2 \times 10^6}{0.9 \times 360 \times 700} = 7611(\mathrm{mm}^2)$$

配置 $9\phi36$ 钢筋（$A_s = 8839\mathrm{mm}^2$）。

2）冲切验算。

①柱对承台的冲切验算。柱截面为 $400\mathrm{mm} \times 800\mathrm{mm}$，柱短边到最近桩内边缘的水平距离为：

$$\alpha_{0x} = 2100 - \frac{800}{2} - \frac{350}{2} = 1525(\mathrm{mm}) > h_0 = 700(\mathrm{mm})$$

取 $\alpha_{0x} = h_0 = 700\mathrm{mm}$。

柱长边到最近桩内边缘水平距离为：

$$\alpha_{0x} = 850 - \frac{400}{2} - \frac{350}{2} = 475(\mathrm{mm}) > 0.2 h_0 = 140(\mathrm{mm})$$

充跨比为：

$$\lambda_{0x} = \frac{\alpha_{0x}}{h_0} = \frac{700}{700} = 1$$

$$\lambda_{0y} = \frac{\alpha_{0y}}{h_0} = \frac{475}{700} = 0.675$$

λ_{0x}、λ_{0y} 满足 $0.2 \sim 1.2$。

冲切系数为：

$$\beta_{0x} = \frac{0.84}{\lambda_{0x} + 0.2} = \frac{0.84}{1.0 + 0.2} = 0.700$$

$$\beta_{0y} = \frac{0.84}{\lambda_{0y} + 0.2} = \frac{0.84}{0.679 + 0.2} = 0.956$$

柱截面短边 $b_c = 400\mathrm{mm}$，长边 $h_c = 800\mathrm{mm}$。

根据《建筑地基基础设计规范》（GB 50007—2011），受冲切承载力截面高度影响系数 β_{hp} 在 h 不大于 $800\mathrm{mm}$ 时取 1.0，查《混凝土结构设计规范》（GB 50010—2010），$f_t = 1.43\mathrm{MPa}$。作用于柱底竖向荷载设计值 $F = 2800\mathrm{kN} \cdot \mathrm{m}$。

冲切破坏锥体范围内各基桩净反力设计值之和为：

$$\sum N_i = 367.1 + 332.9 = 700(\mathrm{kN})$$

作用于冲切破坏锥体上的冲切力设计值为：

$$F_1 = F - \sum N = 2800 - 700 = 2100(\mathrm{kN})$$

$$2[\beta_{0x}(b_c + \alpha_{0y}) + \beta_{0y}(h_c + \alpha_{0x})]\beta_{hp} f_t h_0 = 4097.1\mathrm{kN} > F_1 = 2100\mathrm{kN}$$

满足要求。

②角桩对承台的冲切验算。角桩内边缘至承台外缘距离为：

$$c_1 = c_2 = 350 + \frac{350}{2} = 525(\mathrm{mm})$$

在 x 方向，从角桩内缘引 45° 冲切线，与承台顶面交点到角桩内缘水平距离 $a_{1x}=632\text{mm}$。

在 y 方向，因柱子在该 45° 冲切线内，可以取柱边缘至角桩内缘水平距离 $a_{1k}=475\text{mm}$。

角桩冲跨比为：

$$\lambda_{1x}=\frac{a_{1x}}{h_0}=\frac{632}{700}=0.903$$

$$\lambda_{1y}=\frac{a_{yx}}{h_0}=\frac{475}{700}=0.679$$

角桩冲切系数为：

$$\beta_{1x}=\frac{0.56}{\lambda_{1x}+0.2}=0.508$$

$$\beta_{1y}=\frac{0.56}{\lambda_{1y}+0.2}=0.632$$

角桩竖向净反力 $F_1=401.4\text{kN}$，有：

$$2\left[\beta_{1x}\left(c_2+\frac{\alpha_{1y}}{2}\right)+\beta_{1y}\left(c_1+\frac{\alpha_{1x}}{2}\right)\right]\beta_{\text{hp}}f_t h_0=924.0\text{kN}>F_1=401.1\text{kN}$$

满足要求。

3）承台斜截面抗剪强度验算。

①y-y 截面。柱边至边桩内缘水平距离 $a_x=1525\text{mm}$，承台计算宽度 $b_0=2400\text{mm}$，计算截面处的有效高度 $h_0=700\text{mm}$。

剪垮比为：

$$\lambda_x=\frac{a_x}{h_0}=\frac{1525}{700}=2.179$$

剪切系数为：

$$\beta=\frac{1.75}{\lambda_x+1.0}=0.550$$

受剪承载力截面高度影响系数为：

$$\beta_{\text{hs}}=\left(\frac{800}{h_0}\right)^{\frac{1}{4}}=1.34$$

查附录 B，混凝土的 $f_t=1.43\text{MPa}$。斜截面最大剪力设计值为：

$$V=2\times401.4+2\times367.1=1537(\text{kN})$$

$$\beta_{\text{hs}}\beta f_c b_0 h_0=1366.2(\text{kN})<V=1537(\text{kN})$$

不满足斜截面抗剪强度要求。这说明承台厚度不足或者承台混凝土强度等级不够，可以采用以下两种方案。

一是承台厚度不变，增加混凝土等级，如改为 C40，则 $f_t=1.71\text{MPa}$，即：

$$\beta_{\text{hs}}\beta f_t b_0 h_0=1633.7\text{kN}>V=1537\text{kN}$$

满足要求。

二是混凝土等级不变，增加承台厚度，如厚度增加为 900mm，则有：

计算截面处的有效高度 $h_0 = 900 - 100 = 800(\text{mm})$，剪垮比 $\lambda_x = \dfrac{a_x}{h_0} = \dfrac{1525}{800} = 1.906$，剪切

系数 $\beta = \dfrac{1.75}{\lambda_x + 1.0} = 0.602$，受剪承载力截面高度影响系数 $\beta_{\text{hs}} = \left(\dfrac{800}{h_0}\right)^{\frac{1}{4}} = 1.0$。查附录 B，

混凝土的 $f_t = 1.43\text{MPa}$，斜截面最大剪力设计值为：

$$\beta_{\text{hs}}\beta f_t b_0 h_0 = 1652.9\text{kN} > V = 1537\text{kN}$$

满足要求。

两种方案均满足斜截面抗剪强度要求，可以通过技术经济比较确定采用何种方案。

②x-x 截面。柱边至边桩内缘水平距离 $a_y = 475\text{mm}$，承台计算宽度 $b_0 = 4900\text{mm}$，计算截面处的有效高度 $h_0 = 700\text{mm}$。

剪垮比为：

$$\lambda_y = \frac{a_y}{h_0} = \frac{475}{700} = 0.679$$

剪切系数为：

$$\beta = \frac{1.75}{\lambda_y + 1.0} = 1.042$$

受剪承载力截面高度影响系数为：

$$\beta_{\text{hs}} = \left(\frac{800}{h_0}\right)^{\frac{1}{4}} = 1.034$$

查附录 B，混凝土的 $f_t = 1.43\text{MPa}$，斜截面最大剪力设计值为：

$$V = 401.4 + 367.1 + 332.9 + 298.6 = 1400(\text{kN})$$

$$\beta_{\text{hs}}\beta f_t b_0 h_0 = 5284.7(\text{kN}) < V = 1400(\text{kN})$$

满足要求。

4）承台的局部承压验算。

①承台在柱下局部承压。柱子局部受压面积边长 $b_x = 800\text{mm}$，$b_y = 400\text{mm}$，根据规定局部受压面积的边至相应的计算底面积的边的距离，其值不应大于各柱的边至承台边最小距离且不大于局部受压面积的边长，因此 c 取柱边至承台边的最小距离，即 $c = 300\text{mm}$。

计算底面积，则：

$$A_b = (b_x + 2c)(b_y + 2c) = 1400000(\text{mm}^2)$$

受压面积为：

$$A_1 = 400 \times 800 = 320000(\text{mm}^2)$$

局部受压时的强度提高系数为：

$$\beta = \sqrt{\frac{A_b}{A_1}} = 2.092$$

查附录 B，得 $f_c = 14.3\text{MPa}$。

$$0.95\beta f_c A_1 = 9094.3\text{kN} > 2800\text{kN}$$

满足要求。

②承台在边桩上局部受压。方桩边长 $b_p = 350\text{mm}$，桩的外边至承台边缘的距离为：

$$c = 350 - \frac{350}{2} = 175 (\text{mm})$$

承台在边桩上局部受压的计算面积为：

$$A_\text{b} = 3b_\text{p}(b_\text{p} + 2c) = 735000 \text{ mm}^2$$

局部受压时的强度提高系数为：

$$\beta = \sqrt{\frac{A_\text{b}}{A_1}} = \sqrt{\frac{735000}{350 \times 350}} = 2.449$$

局部荷载设计值为 $F_1 = 401.4\text{kN}$，且

$$0.95\beta f_\text{c} A_1 = 4075.5\text{kN} > 401.4\text{kN}$$

满足要求。

③承台在角桩上局部受压为：

$$c = 300\text{mm}, \quad A_\text{b} = (b_\text{p} + 2c)^2 = (350 + 2 \times 175)^2 = 765625 (\text{mm}^2)$$

$$\beta = \sqrt{\frac{A_\text{b}}{A_1}} = \sqrt{\frac{765625}{350 \times 350}} = 2.5$$

$$0.95\beta f_\text{c} A_1 = 4160.4\text{kN} > 401.4\text{kN}$$

满足角桩局部受压要求。

■ 思政课堂

地方经验与先进技术——矛盾促使事物不断发展

（1）工程概况。南海海滨某工程高层建筑部分为 A、B、C 三座公寓楼，每座地上 16 层，高 51m，无地下室，框架结构，单柱荷载为 500~1200kN 不等。

（2）地基土条件。地基土自上而下为：

1）填土，厚 0.7~1.7m，平均 1.43m；

2）含贝壳碎屑的中粗砂，以石英为主，贝壳碎屑含量不均一，厚度为 1.40~7.50m，变化很大，平均厚 5.0m；

3）海滩岩，分布在中部和东南部，含贝壳、粗砂，薄层状，分布不连续，厚 0.5~0.9m；

4）粉质黏土，含砂砾，部分钻孔缺失，厚 0.4~7.0m，变化很大，局部含腐殖土；

5）黏土质细砂，厚 0.5~5.0m；

6）粉质黏土，含中粗砂、卵石，局部胶结，未揭穿，最大揭露厚度 26m。

地基土中有不到 1m 厚的海滩岩（第四系土胶结而成）夹层，阻碍预制桩的贯入。地层厚度变化很大，采用浅基础考虑变形控制。第6）层厚度很大，很稳定，标准贯入锤击数平均为 25，变异系数为 0.25，适宜作为桩端持力层。

（3）设计方案。原设计方案：由于《勘察报告》提供的地基承载力特征值不能满足天然地基要求。

高层建筑采用桩基础，群桩上设置承台。桩型为预制管桩，外径 500mm、内径 300mm，桩端进入第6）层 2.0m，桩长约 12~15m。由于预制管桩需穿过胶结层，故施工

预制桩前需引孔，引孔直径为 550mm。A 座设桩 406 根，B 座设桩 566 根，C 座设桩 406 根。建筑物底层与承台之间填土，厚度为 2.4m。

新设计方案：改为灌注桩，一柱一桩，简化承台，桩帽与柱相接。

(4) 原方案的问题和新方案的优点。

1) 采用预制桩显然不合理。浅部有海滩岩胶结层，预制桩不能贯入，必须引孔。引孔即增加了投资，延长了工期，又因扩大了孔径，损失了桩的侧阻力，故以采用灌注桩为宜。

2) 如果采用灌注桩，可根据荷载大小，设计为一柱一桩（大直径桩），通过改变桩径，桩长适应荷载要求从地基条件和荷载情况分析，技术上是可行的。且桩数大大减少，承台大大简化，不必验算承台的弯矩和冲切，减少了大量混凝土工程量，节约投资，节约工期。

3) 采用一柱一桩方案必须首先进行静载试验，以确定桩基承载力。关键还必须保证每根桩的质量，由素质良好的施工单位和监理单位实施。否则，只要一根桩有问题就可能造成严重后果。

本案例的一个重要启示是，如何处理好地方经验和引进先进理念、先进技术的关系。各地经济社会发展水平不同，处理方法上的差异也可以理解。因此，应当尊重地方经验。但是，岩土工程的基本原理是相通的，技术方法也是可以互相借鉴的，作为地方单位和科技人员，不能故步自封，应打破地方局限，不断引进先进理念和先进方法，结合本地实际应用和创新。这也体现了辩证唯物主义的矛盾论思想。矛盾是普遍的，矛盾即对立统一。引进先进技术与尊重地方的实际施工经验同样是一对矛盾，在处理这对矛盾时，应坚持两点论与重点论的统一，抓住主要矛盾，即合理引进技术，提高施工水平，有利于矛盾的解决，有利于工程建设的发展。

习 题

8-1 桩土体系的荷载传递机理是什么？

8-2 单桩的竖向承载力有哪些计算方法，各种方法有什么特点？

8-3 群桩的极限承载力如何确定？

8-4 如何根据等代墩基法计算群桩沉降？

8-5 桩型选择应考虑哪些因素？

8-6 承台桩基的设计与计算包括哪些？

附录 A 抗剪强度指标标准值

根据室内 n 组三轴压缩试验的结果 c_i 和 φ_i（$i = 1, 2, \cdots, n$），按下列公式计算内摩擦角和黏聚力的变异系数：

$$\delta_\varphi = \frac{\sigma_\varphi}{\varphi_m}$$

$$\delta_c = \frac{\sigma_c}{c_m}$$

$$\varphi_m = \frac{\sum_{i=1}^{n} \varphi_i}{n}, \ c_m = \frac{\sum_{i=1}^{n} c_i}{n}$$

$$\sigma_\varphi = \sqrt{\frac{\sum_{i=1}^{n} \varphi_i^2 - n\varphi_m^2}{n-1}}, \ \sigma_c = \sqrt{\frac{\sum_{i=1}^{n} c_i^2 - nc_m^2}{n-1}}$$

式中，δ_φ、δ_c 分别为内摩擦角和黏聚力的变异系数；φ_m、c_m 分别为内摩擦角和黏聚力的试验平均值；σ_φ、σ_c 分别为内摩擦角和黏聚力的标准差。

按下列公式计算内摩擦角和黏聚力的统计修正系数 ψ_φ 和 ψ_c：

$$\psi_\varphi = 1 - \left(\frac{1.704}{\sqrt{n}} + \frac{4.678}{n^2}\right)\delta_\varphi$$

$$\psi_c = 1 - \left(\frac{1.704}{\sqrt{n}} + \frac{4.678}{n^2}\right)\delta_c$$

内摩擦角标准值和黏聚力标准值分别为：

$$\varphi_k = \psi_\varphi \varphi_m$$
$$c_k = \psi_c c_m$$

附录 B 混凝土轴心抗压强度设计值

混凝土轴心抗压强度的设计值 f_c 应按附表 B-1 采用；混凝土轴心抗拉强度的设计值 f_t 应按附表 B-2 采用。

附表 B-1 混凝土轴心抗压强度设计值（1）　　　　（MPa）

强度	混凝土强度等级													
	C15	C20	C25	C30	C35	C40	C45	C50	C55	C60	C65	C70	C75	C80
f_c	7.2	9.6	11.9	14.3	16.7	19.1	21.1	23.1	25.3	27.5	29.7	31.8	33.8	35.9

附表 B-2 混凝土轴心抗压强度设计值（2）　　　　（MPa）

强度	混凝土强度等级													
	C15	C20	C25	C30	C35	C40	C45	C50	C55	C60	C65	C70	C75	C80
f_c	0.91	1.10	1.27	1.43	1.57	1.71	1.80	1.89	1.96	2.04	2.09	2.14	2.18	2.22

参 考 文 献

[1] 华南理工大学，浙江大学，湖南大学. 基础工程[M]. 4版. 北京：中国建筑工业出版社，2019.

[2] 中华人民共和国住房和城乡建设部. GB 50007—2011 建筑地基基础设计规范[S]. 北京：中国建筑工业出版社，2012.

[3] 郭莹. 基础工程[M]. 大连：大连理工大学出版社，2016.

[4] 张四平. 基础工程[M]. 北京：中国建筑工业出版社，2012.

[5] 陈希哲. 土力学地基基础[M]. 北京：清华大学出版社，1996.

[6] 陈仲颐，叶书麟. 基础工程学[M]. 北京：中国建筑工业出版社，1990.

[7] 周景星，李广信，等. 基础工程[M]. 2版. 北京：清华大学出版社，2007.

[8] 东南大学，浙江大学，湖南大学，等. 土力学[M]. 北京：中国建筑工业出版社，2006.

[9] 罗晓辉. 基础工程设计原理[M]. 武汉：华中科技大学出版社，2007.

[10] 华南理工大学，东南大学，浙江大学，等. 地基及基础[M]. 3版. 北京：中国建筑工业出版社，1998.

[11] 董建国，沈锡英，钟才根，等. 土力学与地基基础[M]. 上海：同济大学出版社，2005.

[12] 刘昌辉，时红莲. 基础工程学[M]. 武汉：中国地质大学出版社，2005.

[13] 袁聚云. 基础工程设计原理[M]. 上海：同济大学出版社，2001.

[14] 常士骠. 工程地质手册[M]. 4版. 北京：中国建筑工业出版社，2007.

[15] 中华人民共和国住房和城乡建设部. JGJ 79—2012 建筑地基处理技术规范[S]. 北京：中国建筑工业出版社，2013.

[16] 中国石油化工集团公司. GB 50473—2008 钢制储罐地基基础设计规范[S]. 北京：中国计划出版社，2009.

[17] 上海高桥石油化工设计院. SH/T 3083—1997 石油化工钢储罐地基处理技术规范[S]. 北京：中国石油化工总公司，1998.

[18] 中交天津港湾工程研究院有限公司. JTS 147-1—2010 港口工程地基规范[S]. 北京：人民交通出版社，2010.

[19] 中国铁路设计集团有限公司. TB 10093—2017 铁路桥涵地基和基础设计规范[S]. 北京：中国铁道出版社，2017.

[20] 中华人民共和国住房和城乡建设部. GB 50202—2018 建筑地基基础工程施工质量验收规范[S]. 北京：中国计划出版社，2018.

[21] 中华人民共和国住房和城乡建设部. GB 50009—2012 建筑结构荷载规范[S]. 北京：中国建筑工业出版社，2012.

[22] 中华人民共和国住房和城乡建设部. GB 50068—2018 建筑结构可靠度设计统一标准[S]. 北京：中国建筑工业出版社，2019.

[23] 中华人民共和国住房和城乡建设部. GB 50011—2010 建筑抗震设计规范[S]. 北京：中国建筑工业出版社，2010.

[24] 中华人民共和国住房和城乡建设部. GB 50010—2010 混凝土结构设计规范[S]. 北京：中国建筑工业出版社，2011.

[25] 中华人民共和国住房和城乡建设部. GB 50021—2001 岩土工程勘察规范[S]. 北京：中国建筑工业出版社，2002.

[26] 中华人民共和国住房和城乡建设部. JGJ 6—2011 高层建筑筏形与箱形基础技术规范[S]. 北京：中国建筑工业出版社，2011.

[27] 中交公路规划设计院有限公司. JTG 3362—2018 公路钢筋混凝土及预应力混凝土桥涵设计规范

［S］.北京：人民交通出版社，2018.

［28］中交公路规划设计院有限公司. JTG 3363—2019 公路桥涵地基与基础设计规范［S］. 北京：人民交通出版社，2019.

［29］中华人民共和国住房和城乡建设部. GB 50003—2011 砌体结构设计规范［S］. 北京：中国建筑工业出版社，2012.

［30］中国工程建设标准化协会组织. GB 50017—2017 钢结构设计规范 ［S］. 北京：中国建筑工业出版社，2017.

［31］中华人民共和国住房和城乡建设部. JGJ 94—2008 建筑桩基技术规范 ［S］. 北京：中国建筑工业出版社 ，2008.

［32］中交水利规划设计院. JTJ 267—98 港口工程混凝土设计规范 ［S］. 北京：人民交通出版社，1998.

［33］中国工程建设标准化协会化工分会. GB/T 50046—2018 工业建筑防腐蚀设计规范 ［S］. 北京：中国计划出版社，2018.

［34］中华人民共和国水利部 . GB/T 50123—2019 土工试验方法标准 ［S］. 北京：中国计划出版社，2019.